U0223879

智能科学技术著作丛书

粒子群优化算法及其在电力电子控制中的应用

毕大强　彭子舜　郜克存　戴瑜兴　著

科学出版社

北　京

内 容 简 介

本书是作者近年来从事电力电子控制技术研究的总结，是一部系统论述粒子群优化算法理论及其在电力电子控制中应用的专著。全书共 8 章，主要内容包括：粒子群优化算法概述、粒子群优化算法分析、改进粒子群优化算法，以及改进粒子群优化算法在单相逆变器、三相逆变器、三相整流器、SVPWM 调制、下垂控制、异步电机控制、重复控制、实际船舶岸电与应急电源控制中的应用。

本书可为粒子群优化算法的研究、电力电子控制技术的研究提供重要的参考依据，也可作为高等院校与科研院所研究生的教学参考书。

图书在版编目(CIP)数据

粒子群优化算法及其在电力电子控制中的应用/毕大强等著. —北京：科学出版社，2016

(智能科学技术著作丛书)

ISBN 978-7-03-049674-4

Ⅰ.①粒… Ⅱ.①毕… Ⅲ.①计算机算法 ②计算机算法-应用-电力电子学 Ⅳ.①TP301.6 ②TM1

中国版本图书馆 CIP 数据核字(2016)第 201888 号

责任编辑：裴 育 乔丽维／责任校对：郭瑞芝
责任印制：徐晓晨／封面设计：陈 敬

科 学 出 版 社 出版
北京东黄城根北街 16 号
邮政编码：100717
http://www.sciencep.com

北京凌奇印刷有限责任公司 印刷
科学出版社发行 各地新华书店经销
*
2016 年 8 月第 一 版 开本：720×1000 1/16
2021 年 2 月第五次印刷 印张：18
字数：345 000

定价：128.00 元
(如有印装质量问题，我社负责调换)

《智能科学技术著作丛书》序

"智能"是"信息"的精彩结晶，"智能科学技术"是"信息科学技术"的辉煌篇章，"智能化"是"信息化"发展的新动向、新阶段。

"智能科学技术"(intelligence science & technology, IST) 是关于"广义智能"的理论方法和应用技术的综合性科学技术领域，其研究对象包括：

•"自然智能"(natural intelligence, NI)，包括"人的智能"(human intelligence, HI) 及其他"生物智能"(biological intelligence, BI)。

•"人工智能"(artificial intelligence, AI)，包括"机器智能"(machine intelligence, MI) 与"智能机器"(intelligent machine, IM)。

•"集成智能"(integrated intelligence, II)，即"人的智能"与"机器智能"人机互补的集成智能。

•"协同智能"(cooperative intelligence, CI)，指"个体智能"相互协调共生的群体协同智能。

•"分布智能"(distributed intelligence, DI)，如广域信息网、分散大系统的分布式智能。

"人工智能"学科自 1956 年诞生以来，在起伏、曲折的科学征途上不断前进、发展，从狭义人工智能走向广义人工智能，从个体人工智能到群体人工智能，从集中式人工智能到分布式人工智能，在理论方面研究和应用技术开发方面都取得了重大进展。如果说当年"人工智能"学科的诞生是生物科学技术与信息科学技术、系统科学技术的一次成功的结合，那么可以认为，现在"智能科学技术"领域的兴起是在信息化、网络化时代又一次新的多学科交融。

1981 年，"中国人工智能学会"(Chinese Association for Artificial Intelligence，CAAI) 正式成立，25 年来，从艰苦创业到成长壮大，从学习跟踪到自主研发，团结我国广大学者，在"人工智能"的研究开发及应用方面取得了显著的进展，促进了"智能科学技术"的发展。在华夏文化与东方哲学影响下，我国智能科学技术的研究、开发及应用，在学术思想与科学方法上，具有综合性、整体性、协调性的特色，在理论方法研究与应用技术开发方面，取得了具有创新性、开拓性的成果。"智能化"已成为当前新技术、新产品的发展方向和显著标志。

为了适时总结、交流、宣传我国学者在"智能科学技术"领域的研究开发及应用成果，中国人工智能学会与科学出版社合作编辑出版《智能科学技术著作丛书》。需要强调的是，这套丛书将优先出版那些有助于将科学技术转化为生产力以及对社会和国民经济建设有重大作用和应用前景的著作。

我们相信，有广大智能科学技术工作者的积极参与和大力支持，以及编委们的共同努力，《智能科学技术著作丛书》将为繁荣我国智能科学技术事业、增强自主创新能力、建设创新型国家做出应有的贡献。

祝《智能科学技术著作丛书》出版，特赋贺诗一首：

智能科技领域广

人机集成智能强

群体智能协同好

智能创新更辉煌

涂序彦

中国人工智能学会荣誉理事长

2005 年 12 月 18 日

前　言

现代电力电子控制技术具有控制策略复杂、控制参数多等特点,控制参数的选取合适与否直接影响控制效果,乃至控制稳定性。控制参数的整定方法主要有常规整定方法和智能参数优化方法。其中,常规整定方法有 Z-N 法、极点配置法和经验法等。Z-N 法难以获取精确的临界信息,所以难以得到较好的控制参数;极点配置法需要精确的被控对象模型,并通过丰富的经验来确定所期望的性能,且配置出的控制参数往往还需在线进行调整,整定耗时;经验法则需要不断地在线调整参数,受调试人员经验的影响和现场条件限制,整定同样耗时。智能参数优化方法主要有模糊控制、神经网络控制、遗传算法和群智能算法等。模糊控制需要丰富的先验知识来编写模糊规则,才能得到较好的控制效果;神经网络控制的优化效果则受初值的影响;遗传算法属于进化算法,通过交叉和变异来保证群体的多样性,并通过概率大小将差个体筛选掉,从而得到优解。该方法和群智能算法相比,缺少记忆性,无最优值引导,优化过程中交叉和变异有一定概率将好的个体变差,因此在优化性能上群智能算法更胜一筹。本书是作者近年来从事粒子群优化算法研究、电力电子控制技术研究与应用的总结。书中所论述的粒子群优化算法,进一步丰富和完善了电力电子变流系统控制参数的整定方法。

全书共 8 章。第 1 章主要简述标准粒子群优化算法和离散粒子群优化算法的由来及其特点,简要介绍目标优化的多种结构和形式,分析标准粒子群优化算法和离散粒子群优化算法的国内外应用、研究现状和发展趋势。第 2 章研究并分析标准粒子群优化算法各个组成部分的作用,并对其总体进行收敛性分析,找出优化参数的取值范围,通过采用不同优化参数优化多种优化函数进行对比,得到针对不同优化对象优化参数不具唯一性的特点;对离散粒子群优化算法进行简单的收敛性分析,通过采用不同优化参数优化多种优化函数进行对比,同样得到针对不同优化对象优化参数不具唯一性的特点。第 3 章针对标准粒子群优化算法和离散粒子群优化算法存在的不足,分别提出两种不同的改进粒子群优化算法:多粒子群多速度更新方式粒子群优化算法和离散粒子群与遗传算法相结合的改进粒子群优化算法,并对两种改进方法的组成结构进行分析。第 4 章分析单相逆变器的运行状态,简要介绍单相逆变器的多种调制方式 (单极性 SPWM 调制和双极性 SPWM 调制),并进行对比;建立单相逆变系统优化模型,该模型包括单相逆变系统、目标优化函数和改进粒子群算法 (多粒子群多速度更新方式粒子群优化算法),将改进粒子群优化算法与标准粒子群优化算法、带压缩因子的粒子群优化算法和国外文献给出的 EPSOWP 进行仿真优化对比，并建立单相逆变系统实验平台验证改进粒子群优化算法的正确性与有效性。第 5 章分析三相逆变器的运行状态，简要介绍三相逆变器的多种调制方式 (三相 SPWM 调制和三相 SVPWM 调制)，并进行对比；建立三相逆变系统优化模型，该模型包括三相逆变系统、目标优化函数和改进粒子群算法 (多粒子群多速度更新方式粒子群优化算法)，将改进粒子群优化算法与标准粒子群优化算法、带压缩因子的粒子群优化算法和国外文献给出的 EPSOWP 进行仿真优化对比，并建立三相逆变系统实验平台验证改进粒子群优化算法的正确性与有效性。第 6 章分析三相整流器的运行状态，将不控整流与 SPWM 整流进行对比，分析 SPWM 整流的优越性；建立三相整流系统优化模型，该模型包括三相整流系统、目标优化函数和改进粒子群算法 (多粒子群多速度更新方式粒子群优化算法)，将改进粒子群优化算法与标准粒子群优化算法、带压缩因子的粒子群优化算法和国外文献给出的 EPSOWP 进行仿真优化对比，并建立三相整流系统实验平台验证改进粒子群优化算法的正确性与有效性。第 7 章简要介绍三相并联逆变系统、三相交流异步电机系统和基于重复控制的单相逆变系统，分别建立 SVPWM 时序优化模型、三相并联逆变系统优化模型、三相交流异步电机系统优化模型和基于重复控制的单相逆变优化模型；利用离散粒子群与遗传算法相结合的改进粒子群优化算法对 SVPWM 时序优化模型进行优化分析，利用多粒子群多速度更新方式粒子群优化算法分别对其余三种优化模型进行优化分析。第 8 章简要介绍船舶岸电系统，内容包括：采用岸电的缘由、国内外岸电的发展现状和几种岸电电源的拓扑结构；选择背靠背式的大功率拓扑结构，并建立岸电系统优化模型，利用多粒子群多速度更新方式粒子群优化算法进行优化，对优化结果进行仿真和相应的工程实验验证；利用多粒子群多速度更新方式粒子群优化算法对应急电源系统进行优化，并进行工程实验验证。

本书由毕大强、彭子舜、郜克存和戴瑜兴共同撰写而成，其中毕大强负责第 2、6、7 章，彭子舜负责第 3、4、5 章，郜克存负责第 8 章，戴瑜兴负责第 1 章。本书撰写过程中得到了清华大学电力系统国家重点实验室、温州大学、青岛创统科技集团公司、科学出版社等单位的大力支持，在此一并表示感谢。同时，对本书中所列参考文献的作者也表示由衷的感谢。

由于作者的水平和研究内容有限，本书难免有疏漏和不妥之处，恳请读者批评指正，为发展优化算法在电力电子控制系统中的应用共同努力。

目　　录

第1章 绪 论

1.1 引 言

1.1.1 优化问题的简述

人类社会发展的过程中,最优化问题普遍存在于人们的生活、学习、工作等方面。例如,在生活中,人们从一个地点到另一个地点总希望找到一条既快捷又方便的路径;生产中,希望能耗最低等。

优化问题可描述为:对于某个有很多种解决方案的问题,通过确定所需要达到的要求,从多个解决方案中选择优越的一个,以更好地达到所期望的要求。优化问题依据需要优化的变量是否连续分为两大类,如果变量是连续的,则该优化问题是连续优化问题;如果变量是离散的,则该优化问题是组合优化问题。依据优化问题是否有约束,分为有约束和无约束优化问题。依据优化问题在优化时状态是否改变,分为静态优化问题和动态优化问题。依据所需要优化的目标,可以分为单目标优化问题和多目标优化问题。

1.1.2 优化方法的发展

早在古希腊,阿基米德就利用"逼近法"算出了球面积、球体积等,并且还证明了在周长一定的情况下,圆形所包围的面积最大;他的另一个伟大成就是通过大量实验发现了杠杆原理,这些都与最优化问题有关。17 世纪,牛顿和莱布尼茨创建了微积分理论,从这时候起优化问题就逐渐成为了一门真正意义上的学科。18 世纪末,拉格朗日提出了"拉格朗日乘数法",该方法是通过寻找某个变量,从而得到受一个或者多个条件约束的多元函数的极值方法。19 世纪,柯西提出了最速下降法,该方法通过沿着梯度方向来搜索极小值点。到了 20 世纪 40 年代以后,随着科学技术和生产的飞速发展,最优化问题开始成为人们迫切需要解决的问题,同时因计算机的兴起,最优化理论和算法快速发展起来,并正式成为了一门新的学科。例如,1947 年美国数学家 Dantzig 提出了单纯形法;1957 年美国著名学者 Bellman 提出了动态规划;20 世纪 50 年代中期苏联著名学者庞特里亚金提出了极小值原理 [1,2]。

随着最优化问题不断地变得复杂,其特点主要体现在非线性、多约束条件、不连续、不可微分和难以建模等方面,传统优化方法应对这些问题存在计算速度慢、收敛性难以确定和初值敏感性等问题。寻求一种高效、智能的优化算法已经成为科研人员主要研究的内容之一。

科学家通过模拟人类的一些主要特征提出了如模糊控制 (fuzzy control) 和神经网络控制 (neural network control) 等智能优化方法，前者模拟人的结构性知识表达和运用能力，后者则模拟人类大脑的神经网络系统。但智能优化方法是一种启发式优化算法，它不仅仅局限于对人类特征的模仿，自然界中生物也存在各种各样的智能，如模拟退火算法、爬山法、进化算法和群智能优化算法。进化算法模拟生物的进化过程，目前研究比较多的典型进化算法主要包括三种：进化策略 (evolutionary strategies, ES)、进化规划 (evolutionary programming, EP) 和遗传算法 (genetic algorithm, GA)。群智能算法则是模拟自然界中的群体行为，如粒子群优化算法 (particle swarm optimization, PSO)、蚁群算法 (ant colony optimization, ACO)、人工鱼群算法 (artificial fish swarm algorithm, AFSA)、人工免疫系统 (artificial immune system, AIS) 等方法 [3~7]。

20 世纪 60 年代仿生学的创立，为仿生物特性和功能的发展奠定了基础。研究人员发现，具有社会行为的生物，个体行为非常简单、行动能力极其有限，因此无法表现出智慧行为，但是当一个个简单的个体组成一个群体时，其群体行为将变得十分复杂，且能获得比个体多得多的生存资源，并表现出对环境强大的适应能力。生物群体表现出来的复杂行为并非是一个个简单个体的叠加，个体间的局部信息的交互保证了整个群体行动的协调性，体现了群体的智慧 [8~10]。

目前，群智能的研究工作已经不仅仅局限于基础理论、群体行为分析和设计的研究。群智能算法已经开始广泛运用于实际工业过程控制优化、工程设计优化、模式识别、数据挖掘、电子系统优化和电气领域优化等实际问题中。群智能算法具有鲁棒性强、实现简单、自适应能力强、易于扩充等优点，因此无论理论研究还是实际运用，群智能算法都已经成为一个重要的研究方向。

1.2　标准粒子群优化算法简介

1. 无惯性权重的 PSO

20世纪 80 年代中期，Reynolds通过模拟鸟群的飞行行为提出了 Boid 模型，并在计算机中仿真实现了它们的运动轨迹 [11]。Reynolds 建立了鸟群中每个个体的飞行模型，每个个体存在感知能力，它能感知自身、周围三个邻近个体和鸟群其余整体；个体与个体相互间靠近，但要避免碰撞。在鸟群飞行过程中，远离中心群落的鸟群会不断地靠拢，最终形成了行为趋于一致的大群体。

受到 Boid 模型的启发，计算机研究学者 Eberhart 和心理学专家 Kennedy 于 1995 年在 IEEE 国际会议上发表了一篇会议论文，提出了粒子群优化算法[12]。鸟类知道自己的栖息地，并且栖息地是随机的，而鸟类事先不知道食物地点，但最终会有大量鸟类聚集在同一个食物地点上。Eberhart 和 Kennedy 提出的 PSO 中，将食物地点看成求解问题中的最优解，通过每个个体之间位置信息的交互，逐步指引群体中所有粒子聚集，同时朝着最优解方向移动。PSO 实现简单，容易理解，与 GA 等进化算法很大的不同之处在于：① PSO 没有交叉和变异过程；② PSO 没有淘汰差粒子的机制，每个粒子都是平等地以个体最优粒子和全局最优粒子为指导进行移动；③ PSO 不但具有局部信息交互的能力，还有全局信息交互的能力，这些能力通过粒子群的记忆能力体现。

大量实验表明，PSO 的优化能力与 GA 相比有过之而无不及，因此 PSO 的提出立即引起了学术界广泛的关注，在很短的时间内就涌现出大量的研究成果，十多年过去了，目前 PSO 仍然是各个领域优化的研究热点。

PSO 的优化能力来源于认知理论，文献 [13] 概括性地描述了 PSO 求解包括评价、比较和模仿三个过程。

(1) 评价：对任何外部激励进行有效评价，可以完成对环境的学习。

(2) 比较：通过自身与其他个体标准进行比较，提供改正自身学习和修正动机。

(3) 模仿：通过与其他个体行为进行对比，模拟更优于自身的其他个体。

以上三个过程的巧妙结合，并施加到粒子群中的每个个体上，可以让粒子群适应复杂的环境变化，并能解决复杂的问题。

在粒子群中，可以将群体中每个粒子看成是一个无质量、无体积的个体，每个个体以一定速度在指定空间中移动；每个粒子根据其自身个体历史最优的位置信息和整个群体最优的位置信息，不断调整自身移动速度，并逐渐地朝向更优区域移动。利用适应值 (fitness value) 对粒子群中每个粒子的优劣进行评价，这是保证每一次迭代时个体最优粒子和全局最优粒子能及时进行更新的前提。

粒子群最主要的特点是具有记忆性，其记忆性主要体现在对速度的记忆和对历史最优位置的记忆，最初版本粒子群的更新方式为

$$v_{ij}(t+1) = v_{ij}(t) + c_1 r_1 (x_{ij}^{\mathrm{P}}(t) - x_{ij}(t)) + c_2 r_2 (x_{gj}^{\mathrm{G}}(t) - x_{ij}(t)) \tag{1.1}$$

$$x_{ij}(t+1) = x_{ij}(t) + v_{ij}(t+1) \tag{1.2}$$

其中，i 和 j 分别代表第 i 个粒子的数量和第 $j(j = 1, 2, \cdots, n)$ 维 (维数代表每一个粒子需要优化参数的数量)；t 为迭代次数；粒子个体表示为 $x_{ij} = (x_{i1}, x_{i2}, x_{i3}, x_{i4}, \cdots, x_{in})$, $i = 1, 2, \cdots, m$ (每个粒子个体的值代表其所在空间位置，个体最优粒子和全局最优粒子与此相同)；粒子更新速度为 $v_{ij} = (v_{i1}, v_{i2}, v_{i3}, v_{i4}, \cdots, v_{in})$,

$i = 1, 2, \cdots, m$; c_1 和 c_2 为加速因子; r_1 和 r_2 为 $[0,1]$ 区间的随机数; 当粒子群从初始化开始, 优化迭代到当前迭代次数时的每个粒子个体最优粒子为 $x_{ij}^{\mathrm{P}} = (x_{i1}^{\mathrm{P}}, x_{i2}^{\mathrm{P}}, x_{i3}^{\mathrm{P}}, x_{i4}^{\mathrm{P}}, \cdots, x_{in}^{\mathrm{P}})$, $i = 1, 2, \cdots, m$; 当粒子群从初始化开始, 优化迭代到当前迭代次数时的全局最优粒子为 $x_{gj}^{\mathrm{G}} = (x_{g1}^{\mathrm{G}}, x_{g2}^{\mathrm{G}}, x_{g3}^{\mathrm{G}}, x_{g4}^{\mathrm{G}}, \cdots, x_{gn}^{\mathrm{G}})$, g 代表粒子群从初始化优化迭代到当前迭代次数时, 某一次迭代中某个位置上的粒子。在粒子优化过程中, 个体最优值和全局最优值可能与当前粒子的位置相差很远, 这样更新速度将会很大, 导致粒子群中的粒子无法向个体最优粒子和全局最优粒子聚集, 从而使得粒子群的搜索变得过于盲目, 所以必须对其更新速度进行限制, 该限制公式为

$$v_{ij} = \begin{cases} V_{\max}, & v_{ij} > V_{\max} \\ V_{\min}, & v_{ij} < V_{\min} \end{cases} \tag{1.3}$$

式中, $V_{\max}$ 和 $V_{\min}$ 分别为最大更新速度和最小更新速度, 其维数与 v_{ij} 的维数相同。求解某个问题时, 问题的解一般都会在一定的范围内, 这个范围一般是给定的, 但粒子群优化时, 可能存在粒子超出解的给定范围, 因此需要对粒子位置进行限制, 该限制公式为

$$x_{ij} = \begin{cases} x_{\max}, & x_{ij} > x_{\max} \\ x_{\min}, & x_{ij} < x_{\min} \end{cases} \tag{1.4}$$

式中, $x_{\max}$ 和 $x_{\min}$ 分别为最大更新位置和最小更新位置, 其维数与 x_{ij} 的维数相同。为保证最优信息能及时更新, PSO 的个体最优粒子和全局最优粒子更新公式为

$$f_x < f_{\mathrm{P}}, \quad x_{ij}^{\mathrm{P}}(t) = x_{ij}(t) \tag{1.5}$$

$$f_x < f_{\mathrm{G}}, \quad x_{gj}^{\mathrm{G}}(t) = x_{ij}(t) \tag{1.6}$$

式中, f_x 为当前粒子的适应值; f_{P} 为个体最优粒子的适应值; f_{G} 为全局最优粒子的适应值 (适应值的概念将在后面章节描述)。由式 (1.5) 和式 (1.6) 可知, 每次迭代时, 当前粒子更优于历史全局最优粒子时将会替代全局最优粒子, 同样当前个体粒子更优时将会取代个体最优粒子, 这样有助于粒子群的优化不断趋向于更优区域。

式 (1.1) 和式 (1.2) 组成了最初版本的 PSO。式 (1.1) 中第一部分存储着前一次优化迭代的速度, 决定了对当前迭代速度的影响程度; 第二部分以个体最优粒子作为指导, 指导粒子了解其本身历史最优信息, 并作出改变 (体现了局部优化能力); 第三部分以全局最优粒子作为指导, 指导粒子了解全局信息, 并作出改变 (体现了全局优化能力)。

2. 带惯性权重的 PSO

式 (1.1) 中当前速度的系数为 1 时, 是否存在一个更优性能的系数无从得知。为了解决上述问题, Shi 和 Eberhart 在 1998 年发表的论文中, 在最初版本 PSO 的

基础上增加了惯性权重 w，其目的主要是平衡局部优化和全局优化能力。通过对比不同的 w 值，Shi 和 Eberhart 指出在 [0.9,1.2] 内粒子群很容易搜索到全局最优区域；在粒子群能搜索到全局最优区域的前提下，w 小于 0.8 时能快速寻优。该方法作为标准粒子群算法一直沿用至今 [14]。增加了惯性权重后的速度更新公式为

$$v_{ij}(t+1) = wv_{ij}(t) + c_1r_1(x_{ij}^{\mathrm{P}}(t) - x_{ij}(t)) + c_2r_2(x_{gj}^{\mathrm{G}}(t) - x_{ij}(t)) \tag{1.7}$$

当 w 为区间 [0.9,1.2] 内的一个定值时，虽然能很快地寻找到全局最优区域，但收敛到最小值附近时速度却很慢；之前的实验表明，$w < 0.8$ 收敛到最小值附近的速度很快，但其全局最优区域的搜索能力很差。为了能兼顾 PSO 的全局收敛和局部收敛，Shi 和 Eberhart 提出了能随着优化迭代增加而改变的惯性权重方法 [15,16]。该方法是一个随着迭代次数的增加而线性递减的方程，其公式为

$$w = w_{\max} - \frac{t(w_{\max} - w_{\min})}{t_{\max}} \tag{1.8}$$

式中，$w_{\max}$、$w_{\min}$ 和 $t_{\max}$ 分别为最大惯性权重值、最小惯性权重值和最大迭代次数。由文献 [15] 和 [16] 给出的多组实验数据可知，当惯性权重从 0.9 变化到 0.4 时，优化效果较好。

标准 PSO 的优化步骤如下。

第一步：设置最大速度 $V_{\max}$、最小速度 $V_{\min}$、最大惯性权重值 $w_{\max}$、最小惯性权重值 $w_{\min}$、最大迭代次数 $t_{\max}$ 和粒子群优化边界 $x_{\max}$、$x_{\min}$，初始化粒子群的粒子 x_{ij}、速度 v_{ij}，设置全局最优粒子 x_{gj}^{G} 和个体最优粒子 x_{ij}^{P} 为零矩阵，此时 $t = 0$。

第二步：将每个粒子代替相同位置上的个体最优粒子，计算每个粒子的适应值 f_x，同时将所有粒子中适应值最小的粒子代替全局最优粒子。

第三步：采用式 (1.7) 和式 (1.2) 进行粒子更新，如果粒子越界，则进行越界处理。

第四步：计算每个粒子、全局最优粒子和个体最优粒子的适应值 f_x、f_{P} 和 f_{G}。

第五步：将每个粒子的适应值与同位置上的个体最优粒子的适应值进行比较，如果 $f_x < f_{\mathrm{P}}$，则 $x_{ij}^{\mathrm{P}} = x_{ij}$，相反，则 x_{ij}^{P} 不变。

第六步：将每个粒子的适应值与全局最优粒子的适应值进行比较，如果 $f_x < f_{\mathrm{G}}$，则 $x_{gj}^{\mathrm{G}} = x_{ij}$，相反，则 x_{gj}^{G} 不变。

第七步：$t = t + 1$，如果满足结束条件则跳出循环，如果没有则转回第三步，继续优化。

标准 PSO 的流程图如图 1.1 所示。

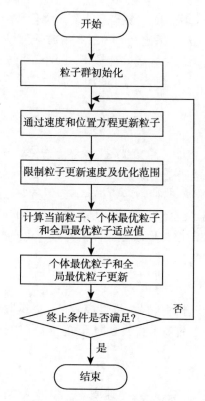

图 1.1 标准 PSO 的流程图

3. PSO 的基本拓扑结构

粒子通过与其他粒子进行信息交互，在多维空间进行移动。PSO 中粒子的相互作用拓扑结构有两种：第一种是每个粒子与相邻粒子进行信息交互的局部拓扑结构，如图 1.2(a) 所示；第二种是每个粒子受到全局最优粒子的影响，因为全局最优粒子可能是所有粒子优化过程中的某一个粒子，所以每一个粒子可以获得其他任何位置的粒子信息，这种具有网络状的全局拓扑结构如图 1.2(b) 所示[17]。

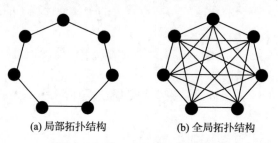

图 1.2 标准 PSO 的两种结构图

图 1.2 中, 黑色的圆代表每个优化粒子, 线代表粒子间的信息交互。局部结构和全局结构的 PSO, 其收敛速度和优化能力有很大差异。局部结构因为信息只能和相邻粒子进行交互, 粒子改变自身位置的跨度往往很小, 所以收敛速度慢, 但这种结构粒子群不易陷入局部最优区域; 全局结构因为粒子间无论距离远近均能共享最优粒子, 这样粒子改变自身位置的跨度往往很大, 虽然收敛速度非常快, 但也容易导致 PSO 陷入全局最优区域。

1.3 离散粒子群优化算法简介

最初 PSO 主要优化连续问题, 优化参数和求解问题的研究均集中在连续量上, 但许多实际工程问题属于离散问题, 变量也是离散量, 如果采用 PSO 则难以应付这类问题, 因此需要对 PSO 进行改造, 以适应离散工程问题。

为了能将 PSO 扩展到二进制空间, Kennedy 和 Eberhart 于 1997 年率先提出了一种二进制 PSO(Binary PSO, BPSO) 算法 [18]。BPSO 中粒子由二进制来表示, 当粒子某些位置上的值发生改变时 (0 变为 1 或 1 变为 0) 就可以实现粒子的移动。速度则决定了二进制改变的概率。BPSO 的速度更新公式为

$$v_{\mathrm{B}id}(t+1) = wv_{\mathrm{B}id}(t) + \varphi_1\left(x_{\mathrm{B}id}^{\mathrm{P}}(t) - x_{\mathrm{B}id}(t)\right) + \varphi_2\left(x_{\mathrm{B}gd}^{\mathrm{G}}(t) - x_{\mathrm{B}id}(t)\right) \quad (1.9)$$

从式 (1.9) 可以看出, 相比连续粒子群速度更新方式, 离散粒子群 (二进制粒子群) 速度更新方式并没有改变。其中, i 和 d 分别代表第 i 个粒子的数量和第 d 维; t 为迭代次数; w 为惯性权重; 粒子个体表示为 $x_{\mathrm{B}id} = (x_{\mathrm{B}i1}, x_{\mathrm{B}i2}, x_{\mathrm{B}i3}, x_{\mathrm{B}i4}, \cdots, x_{\mathrm{B}in})$, $i = 1, 2, \cdots, m$; 粒子更新速度为 $v_{\mathrm{B}id} = (v_{\mathrm{B}i1}, v_{\mathrm{B}i2}, v_{\mathrm{B}i3}, v_{\mathrm{B}i4}, \cdots, v_{\mathrm{B}in})$, $i = 1, 2, \cdots, m$; φ_1 和 φ_2 为随机正数; 当粒子群从初始化开始, 优化迭代到当前迭代次数时的每个粒子个体最优粒子为 $x_{\mathrm{B}id}^{\mathrm{P}} = (x_{\mathrm{B}i1}^{\mathrm{P}}, x_{\mathrm{B}i2}^{\mathrm{P}}, x_{\mathrm{B}i3}^{\mathrm{P}}, x_{\mathrm{B}i4}^{\mathrm{P}}, \cdots, x_{\mathrm{B}in}^{\mathrm{P}})$, $i = 1, 2, \cdots, m$; 当粒子群从初始化开始, 优化迭代到当前迭代次数时的全局最优粒子为 $x_{\mathrm{B}gd}^{\mathrm{G}} = (x_{\mathrm{B}g1}^{\mathrm{G}}, x_{\mathrm{B}g2}^{\mathrm{G}}, x_{\mathrm{B}g3}^{\mathrm{G}}, x_{\mathrm{B}g4}^{\mathrm{G}}, \cdots, x_{\mathrm{B}gn}^{\mathrm{G}})$, g 代表粒子群从初始化优化迭代到当前迭代次数时, 某一次迭代中某个位置上的粒子 (该位置为所有粒子中历史最优位置)。$x_{\mathrm{B}id}$、$x_{\mathrm{B}id}^{\mathrm{P}}$ 和 $x_{\mathrm{B}gd}^{\mathrm{G}}$ 里面的元素均只能为 0 或 1。BPSO 的粒子更新公式为

$$x_{\mathrm{B}id} = \begin{cases} 1, & \mathrm{rand} < \mathrm{sig}(v_{\mathrm{B}id}) \\ 0, & \text{其他} \end{cases} \quad (1.10)$$

其中

$$\mathrm{sig}(v_{\mathrm{B}id}) = \frac{1}{1 + \mathrm{e}^{-v_{\mathrm{B}id}}} \quad (1.11)$$

式中, $\mathrm{sig}(v_{\mathrm{B}id})$ 为转换限制函数, 表示 $x_{\mathrm{B}id}$ 能够取 1 的概率; rand 为 [0,1] 区间内的随机数。$v_{\mathrm{B}id}$ 越大, 则 $\mathrm{sig}(v_{\mathrm{B}id})$ 越大, 则 $x_{\mathrm{B}id}$ 选 1 的概率越大, 反之 $x_{\mathrm{B}id}$ 选 0

的概率越大。为了避免 $x_{\mathrm{B}id}$ 选 1 或选 0 的概率过大，必须对速度进行限制，该限制公式为

$$v_{\mathrm{B}id} = \begin{cases} V_{\mathrm{Bmax}}, & v_{\mathrm{B}id} > V_{\mathrm{Bmax}} \\ V_{\mathrm{Bmin}}, & v_{\mathrm{B}id} < V_{\mathrm{Bmin}} \end{cases} \tag{1.12}$$

式中，V_{Bmax} 和 V_{Bmin} 同样分别为最大更新速度和最小更新速度，其维数与 $v_{\mathrm{B}id}$ 的维数相同。为保证最优信息能及时更新，BPSO 的个体最优粒子和全局最优粒子更新公式为

$$f_{\mathrm{B}x} < f_{\mathrm{BP}}, \quad x_{\mathrm{B}id}^{\mathrm{P}}(t) = x_{\mathrm{B}id}(t) \tag{1.13}$$

$$f_{\mathrm{B}x} < f_{\mathrm{BG}}, \quad x_{\mathrm{B}gd}^{\mathrm{G}}(t) = x_{\mathrm{B}id}(t) \tag{1.14}$$

式中，$f_{\mathrm{B}x}$ 为当前粒子的适应值；f_{BP} 为个体最优粒子的适应值；f_{BG} 为全局最优粒子的适应值。只有个体粒子更优时，才替换全局最优粒子或个体最优粒子。

BPSO 的步骤如下。

第一步：设置最大速度 V_{Bmax} 和最小速度 V_{Bmin}，初始化粒子群的粒子 $x_{\mathrm{B}id}$、速度 $v_{\mathrm{B}id}$，设置全局最优粒子 $x_{\mathrm{B}gd}^{\mathrm{G}}$ 和个体最优粒子 $x_{\mathrm{B}id}^{\mathrm{P}}$ 为零矩阵，此时 $t = 0$。

第二步：将每个粒子代替相同位置上的个体最优粒子，计算每个粒子的适应值 $f_{\mathrm{B}x}$，同时将所有粒子中适应值最小的粒子代替全局最优粒子。

第三步：采用式 (1.9) 和式 (1.10) 进行粒子更新，如果粒子越界，则进行越界处理。

第四步：计算每个粒子、全局最优粒子和个体最优粒子的适应值 $f_{\mathrm{B}x}$、f_{BP} 和 f_{BG}。

第五步：将每个粒子的适应值与同位置上的个体最优粒子的适应值进行比较，如果 $f_{\mathrm{B}x} < f_{\mathrm{BP}}$，则 $x_{\mathrm{B}id}^{\mathrm{P}} = x_{\mathrm{B}id}$，相反，则 $x_{\mathrm{B}id}^{\mathrm{P}}$ 不变。

第六步：将每个粒子的适应值与全局最优粒子的适应值进行比较，如果 $f_{\mathrm{B}x} < f_{\mathrm{BG}}$，则 $x_{\mathrm{B}gd}^{\mathrm{G}} = x_{\mathrm{B}id}$，相反，则 $x_{\mathrm{B}gd}^{\mathrm{G}}$ 不变。

第七步：$t = t + 1$，如果满足结束条件则跳出循环，如果没有则转回第三步，继续优化。

BPSO 的基本拓扑结构与 PSO 的基本相似，也存在局部拓扑结构和全局拓扑结构，这里将不再阐述。

1.4 目标函数优化问题

所谓优化问题，就是在所有可能解中选出一个最为合理的且能达到目标最优的解，这个解也便是最优解。根据目标选取数量的不同，可以分为单目标优化问

题 (single-objective optimization problem, SOP) 和多目标优化问题 (multi-objective optimization problem, MOP)，其中单目标优化问题需要优化的目标只有一个，而同时需要优化多个目标的则是多目标优化问题[19~23]。实际工程中，往往需要考虑多个目标，但这些目标间常常相互矛盾，即一个优化目标性能的提高，可能会导致其他优化目标性能变差，而现阶段多目标优化已经广泛运用于电力系统、经济领域、化学工程、生物工程、服务质量分析、机器学习、电子信息工程和土木工程等方面[24~41]。因此，如何求解最优化问题对各个领域来说都具有非常重要的意义。

1881 年 Edgeworth 提出了优化这一概念，在前人的基础之上，法国经济学家 Pareto 于 1896 年提出并推广了多目标优化问题这个概念[42,43]。实际问题中，人们针对一个问题常常需要考虑多个目标，但是各个指标之间往往相互冲突。例如，顾客在挑选产品时，需要考虑该产品的性能、外观、知名度和价格等指标，性能和外观较好的产品价格往往比较高，而比较实惠的产品不一定性能就是最优，因此挑选产品时顾客只能选取一个能让自己满意的折中指标。一般来说，最优化问题都是为了使某一个或者多个指标达到最小值。因为本书后面的实际应用主要考虑的是最小优化问题，所以本节主要讨论最小优化问题，最大优化问题只需要通过一定步骤的转换便可，其他原理与最小优化问题相似。

1.4.1 多目标优化问题的描述

定义 1.1 多目标优化问题

多目标优化问题是由 M 个决策变量、N 个目标向量 (也可以称为目标函数) 和 $K+D$ 个约束条件组成。决策变量、目标向量和约束条件组成的函数关系为

$$
\begin{aligned}
\min \quad & y = F(x) = (f_1(x), f_2(x), f_3(x), \cdots, f_N(x)) \\
\text{s.t.} \quad & h_i(x) \leqslant 0 \\
& g_j(x) = 0
\end{aligned}
\tag{1.15}
$$

其中，M 个决策变量组成决策向量 (decision vector) $x=(x_1, x_2, x_3, x_4, \cdots, x_M)$，$x \in X_b$，目标向量 (objective vector) $y=(y_1, y_2, y_3, y_4, \cdots, y_N)$，$y \in Y$；$h_i(x) \leqslant 0$ 和 $g_j(x)=0$ 分别为第 i 个不等式和第 j 个等式约束条件，$i = 1, 2, 3, \cdots, K$，$j = 1, 2, 3, \cdots, D$。M 个决策变量形成决策向量，其中决策变量可以是实数、整数或者复数，可以推出 $X_b \subset \mathbf{R}^M$，X_b 表示决策向量组成的集合，称该集合为决策空间 (parameter space)。

决策向量通过映射形成一个 N 维度的目标向量 Y，且 $Y \subset \mathbf{R}^N$，Y 表示目标向量组成的集合，称该集合为目标空间 (objective space)。

$h_i(x) \leqslant 0$ 和 $g_j(x)=0$ 决定了决策向量的取值范围，目标向量和约束条件可能是线性、非线性、凸、凹、连续、非连续、可微、不可微分等函数。

定义 1.2   可行解集 (feasible solution set)

可行解主要是针对单个目标函数来确定解的优劣, 如果存在 $f(a) \leqslant f(b)$, $a \neq b$, 且 $a, b \in X^{*}$ (X^{*} 为可行解域), 则可以得出 a 为最优解。MOP 的解受到式 (1.15) 中约束条件的影响, 即

$$X_{hg} = \{x \in X \,|\, h(x) \leqslant 0, g(x) = 0\} \tag{1.16}$$

$$Y_{hg} = F(X_{hg}) \tag{1.17}$$

对式 (1.17) 来说, 可行解 X_{hg} 中所有的 x 经过 $F(x)$ 函数映射后形成目标空间的一个子空间 Y_{hg}。可行解对 MOP 来说情况将变得不一样, 因为一般情况下, 多个目标之间存在着相互矛盾的问题, 一个目标达到了最优, 其他目标则可能会变得很差, 所以无法通过简单地比较大小来判断解的优劣, 需要进一步对多目标空间的解进行分析。

定义 1.3   解的优劣性

设变量 $w, z \in X_{hg}$, 目标向量 $F(w) = (f_1(w), f_2(w), f_3(w), \cdots, f_N(w))$, $F(z) = (f_1(z), f_2(z), f_3(z), \cdots, f_N(z))$, 假如存在如下关系:

$$\forall j \in \{1, 2, 3, \cdots, N\}, \quad F(w) \leqslant F(z) \wedge \exists\, j \in \{1, 2, 3, \cdots, N\} \tag{1.18}$$

式 (1.18) 可以称 $F(z)$ 劣于 $F(w)$, 记为 $F(z) \succ F(w)$, 同样也可以称 $F(w)$ 占优于 (dominance) $F(z)$, 记为 $F(w) \prec F(z)$。

此外除了关系劣于和占优于外, MOP 中还存在其他比较常见的关系, 如弱占优 (weakly dominates) 关系、严格占优 (strictly dominates) 关系和无法比较 (incomparable) 等 [44,45]。以二维目标空间为例, 其解的关系如图 1.3 所示。

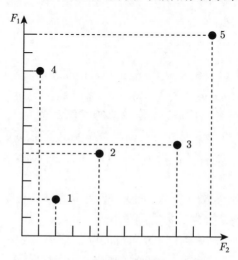

图 1.3   二维目标空间的解之间的关系

图 1.3 中, 目标函数值随箭头的指向不断增大 (后面与此相同), 粒子 1、2、3、4 和 5 代表五个可行解, 粒子 1 表示的解要占优于粒子 2、3、4 和 5 表示的解; 粒子 2 表示的解要占优于粒子 3、4 和 5 表示的解, 但劣于粒子 1 表示的解; 粒子 3 表示的解和粒子 4 表示的解彼此不占优于或劣于对方, 粒子 3 和粒子 4 表示的解均占优于粒子 5 表示的解, 但要劣于粒子 1 和 2 表示的解; 粒子 5 表示的解劣于粒子 1、2、3 和 4 表示的解。随着目标空间维数的增加, 各个解之间的优劣关系将变得更加复杂。

定义 1.4 非劣解(non-dominated solutions)及非劣前段(non-dominated front)

决策变量 $x \in X_b$ 为非劣解时, 存在如下关系:

$$\neg \exists b \in B : f(b) \prec f(x) \tag{1.19}$$

式中, $B \subseteq X_b$, 不存在另一个可行点 $b \in B$, 使得 $f(b)$ 占优于 $f(x)$, 则 x 为非劣解, 否则称为劣解 (dominated solutions)。假设 $p(B)$ 为集合 B 中的非劣向量的集合, 存在 $x^* \in B$, 该集合可表示如下:

$$p(B) = \{x^* \in B\} \tag{1.20}$$

x 是集合 B 中的非劣向量, 称集合 $p(B)$ 为 B 的非劣集, 相对应的目标向量 $f(p(B))$ 为 B 的非劣前端。

定义 1.5 Pareto 最优解 (Pareto optimal)、Pareto 解集 (Pareto optimal set) 和 Pareto 前端 (Pareto front)

决策变量 $x \in X_b$ 为 X_b 上的 Pareto 最优解, 同时 x 在 X_b 是非劣的。定义集合 P_{pos} 为 Pareto 最优解的集, 即

$$P_{pos} = \{x \in X_b \,|\, \neg \exists x^* \in X_b, f(x^*) \prec f(x)\} \tag{1.21}$$

式中, x^* 不属于集合 X_b, 从以上定义可以得知, Pareto 最优解与所在集合的范围有关, 这个范围一般情况是指整个决策空间。

对于 MOP, Pareto 前端 P_f 的定义为

$$P_f = \{F(x) \,|\, x \in P_{pos}\} \tag{1.22}$$

Pareto 前端 P_f 为 P_{pos} 与之对应的目标向量的集合。

多目标优化问题一般来说都有多个 Pareto 最优解, 给出一个以二维目标空间为例的 Pareto 前端示意图, 如图 1.4 所示。

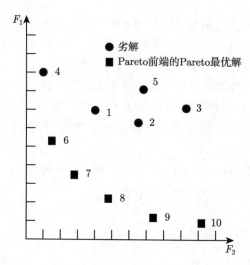

图 1.4   二维目标空间的 Pareto 前端示意图

图 1.4 中,粒子 1、2、3、4 和 5 代表劣解,小矩形 6、7、8、9 和 10 代表 Pareto 前端的 Pareto 最优解,Pareto 最优解完全由个人偏好哪些指标所决定,这里主要是考虑目标函数 1 的值,因粒子 1、2、3、4 和 5 的目标函数 1 的值要小于小矩形 6、7、8、9 和 10 的目标函数 1 的值,所以为劣解。小矩形 6、7、8、9 和 10 构成了最优 Pareto 前端,其对应的解集称为 Pareto 最优解集。

定义 1.6   全局 Pareto 最优解集和局部 Pareto 最优解集

集合 B 为全局 Pareto 最优解集成立的公式:

$$\forall b \in B : \neg \exists x \in X_b : x \succ b \wedge \|x - b\| < \varepsilon \wedge \|F(x) - F(b)\| < \delta \tag{1.23}$$

式中,$\| \cdot \|$ 是求模,$\varepsilon > 0$,$\delta > 0$。

集合 B 为局部 Pareto 最优解集成立的公式:

$$\forall b \in B : \neg \exists x \in X_b : x \succ b \tag{1.24}$$

二维目标空间的全局和局部 Pareto 前端示意图如图 1.5 所示。

图 1.5 中,曲线 1 为全局 Pareto 前端,曲线 2 位局部 Pareto 前端。局部 Pareto 前端上的解集并非全部为 Pareto 最优解,全局 Pareto 前端也并非是绝对的,就某种意义上来说,如果可以找到一个更优的 Pareto 前端,则原本的全局 Pareto 前端也将变成局部 Pareto 前端。

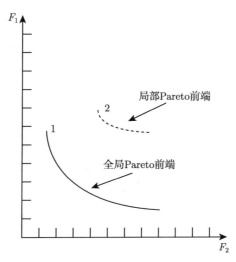

图 1.5   二维目标空间的全局和局部 Pareto 前端示意图

对于上述定义可以做如下总结。

(1) 单目标优化问题和多目标优化问题的情况完全不同,单目标优化问题得到的最终解一般都是单一的,优劣关系十分明确,最终解可以直接应用,但是多目标优化问题只存在Pareto最优解。一般情况下多目标优化问题的Pareto最优解有多个,因为多目标之间往往存在矛盾的关系 (提高某一个目标性能,可能会导致其他目标性能下降),所以Pareto最优解仅仅只是可以接受的非劣解,而很少存在最优解。

(2) 多个 Pareto 最优解组成了一个 Pareto 最优解集。如何选取一个 Pareto 最优解主要是看决策者对多目标优化问题的了解程度和个人偏好,因此求解多目标优化问题最为核心和关键的步骤就是求出所有 Pareto 最优解,或者找到与 Pareto 最优解尽可能相近的解,并且希望所求的最优解尽可能地均匀分布。

实际情况中如果一个多目标问题的求解空间过于庞大,则可能存在数量非常多的 Pareto 最优解,因许多因素决策者无法获取一个完整的 Pareto 最优解集,对决策者来说,如何挑选出一个符合决策者要求的 Pareto 最优解会非常困难,所以可以通过寻求决策者需要的 Pareto 最优解集的近似解集,来尽可能地接近 Pareto 前端。

1.4.2   多目标优化问题求解的基本方法

1.4.1 节中指出,多目标优化问题往往存在多组无法比较优劣的 Pareto 最优解集,但是在求解 Pareto 最优解时一般只需要选择一个或者部分解作为最终解,不同决策者对问题的了解程度和个人偏好不同,则最终解也不相同。

决策者在选取满意的 Pareto 最优解前, 先要了解和掌握该问题, 根据自身对该问题的价值判断, 挑选出合适的 Pareto 最优解集, 然后将这些合适的 Pareto 最优解集按照决策者自己的意愿进行排序, 最终得到满意解。

按照求解方式的不同, 文献 [46] 总结为基于偏好的方法 (preference-based approaches) 和产生式方法 (generating approaches) 两种类型。两种类型各有优缺点, 基于偏好的方法主要是获得满足个人偏好的解, 但该方法要求决策者对待求解问题有一定的先验知识, 并且能够清晰准确地表达自己的偏好; 产生式方法尝试获取整个 Pareto 最优解集或最优近似解集, 主要适用于没有先验知识的情况, 但是随着问题的复杂程度增加, 计算的复杂程度也随之上升。

传统的多目标优化方法是将各个目标聚合成一个带有权重系数的单目标函数, 权系数则主要由决策者确定。自 1950 年针对解决 MOP 而发展运筹学以来, 为了获取 Pareto 最优解集, 研究人员采用了多种不同方法进行求解, 常用的方法有加权法、约束法、目标规划法、目标满意法、字典排序法和分层分析法等[47~52]。

1. 加权法 (weighted-sum approach)

最为常见的加权法, 其基本思想是通过把每个目标函数分配一个权系数, 然后线性地组合成一个单目标函数, 其组合方法为

$$
\begin{aligned}
&\min \quad u(x) = w_1 f_1(x) + w_2 f_2(x) + w_3 f_3(x) + \cdots + w_k f_k(x) \\
&\text{s.t.} \quad x \in X_{\mathrm{b}}, \quad w_i \geqslant 0
\end{aligned}
\tag{1.25}
$$

式中, w_i 为权系数, $\sum w_i = 1$, 权系数的大小决定了每个目标之间重要程度的不同, 权系数越大的目标函数, 优化算法在搜索过程中将主要考虑该目标函数。加权法结构简单、清晰, 只采用数值大小进行排列, 所以容易进行比较。

如果目标的权系数值选取不当, 或者目标选取时没有能完全表达问题的意思, 则容易导致优化的收敛陷入局部最优区域。以二维目标空间为例, 建立方程

$$
u(x) = w_1 f_1(x) + w_2 f_2(x) \tag{1.26}
$$

将该方程变换为

$$
\begin{aligned}
f_1(x) &= -\frac{w_2}{w_1} f_2(x) + \frac{u(x)}{w_1} \\
f_2(x) &= -\frac{w_1}{w_2} f_1(x) + \frac{u(x)}{w_2}
\end{aligned}
\tag{1.27}
$$

式中, 第一条直线的斜率为 $-w_2/w_1$; 第二条直线的斜率为 $-w_1/w_2$, 如图1.6所示。

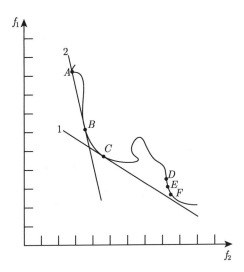

图 1.6　二维目标空间的加权法图例

图 1.6 中，序号 1 和序号 2 分别代表式 (1.27) 中的第一条直线和第二条直线，设定好权系数后，通过寻优，至少可以找到一个以上的可行解，即寻优后得到的可行解为点 A、B 和 C 中的一个或者多个。相对于点 A、B 和 C，点 D、E 和 F 的解更优 (点 D、E 和 F 没有在斜率曲线上，得到的目标函数输出值并不是最小)，则实际上 D、E 和 F 才能称为 Pareto 最优解，但是因为权系数固定，所以寻优范围被限制，从而无法搜寻到 Pareto 最优解，最终导致优化陷入局部最优值。

2. 约束法 (constraint method)

约束法有多种情况，这里只主要阐述两种。

第一种情况是将 k 个目标函数中提取出任意一个目标函数作为一个单目标函数，其余的所有目标函数则作为约束条件，该方法的数学模型为

$$
\begin{aligned}
\min \quad & u(x) = f_j(x) \\
\text{s.t.} \quad & h_i(x) = f_i(x) \leqslant \varepsilon_i
\end{aligned}
\tag{1.28}
$$

式中，$i \neq j$，这里 j 只代表某一个目标函数，约束函数 $h_i(x) = h_1(x)$, $h_2(x)$, $h_3(x), \cdots, h_{j-1}(x)$, $h_{j+1}(x), \cdots, h_i(x)$, $i = 1, 2, 3, \cdots, k$。约束常数 $\varepsilon_i = \varepsilon_1$, ε_2, $\varepsilon_3, \cdots, \varepsilon_k$。该常数为每一个作为约束条件的目标函数的上限值，由决策者对其取值，不同的上限值对优化有较大的影响，所以选取一个好的 ε_i 至关重要。

第二种情况是在目标函数的基础上增加惩罚项，对于不可行解，进行惩罚处理，因为对不可行解并没有进行限制，只是增加法则来对不可行解进行处理，所以

该方法实际上是将有约束优化问题变为无约束优化问题。该方法的组合方式为

$$u(x) = f_i(x) + \lambda \sum_j^m \phi_j \tag{1.29}$$

式中，ϕ_j 代表惩罚项；m 代表惩罚项的个数；λ 为惩罚因子。

　　约束法的目的是通过约束规则，引导优化朝向可行解区域，其优点在于可以让一个或者部分目标函数在优化过程中得到理想的解。但是如果约束规则选取不当，容易导致无法得到最优解，或者优化最终陷入局部最优区域。以二维目标空间为例，图 1.7 为约束法的图例 (以第一种约束法为例)。

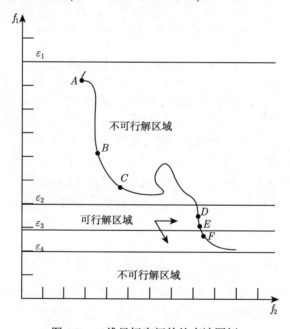

图 1.7　二维目标空间的约束法图例

　　图 1.7 中，A、B 和 C 为劣解处在不可行解区域，D、E 和 F 为优解处在可行解区域。可以看出，如果约束常数选在 ε_4 的位置，则寻优无法找到可行解区域，即无解；如果约束常数选在 ε_2 的位置，则优化区域包括了可行解区域和不可行解区域，通过寻优可以找到最优解；如果约束常数选在 ε_3 的位置，则缩小了可行解的范围，此时 D 和 E 成了不可行解；如果约束常数选在 ε_1 的位置，则优化区域同样也包括了可行解区域和不可行解区域，扩大了寻优范围，使得优化过程中可以得到 A、B 和 C 这三个解。约束常数的选取极其重要，所以需要决策者对优化问题有先验知识，并且通过多次实验找到一个合适的约束常数。

3. 目标规划法 (goal programming)

该方法需要决策者事先确定好每一个目标函数所能够达到的理想值，然后将这些理想值作为约束条件加入目标函数中，该方法的数学模型为

$$\min \quad u(x) = \sum_{i}^{k} |f_i(x) - A_i|, \quad x \in X_{\text{b}} \tag{1.30}$$

式中，A_i 代表第 i 个目标函数 $f_i(x)$ 的理想值，通过与理想值相减然后求和，可以将优化问题描述为理想目标函数值与实际目标函数值的绝对值偏差之和，这样体现了决策者期望通过给予理想值，让实际情况也能尽可能地接近理想情况：绝对值偏差之和越小，实际目标函数值与理想目标函数值越靠近。

如果给定的理想值在可行解区域内，则能够得到优解，但该方法存在一个明显的问题，目标函数期望值的选取具有很强的主观性，因为该方法需要决策者提前知道优化问题中每一个目标函数合理的特征信息，然后通过个人偏好对每个目标函数赋予相应的期望值。如果优化问题的模型不精确，或者决策者对优化问题的模型缺乏足够的认识，采用该方法将得不到理想的优解。

4. 目标满意法 (goal attainment)

该方法以输出满意指标的解为原则，其数学模型为

$$\begin{aligned} \min \quad & \mu \\ \text{s.t.} \quad & h_i(x) \leqslant 0 \\ & c_j + \mu w_j \geqslant f_j(x) \end{aligned} \tag{1.31}$$

式中，μ 为标量 (为多组满意度输出指标)；$i = 1, 2, 3, \cdots, k$；指定的目标向量为 $c_j = c_1, c_2, c_3, \cdots, c_m$；权系数 $\sum w_i = 1$。当决策者给出权系数 w 和指定目标向量 c 后，就可以确定 $c + \mu w$ 的方向。沿着 $c + \mu w$ 的方向进行搜索，当该向量与可行解区域交叉时，就可以在交叉区域找到最优解。决策者可以通过观察 μ 性能最好的值来判断是否寻优到最优解，如果达到了决策者给定的范围，则说明优化目标已经达到可行解区域，反之则说明优化目标未能达到可行解区域。该方法需要决策者能给出合适的满意解范围，同时需知道与优化问题有关的信息。

5. 字典排序法 (lexicographic ordering approach)

该方法是先定义每一个目标函数的重要程度，然后按重要程度进行排序。排序后根据重要程度，从最重要的目标函数开始依次优化每一个目标函数，直到优化完所有的目标函数。该方法存在的问题也是必须提前知道优化问题准确的特征信息，同样定义每个目标函数的重要程度完全依赖于决策者的主观意识。

6. 分层分析法

该方法通过将优化问题进行分层处理，并通过由低层到高层逐层计算，最后计算出所有方案在总的优化目标函数所占的权重，并将权重比最大的方案相对应的解作为最后的最优解。该方法同样也需要有先验知识，并且依赖决策者的主观意识。

1.4.3   传统优化方法的局限性以及智能优化方法的发展

传统优化方法的优点是将多目标优化问题转换成单目标优化问题，这样就可以用求解单目标优化问题的一些成熟的方法对多目标优化问题进行求解。但是传统优化方法很大程度上都依赖于决策者对优化问题的特征信息提取，而且求解问题时决策者的主观意识起到了主要作用。如果问题变得复杂，规模和维度变多，采用传统的优化方法将导致计算变得过于复杂，或者根本无法完成求解；如果所求解问题极其复杂，而决策者又无法准确知道需要求解问题的相关信息，同样也会导致无法求解；传统优化方法对 Pareto 优化前端极其敏感。

1967 年 Rosenberg 在他的博士论文中提到了使用进化算法来解决 MOP 的可能性 [53]，但他本人并没有提出多目标进化算法 (multi-objective evolutionary algorithm, MOEA)，直到 80 年代中期，Schaffer 第一次设计出 MOEA，该算法也被称为向量评估遗传算法 (vector evaluated genetic algorithm, VEGA)[54]，它是由改进的选择机制和简单的遗传算法组成的，Schaffer 提出的 VEGA 能有效地克服传统优化方法的缺点，并为智能算法在多目标优化中的应用开起新篇章。90 年代开始，一大批学者开始专注于对智能算法领域的研究，比较有代表性的有：Srinivas 和 Deb 共同提出的非支配分类遗传算法 (nondominated sorting genetic algorithm, NSGA)[55]，Hoyn 和 Nafpliotis 等提出的小生境 Pareto 遗传算法 (niched-Pareto genetic algorithm, NPGA)[56]，Fonseca 和 Fleming 提出的多目标遗传算法 (multi-objective genetic algorithm, MOGA)[57]，Zitzler 和 Thiele 提出的强度 Pareto 进化算法 (strength Pareto evolutionary algorithm, SPEA)[58]，以及 Pareto 存档进化策略 (Pareto archived evolution strategy, PAES)[59] 等其他算法。

1999 年 Moore 和 Chapman 第一次将 PSO 运用于求解多目标优化问题中 [60]，PSO 的算法实现简单，意义明确，在收敛速度和优化稳定性等方面比 GA 好，因此 PSO 在多目标优化问题中的运用引起了研究人员极大的兴趣。

1.5   粒子群优化算法的理论分析综述

如果要运用好 PSO 就必须对其进行理论分析，这样才能找到该方法针对优化问题合理的参数选取范围，以及该方法亟须改进之处。

从式 (1.7) 中可以看出，因为局部优化部分和全局优化部分的系数为一个随机数，所以粒子群在优化过程中每一次迭代都具有很强的随机性，这就导致在对比多组优化实验时，每组实验相同的优化迭代次数的位置，其个体最优值和全局最优值并不相同，每次优化结果也并不完全相同。

目前为止对粒子群的理论分析还没有一个统一的数学方法，不同的研究人员对粒子群的分析也是五花八门，可谓 "百家争鸣"。粒子群优化算法的随机性强，其随机主要体现在，单个粒子在朝个体最优粒子和全局最优粒子的位置移动时，其移动速度大小是随机的，全局最优粒子和个体最优粒子的位置也有很强的随机性，所以每一次优化过程中每个粒子都有多种可能的位置移动，随着优化区间、粒子数量和维数的增加，粒子群的优化过程将变得更加复杂。

1.5.1 标准粒子群优化算法的理论分析

Dai 和 Liu 等针对特定目标，通过实验方法对比不同参数的影响，并得到了合适的粒子群优化参数 [61]。

针对特定目标，通过对比实验对粒子群进行分析，局限性太大。为了对粒子群的一般性进行分析，许多研究人员通过简化粒子群模型来分析 PSO 的一般性。为了简化粒子群的分析，Clerc 和 Kennedy 只考虑单个粒子 [62]，设单个粒子维度为 1 维，将粒子群优化等效为离散系统，并将式 (1.1) 中的 $c_1 r_1$ 和 $c_2 r_2$ 设为定值 ϕ_1 和 ϕ_2，虽然全局最粒子 x^G 和局部最优粒子 x^P 总在不断更新，但同样为了简化分析，将两种最优粒子均设置为恒定值，在这种假设前提下，Clerc 和 Kennedy 通过建立速度与位置矩阵方程，求取相关矩阵的特征值和特征向量来分析粒子群的动力学特性。Ozcan 和 Mohan 对粒子群的分析要早于 Clerc 和 Kennedy，为了简化分析，同样考虑 $c_1 r_1$、$c_2 r_2$、x^G 和 x^P 为恒定值，Ozcan 和 Mohan 分析了不带权系数和带权系数的两种粒子群，并且通过给加速因子不同范围内的值来分析粒子的运动轨迹 [63]。van den Bergh 和 Engelbrecht 也采用相同的简化方法来分析带权系数的粒子群 [64]，得出 PSO 并不一定能够收敛到最优区域的结论。同样还有研究学者如 Lin 和 Feng[65]、Yasuda 等 [66]、刘建华等 [67]、张丽平等 [68] 和刘洪波等 [69] 均将粒子群简化，通过分析其特征值和特征向量的关系来确定粒子群的收敛性。

上述分析主要建立在粒子群所有参数是常数的情况下，但是实际情况中粒子群的优化过程是一个随机变化的过程，因此有研究人员将粒子的随机性带入，并进行分析。金欣磊等 [70] 假设粒子群中权系数 w、x^G 和 x^P 为恒定值，并引入一些如下概念。

(1) 设 x 和 $x_n(n \geqslant 1)$ 为同一概率空间上的随机变量，当如下关系成立

$$\lim_{n \to \infty} E(\|x_n - x\|^2) = 0 \tag{1.32}$$

时，则 $\{x_n\}$ 均方收敛于 x。

(2) 期望和方差分别为

$$E(\phi) = \mu$$
$$E(\phi) = \sigma^2 \tag{1.33}$$

文献 [70] 并没有将加速因子设为恒定值，而是考虑 PSO 是一个具有随机因素的线性时变系统，通过上述几个概念，并对比多组数据实验，给出了粒子群能够收敛到最优区域的参数。张玮和王华奎 [71] 利用位置期望和位置方差对 PSO 的稳定性进行分析，同时通过研究加速因子对迭代寻优的影响，得出加速因子为 1.85 时比加速因子为 2 时的优化效果更好。

任子晖等 [72]、潘峰等 [73] 和 Chou 等 [74] 提出了利用马尔可夫链 (Markov chain) 对粒子群进行理论分析 (默认粒子群优化等效为离散系统)，其中马尔可夫链定义为：假设 $y_n(n \geqslant 0)$ 为一列取值离散的随机变量，该随机变量的集合为 S(状态空间)，如果

$$p(y_{n+1} \leqslant j_{n+1} | y_n = j_n, y_{n-1} = j_{n-1}, \cdots, y_0 = j_0) = p(y_{n+1} \leqslant j_{n+1} | y_n = j_n) \tag{1.34}$$

对任意 $j_k \in S(k \leqslant l+1)$ 成立，则称 y_n 为马尔可夫链。通过对式 (1.7) 和式 (1.2) 分析可得

$$x(t+1) = f(v(t), x(t), x^{\mathrm{G}}(t), x^{\mathrm{P}}(t)) \tag{1.35}$$

从式 (1.35) 可以看出，PSO 中当前粒子与过去粒子、粒子速度、全局最优粒子和局部最优粒子有关，满足马尔可夫链的定义，所以可以用马尔可夫链对粒子群的随机性进行分析。

Fernández-Martínez 和 García-Gonzalo[75] 将 PSO 看成是一个特定离散的随机阻尼弹簧系统，PSO 参数对其动力特性方程的特征值、中心吸引轨迹和运动轨迹的协方差等均有影响，通过建立一阶和二阶动态方程分析了连续和离散 PSO 的动态稳定性。

Kadirkamanathan 和 Selvarajah 等 [76] 利用李雅普诺夫稳定性分析 (Lyapunov stability analysis) 对粒子群中单个粒子进行分析，并提出了保证 PSO 收敛的充分条件。Samal 和 Konar 等 [77] 通过将粒子群中个体粒子建立闭环控制系统模型，并利用朱利判据 (Jury test) 和经典控制中的根轨迹 (root locus) 对该闭环控制模型进行收敛性分析，并给出了更加严格的参数选择。

1.5.2   离散粒子群优化算法的理论分析

因为现阶段研究人员主要还是集中在连续 PSO 的研究上，所以目前对离散粒子群的理论分析比对连续粒子群的理论分析要少，而且比较分散，尚未形成统一的

理论。

在 Eberhart 和 Kennedy 提出 BPSO 的同时，提出了位变化概率：位取 1 的概率为 $\text{sig}(v)$，位取 0 的概率为 $1 - \text{sig}(v)$，则位改变的概率为

$$p(\Delta) = \text{sig}(v)(1 - \text{sig}(v)) \tag{1.36}$$

进一步可以得到

$$p(\Delta) = \text{sig}(v) - (\text{sig}(v))^2 \tag{1.37}$$

刘建华和杨荣华等[78] 利用位改变概率和 GA 模式两个方面对离散粒子群算法进行理论分析研究，认为 Eberhart 和 Kennedy 提出的位概率分析方式并不严格，并对该方法进行了更深入的分析，该文献不但考虑了当前优化迭代位选 1 和 0 的概率，而且考虑了上一次优化迭代时位选 1 和 0 的概率，得到的位概率为

$$p(t) = [1 - \text{sig}(v(t-1))]\text{sig}(v(t)) + [1 - \text{sig}(v(t))]\text{sig}(v(t-1)) \tag{1.38}$$

该文献还利用 GA 原理分析了 BPSO 的变异过程，并说明了离散粒子群具有全局优化能力强，而局部优化能力较差的特点。在刘建华之前发表的文章中[79]，还采用速度期望对 BPSO 进行了理论分析。

许金友和李文立等[80] 从微观的角度对 BPSO 的粒子运动状态进行理论分析，通过全局最优粒子、个体最优粒子和当前粒子得到 5 个粒子状态点，通过分析这 5 个状态点，得出离散粒子群中单个粒子的运动轨迹为一种聚散结构，证明了离散粒子群的全局优化能力强，而局部优化能力差。

Xu 和 Li 等[81] 为了分析 BPSO 的优化能力，将 BPSO 针对陷函数 (trap function) 进行寻优实验，实验分析可知，BPSO 的寻优能力与问题空间的尺度和结构均有关系，该文献同样得出 BPSO 的全局优化能力要优于局部优化能力。Li 和 Shi[82] 同样是通过针对特定优化问题进行实验来分析 BPSO。

不少研究人员对粒子群算法和离散粒子群算法进行了简要的分析，但因为优化算法中随机变量对优化起着决定性作用，优化参数如优化步长、粒子的数量、维数、加速因子和加权系数同样对粒子群优化有不可忽视的影响。常规方法无法对具有随机性的粒子群算法进行精确的收敛性分析，也无法同时考虑多个优化参数的相互影响。所以，目前来说大多数分析均会固定某些参数或者忽略随机作用的影响，这些分析与实际情况往往会存在一定的差异。

1.6 粒子群优化算法的应用综述

研究人员对粒子群的应用远远多于对粒子群的理论研究，粒子群的运用领域非常广，本节只对部分领域中粒子群的应用做简要归纳。

1. 电力系统领域

刘世成和张建华等将自适应 PSO 运用于电力系统无功优化中 [83]；周永智和吴浩等将结合蒙特卡罗模拟的 PSO 运用在海岛的多微网动态调度上 [84]；师彪和李郁侠等将改进粒子群和模糊神经网络相结合，并将其运用在短期电力负荷的预测中 [85]；任萍和高立群等将微分进化算法与粒子群结合，并将其运用在电网的优化规划中 [86]；王伟和常浩等将标准粒子群运用到工厂负荷分配问题中 [87]；王曦和李兴源等将基于混沌和差分进化算法相结合的粒子群运用在电力系统稳定器和直流调制控制器参数中 [88]；江渝和黄敏等将改进粒子群运用在微网的能量管理中 [89]；Hao 和 Cong 等将 PSO 运用在基于风力发电的微网中 [90]；彭春华 [91] 和吴小珊等 [92] 分别用改进 BPSO 解决了多目标优化配置 PMU 和电力系统机组组合问题；Chong 等 [93]、Remani 等 [94] 和 Wang 等 [95] 分别将 BPSO 运用在电力恢复、负荷调度和电力系统可靠性评估中。

2. 电机领域

刘朝华和周少武等提出双模态自适应小波粒子群，并将其运用在永磁同步电机的多参数识别和温度检测中 [96]；鞠鲁峰和王群京等利用支持向量机模型方法建立新型永磁球形电机数学模型，并采用粒子群进行参数寻优 [97]；张斌和李彬郎等将 PSO 运用在全阶状态观测器转速识别系统中 [98]；吴帅等通过 PSO 优化设计直接驱动阀用音圈电机 [99]；胡海兵和胡庆波等利用 PSO 优化 PID 伺服控制器 [100]；黄明明和周成虎等通过 PSO 对励磁同步电机中的电流进行优化调整，实现了效率最优化 [101]；王攀攀和史丽萍利用骨干微粒群提取正负序量来检测定子电机故障 [102]；Guo 和 Huang 等运用 PSO 优化设计感应电机参数 [103]；Banerjee 和 Choudhuri 等采用 PSO 离线优化感应电机中的 PI 和 PID 控制器 [104]；Gaing 和 Lin 等利用量子 PSO 优化设计无刷永磁电机 [105]；Calvini 和 Carpita 等采用 PSO 识别和优化新型永磁同步电机驱动模型 [106]；Sreejeth 和 Singh 等同样将 PSO 运用在永磁同步电机驱动中 [107]。

3. 电力电子领域

娄慧波和毛承雄等采用 PSO 优化三电平正弦脉宽调制(SPWM)开关时刻 [108]；贺润松和廖力等将入侵杂草优化算法和 PSO 相结合，并运用该改进方法优化三电平选择谐波消除脉宽调制 (SHEPWM) 方程组中的开关角 [109]；Sadr 等同样利用 PSO 优化 SHEPWM 方程组中的开关角 [110]；Ray 等 [111] 和 Amjad 等 [112] 均采用 PSO 解决了谐波消除脉宽调制 (HEPWM) 方程组中的开关角求解问题。光伏的最大功率点因受环境影响而改变，特别是在光照不均时，光伏电池板的伏安曲线总为多峰值曲线，在环境不变的稳态情况下，采用粒子群或者改进粒子群优化方法则能有效提高最大功率跟踪的精度，在环境动态变化的情况下也能及时跟踪到最大功率点，很多研究学者如朱艳伟、吴海涛、丁爱华、Phimmasone 和 Mirbagheri 等在此方面做了大量研究 [113~122]；程泽和董梦男等则将混沌粒子群算法运用到光伏电池模型的参数识别中 [123]；Liu 和 Hsu 利用 PSO 实时优化静止无功补偿器中的 PI 控制器参数，提高了 PI 控制精度 [124]；罗庆跃和刘白杨等将 PSO 与松弛模型相结合，以达到优化电容器补偿容量和位置的目的，并通过与 BPSO 作对比，证明了改进 PSO 效果更优 [125]；Wu 和 Sun 等将 BPSO 运用于优化单相全桥逆变器的开关序列 [126]。

4. 图像处理领域

图像处理即对图像进行分析，然后通过提取的特征信息进行研究或者对图像进行处理等。研究学者如付燕、金立军、倪超、谭志国、徐亮和 Li 等将 PSO 或改进 PSO 运用在医学图像、绝缘子图像、农业图像、红外图像等方面 [127~135]；程国建、Babu、Ertürk 和 Kusetogullari 等则将 BPSO 或者改进 BPSO 运用在人脸识别、高光谱成像和多光谱图像检测等方面 [136~139]。

5. 数据挖掘领域

数据挖掘是从大量数据中通过一些算法搜索并提取所需要的信息，数据挖掘的主要方法有聚类、分类、评估等。研究学者如刘宁、李丹、韩璞、王旸和 Liu 等利用 PSO、BPSO 及其改进方法对样本空间进行寻优，并找到合适的解集，然后配合如聚类、评估等方法进行数据挖掘 [140~149]。

6. 其他领域

前面简单介绍了粒子群在电力系统、电机、电力电子、图像处理和数据挖掘领域的一些应用情况，但 PSO 和 BPSO 的运用场合远不止这些，在网络、机器人、地质、生产调度、电子和生物等领域的优化问题中也有大量的运用 [150~158]。

1.7 粒子群优化算法的展望

自 1995 年粒子群优化算法被提出以来，该方法因简单、有效而引起了学术界广泛的关注。为了扩展其应用范围，1997 年离散粒子群优化算法被提出，时至今日已经有大量的研究人员将连续或者离散粒子群优化算法运用到实际工程中。从 21 世纪初期到现在，Web of Science 收录的有关粒子群的论文就有 7 万多篇。表 1.1 为近 10 年来 Web of Science 收录粒子群优化算法相关论文的情况。可以看出，近 5 年论文数量比例约为 64%，可见学者对粒子群的研究及应用关注程度日益增加。

表 1.1　近 10 年来 Web of Science 收录粒子群优化算法相关论文情况统计

出版年	收录数量	占总数量的比例/%
2015	5976	8.53
2014	10854	15.49
2013	10281	14.67
2012	9548	13.62
2011	8141	11.62
2010	7732	11.03
2009	7109	10.15
2008	5380	7.68
2007	2896	4.13
2006	2155	3.08

因 2015 年查询的并非是完整的一年 (截至 2015 年 10 月 5 日), 所以收录数量较少。表 1.2 为近 16 年来 Web of Science (2000~2015 年) 收录粒子群优化算法相关论文的部分国家分布情况。

表 1.2　近 16 年来 Web of Science 收录粒子群优化算法相关论文的
部分国家分布情况统计

国家	收录数量	占总数量的比例/%
中国	23725	32.05
美国	3236	4.37
日本	1295	1.75
印度	6233	8.42
澳大利亚	1046	1.41
英国	5852	7.90
意大利	718	0.97
巴西	822	1.11
土耳其	621	0.84
南非	318	0.43

由表 1.2 可知, 中国在粒子群的研究领域占了近 1/3, 可见中国对粒子群的研究非常关注。虽然粒子群已经成功在很多领域运用, 但是从粒子群的研究情况来看, 还有几个方面需要进一步深入研究。

(1) 目前已有大量文献对粒子群优化算法进行了理论研究。有些学者通过假设部分参数固定来分析单个粒子的收敛情况；有些学者通过如马尔可夫链、李雅普诺夫等方法分析粒子在具有随机加速因子情况下的收敛性。针对离散粒子群, 有一些研究人员利用概率去分析其收敛性；还有许多研究人员通过针对特定目标, 采用实验方法找到合适的优化参数。因粒子群中每个粒子的状况可能并不相同, 而且每个粒子不但受到自身过去历史、历史全局最优粒子和参数的影响, 还受粒子群规模和自身维数的影响, 现阶段没有文献能够彻底详细地对这些影响进行分析, 随着粒子自身规模和维数的增加，很多分析方法将变得无法适应。粒子群优化算法创建之初只是对鸟类群体觅食进行简单的模拟，没有严格的数学证明，之后的离散粒子群算法同样没有严格的数学证明，要解决这个问题，需要对粒子群优化算法理论进行更深入的研究。

(2) 针对粒子群的研究大多数仍然是对连续粒子群的研究，所以 BPSO 比 PSO 的应用范围小，但 BPSO 在离散优化问题方面的应用仍具有很大的开发空间，因此有必要进一步扩大 BPSO 的研究。

(3) BPSO 和 PSO 本身均存在不足之处，目前有研究人员对这两种优化算法本身作出改进，也有借鉴如进化算法、模拟退火算法和其他智能群体等优化算法的优点，或者采纳如量子理论和混沌理论等一些基础理论知识，并针对不同的对象采用合理的方法进行改进，以寻求性能更佳；未来需要性能更优的新型改进粒子群优化算法，以适应更加复杂的系统。

参 考 文 献

[1] 王维博. 粒子群优化算法研究及其应用[D]. 成都: 西南交通大学, 2012.

[2] 刘建华. 粒子群算法的基本理论及其改进研究[D]. 长沙: 中南大学, 2009.

[3] Wu H T, Hsiao W T, Lin C T, et al. Application of genetic algorithm to the development of artificial intelligence module system[C]. Intelligent Control and Information Processing, Harbin, 2011: 290-294.

[4] 薛嘉, 蔡金燕, 马飒飒, 等. 基于群智能的连续优化算法研究[J]. 计算机工程与设计, 2009, 30(8): 1969-1973.

[5] Poli R, Kennedy J, Blackwell T. Particle swarm optimization—An overview[J]. Swarm Intelligence, 2007, 1(1): 33-57.

[6] 孔璐蓉, 鞠彦兵. 智能仿生算法研究综述[C]. 第 12 届全国信息管理与工业工程学术会议, 北京, 2008: 162-167.

[7] 何珍梅, 徐雪松. 人工免疫系统研究综述[J]. 华东交通大学学报, 2007, 24(4): 79-83.

[8] 李丽, 牛奔. 粒子群优化算法[M]. 北京: 冶金工业出版社, 2009.

[9] 刘逸. 粒子群优化算法的改进及应用研究[D]. 西安: 西安电子科技大学, 2013.

[10] 辛斌, 陈杰, 彭志红. 智能优化控制: 概述与展望[J]. 自动化学报, 2013, 39(11): 1831-1848.

[11] Reynolds C W. Flocks, herds and schools: A distributed behavioural model[C]. Conference on Computer Graphics, London, 1987: 71-87.

[12] Kennedy J, Eberhart R. Particle swarm optimization[C]. Proceedings of International Conference on Neural Networks, Perth, 1995: 1942-1948.

[13] 郭文忠, 陈国龙. 离散粒子群优化算法及其应用[M]. 北京: 清华大学出版社, 2012.

[14] Shi Y H, Eberhart R C. A modified particle swarm optimizer[C]. IEEE International Conference on Evolutionary Computation, Anchorage, 1998: 69-73.

[15] Shi Y H, Eberhart R C. Parameter selection in particle swarm optimization[C]. International Conference on Evolutionary Programming VII, San Diego, 1998, 1447(25): 591-600.

[16] Shi Y H, Eberhart R C. Empirical study of particle swarm optimization[C]. Proceedings of the Congress on Evolutionary Computation, Washington, 1999: 1945-1950.

[17] Kennedy J. Small worlds and mega-minds: Effects of neighborhood topology on particle swarm performance[C]. Proceedings of the Congress on Evolutionary Computation, Washington, 1999: 1931-1938.

[18] Kennedy J, Eberhart R C. A discrete binary version of the particle swarm algorithm[C]. IEEE International Conference on Systems, Man, and Cybernetics. Computational Cybernetics and Simulation, Orlando, 1997: 4104-4108.

[19] Coello C A C. Evolutionary multi-objective optimization: A historical view of the field[J]. IEEE Computational Intelligence Magazine, 2006, 1(1): 28-36.

[20] 徐斌. 基于差分进化算法的多目标优化方法研究及其应用[D]. 上海: 华东理工大学, 2013.

[21] 程杉. 含分布式电源的配电网多目标优化问题研究[D]. 重庆: 重庆大学, 2013.

[22] 马小姝, 李宇龙, 严浪. 传统多目标优化方法和多目标遗传算法的比较综述[J]. 电气传动自动化, 2010, 32(3): 48-50, 53.

[23] 肖晓伟, 肖迪, 林锦国, 等. 多目标优化问题的研究概述[J]. 计算机应用研究, 2011, 28(3): 805-808, 827.

[24] 朱冬雪, 顾雪平, 钟慧荣. 电力系统大停电后机组恢复的多目标优化方法[J]. 电网技术, 2013, 37(3): 814-820.

[25] 李智欢, 段献忠. 多目标进化算法求解无功优化问题的对比分析[J]. 中国电机工程学报, 2010, 30(10): 57-65.

[26] 裴军, 刘心报, 范雯娟, 等. 基于生产与运输集成的供应链调度优化问题[J]. 中国管理科学, 2012, 20(S2): 586-593.

[27] 罗素梅, 赵晓菊. 超额外汇储备的多目标优化及投资组合研究[J]. 财经研究, 2015, 41(1): 107-117.

[28] 王文梁, 熊胜明. 光学薄膜自动设计的多目标优化方法[J]. 光学学报, 2008, 28(10): 2026-2030.

[29] 明图章, 胡光伟, 黄卫. 大跨径钢桥面铺装体系多目标优化设计[J]. 土木工程学报, 2007, 40(2): 70-73.

[30] Zhou L T, Wang T J, Jiang X, et al. The machine learning classifier based on multi-objective genetic algorithm[C]. The 7th International Conference on Computing and Convergence Technology, Seoul, 2012: 405-409.

[31] Praditwong K, Harman M, Yao X. Software module clustering as a multi-objective search problem[J]. IEEE Transactions on Software Engineering, 2011, 37(2): 264-282.

[32] Kalamaras I, Drosou A, Tzovaras D. Multi-objective optimization for multimodal visualization[J]. IEEE Transactions on Multimedia, 2014, 16(5): 1460-1472.

[33] Sendin J O H, Exler O, Banga J R. Multi-objective mixed integer strategy for the optimization of biological networks[J]. IET Systems Biology, 2010, 4(3): 236-248.

[34] Wagner F, Klein A, Klopper B, et al. Multi-objective service composition with time- and input-dependent QoS[C]. Proceedings of the 19th IEEE International Conference on Web Services, Honolulu, 2012: 234-241.

[35] 陈洁, 杨秀, 朱兰, 等. 微网多目标经济调度优化[J]. 中国电机工程学报, 2013, 33(19): 57-66, 19.

[36] 柳春光, 张士博, 柳英洲. 基于全寿命抗震性能的近海桥梁结构多目标优化设计方法[J]. 大连理工大学学报, 2015, 55(1): 39-46.

[37] Turkay S, Akcay H. Multi-objective design for half-car active suspensions[C]. The 12th International Conference on Control, Automation and Systems, Jeju, 2012: 246-251.

[38] Koziel S, Bekasiewicz A, Couckuyt I, et al. Efficient multi-objective simulation-driven antenna design using co-kriging[J]. IEEE Transactions on Antennasand Propagation, 2014, 62(11): 5900-5905.

[39] Marohasy J, Abbot J. Assessing the quality of eight different maximum temperature time series as inputs when using artificial neural networks to forecast monthly rainfall at Cape Otway, Australia[J]. Atmospheric Research, 2015, 166: 141-149.

[40] 李鑫, 欧名豪, 陆宇. 基于生态位理论的阿拉善盟土地利用结构多目标优化研究[J]. 干旱区资源与环境, 2012, 26(8): 69-73.

[41] 刘飞飞. 基于多目标优化双聚类的数字图书馆协同过滤推荐系统[J]. 图书情报工作, 2011, 55(7): 111-113.

[42] Edgeworth F Y. Mathematical Physics[M]. London: P. Keagan, 1881.

[43] Pareto V. Cours D'Economie Politique[M]. Lausanne: F. Rouge, 1896.

[44] Zitzler E, Thiele L, Laumanns M, et al. Performance assessment of multiobjective optimizers: An analysis and review[J]. IEEE Transactions on Evolutionary Computation, 2003, 7(2): 117-132.

[45] Knowles J D, Thiele L, Zitzler E. A tutorial on the performance assessment of stochastic multiobjective optimizers[R]. Zurich: Computer Engineering and Networks Laboratory, 2006.

[46] 玄光男, 程润伟. 遗传算法与工程优化[M]. 于歆杰, 周根贵, 译. 北京: 清华大学出版社, 2003.

[47] Hwang C L, Paidy S R, Yoon K, et al. Mathematical programming with multipleobjectives—A tutorial[J]. Computers & Operations Research, 1980, 7(1): 5-31.

[48] Osyczka A. Multicriterion Optimization in Engineering with FORTRAN Programs[M]. New York: John Wiley & Sons, 1984.

[49] Pandian S, Thanushkodi K. An evolutionary programming based efficient particle swarmoptimization for economic dispatch problem with valve-point loading[J]. European Journal of Scientific Research, 2011, 52(3): 385-397.

[50] Eschenauer H, Koski J, Osyczka A. Multicriteria Design Optimization[M]. Berlin: Sprin-
      ger Verlag, 1990.

[51] 汪祖柱. 基于演化算法的多目标优化方法及其应用研究[D]. 合肥: 安徽大学, 2005.

[52] 安伟刚. 多目标优化方法研究及其工程应用[D]. 西安: 西北工业大学, 2005.

[53] Rosenberg R S. Simulation of genetic populations with biochemical properties[D]. Ann
      Harbor: University of Michigan, 1967.

[54] David S J. Multiple objective optimization with vector evaluated genetic algorithms[D].
      Nashville: Vanderbilt University, 1984.

[55] Srinivas N, Deb K. Multiobjective optimization using nondominated sorting ingenetic
      algorithms[J]. Evolutionary Computation, 1994, 2(3): 221-248.

[56] Horn J, Nafpliotis N, Goldberg D E. A niched Pareto genetic algorithm for multiobjec-
      tive optimization[C]. Proceedings of the 1st IEEE Conference on Evolutionary Compu-
      tation, IEEE World Congress on Computational Intelligence, Orlando, 1994: 82-87.

[57] Fonseca C M, Fleming P J. Genetic algorithms for multiobjective optimization: Formu-
      lation, discussion and generalization[C]. Proceedings of the 5th International Conference
      on Genetic Algorithms, Urbana-Champaign, 1993: 416-423.

[58] Zitzler E, Thiele L. Multiobjective evolutionary algorithms: A comparative casestudy
      and the strength Pareto approach[J]. IEEE Transactions on Evolutionary Computation,
      1999, 3(4): 257-271.

[59] Knowles J D, Corne D W. Approximating the nondominated front using the Pareto
      archived evolution strategy[J]. Evolutionary Computation, 2000, 8(2): 149-172.

[60] Moore J, Chapman R. Application of particle swarm to multi-objective optimization[D].
      Atlanta: Auburn University, 1999.

[61] Dai Y T, Liu L Q, Li Y . An intelligent parameter selection method for particle swarm
      optimization algorithm[C]. The 4th International Joint Conference on Computational
      Sciences and Optimization, Kunming, 2011: 960-964.

[62] Clerc M, Kennedy J. The particle swarm—Explosion, stability, and convergence in a
      multidimensional complex space[J]. IEEE Transactionson Evolutionary Computation,
      2002, 6(1): 58-73.

[63] Ozcan E, Mohan C K. Particle swarm optimization: Surfing the waves[C]. Proceedings
      of the Congress on Evolutionary Computation, Washington, 1999: 1939-1944.

[64] van den Bergh F, Engelbrecht A P. A study of particle swarm optimization particle
      trajectories[J]. Information Sciences, 2006, 178(8): 937-971.

[65] Lin C, Feng Q Y. The standard particle swarm optimization algorithm convergence
      analysis and parameter selection[C]. The 3rd International Conference on Natural Com-
      putation, Haikou, 2007: 782-785.

[66] Yasuda K, Ide A, Iwasaki N. Adaptive particle swarm optimization[C]. IEEE Interna-
      tional Conference on Systems, Man and Cybernetics, Washington, 2003: 1554-1559.

[67] 刘建华, 刘国买, 杨荣华, 等. 粒子群算法的交互性与随机性分析[J]. 自动化学报, 2012, 38(9): 1471-1484.

[68] 张丽平, 俞欢军, 陈德钊, 等. 粒子群优化算法的分析与改进[J]. 信息与控制, 2004, 33(5): 513-517.

[69] 刘洪波, 王秀坤, 谭国真. 粒子群优化算法的收敛性分析及其混沌改进算法[J]. 控制与决策, 2006, 21(6): 636-640, 645.

[70] 金欣磊, 马龙华, 吴铁军, 等. 基于随机过程的 PSO 收敛性分析[J]. 自动化学报, 2007, 33(12): 1263-1268.

[71] 张玮, 王华奎. 粒子群算法稳定性的参数选择策略分析[J]. 系统仿真学报, 2009, 21(14): 4339-4344, 4350.

[72] 任子晖, 王坚, 高岳林. 马尔可夫链的粒子群优化算法全局收敛性分析[J]. 控制理论与应用, 2011, 28(4): 462-466.

[73] 潘峰, 周倩, 李位星, 等. 标准粒子群优化算法的马尔可夫链分析[J]. 自动化学报, 2013, 39(4): 381-389.

[74] Chou C W, Lin J H, Yang C H, et al. Constructing a Markov chain on particle swarm optimizer[C]. The 3rd International Conference on Innovations in Bio-Inspired Computing and Applications, Kaohsiung, 2012: 13-18.

[75] Fernández-Martínez J L, García-Gonzalo E. Stochastic stability analysis of the linear continuous and discrete PSO models[J]. IEEE Transactions on Evolutionary Computation, 2011, 15(3): 405-423.

[76] Kadirkamanathan V, Selvarajah K, Fleming P J. Stability analysis of the particle dynamics in particle swarm optimizer[J]. IEEE Transactions on Evolutionary Computation, 2006, 10(3): 245-255.

[77] Samal N R, Konar A, Nagar A. Stability analysis and parameter selection of a particle swarm optimizer in a dynamic environment[C]. The 2nd UKSIM European Symposium on Computer Modeling and Simulation, Liverpool, 2008: 21-27.

[78] 刘建华, 杨荣华, 孙水华. 离散二进制粒子群算法分析[J]. 南京大学学报 (自然科学版), 2011, 47(5): 504-514.

[79] Liu J H, Fan X P, Qu Z H. An improved particle swarm optimization with mutation based on similarity[C]. The 3rd International Conference on Natural Computation, Haikou, 2007: 788-792.

[80] 许金友, 李文立, 王建军. 离散粒子群算法的发散性分析及其改进研究[J]. 系统仿真学报, 2009, 21(15): 4676-4681.

[81] Xu X, Li Y X, Wu Y, et al. An analysis of the behavior of original discrete binary particle swarm optimization on trap functions[C]. International Conference on Computer Science and Software Engineering, Wuhan, 2008: 1207-1210.

[82] Li P, Shi Y. An adaptive binary particle swarm optimization for evolvable hardware[C]. The 2nd International Conference on Industrial and Information Systems, Dalian, 2010:

98-101.

[83] 刘世成, 张建华, 刘宗岐. 并行自适应粒子群算法在电力系统无功优化中的应用[J]. 电网技术, 2012, 36(1): 108-112.

[84] 周永智, 吴浩, 李怡宁, 等. 基于 MCS-PSO 算法的邻近海岛多微网动态调度[J]. 电力系统自动化, 2014, 38(9): 204-210.

[85] 师彪, 李郁侠, 于新花, 等. 基于改进粒子群-模糊神经网络的短期电力负荷预测[J]. 系统工程理论与实践, 2010, 30(1): 157-166.

[86] 任萍, 高立群, 王珂, 等. 基于混合粒子群优化的电网优化规划[J]. 东北大学学报, 2006, 27(8): 843-846.

[87] 王伟, 常浩, 石永锋, 等. 面向综合经济效益最大化的全厂负荷分配[J]. 电力自动化设备, 2015, 35(9): 54-60.

[88] 王曦, 李兴源, 赵睿. 基于相对增益和改进粒子群算法的 PSS 与直流调制协调策略[J]. 中国电机工程学报, 2014, 34(34): 6177-6184.

[89] 江渝, 黄敏, 毛安, 等. 孤立微网的多目标能量管理[J]. 高电压技术, 2014, 40(11): 3519-3527.

[90] Hao G K, Cong R, Zhou H. PSO applied to optimal operation of a micro-grid with wind power[C]. The 6th International Symposium on Parallel Architectures, Algorithms and Programming, Beijing, 2014: 46-51.

[91] 彭春华. 用免疫 BPSO 算法和 $N-1$ 原则多目标优化配置 PMU[J]. 高电压技术, 2008, 34(9): 1971-1976.

[92] 吴小珊, 张步涵, 袁小明, 等. 求解含风电场的电力系统机组组合问题的改进量子离散粒子群优化方法[J]. 中国电机工程学报, 2013, 33(4): 45-52, 7.

[93] Chong Z Q, Dai Z H, Wang S H, et al. The application of binary particle swarm optimization in power restoration[C]. The 10th International Conference on Natural Computation, Xiamen, 2014: 349-353.

[94] Remani T, Jasmin E A, Ahamed T P I. Load scheduling with maximum demand using binary particle swarm optimization[C]. International Conference on Advancements in Power & Energy, Kollam, 2015: 294-298.

[95] Wang L F, Singh C, Tan K C. Reliability evaluation of power-generating systems including time-dependent sources based on binary particle swarm optimization[C]. IEEE Congress on Evolutionary Computation, Singapore, 2007: 3346-3352.

[96] 刘朝华, 周少武, 刘侃, 等. 基于双模态自适应小波粒子群的永磁同步电机多参数识别与温度监测方法[J]. 自动化学报, 2013, 39(12): 2121-2130.

[97] 鞠鲁峰, 王群京, 李国丽, 等. 永磁球形电机的支持向量机模型的参数寻优[J]. 电工技术学报, 2014, 29(1): 85-90.

[98] 张斌, 李彬郎, 秦帅. 基于 PSO 的全阶状态观测器转速辨识系统[J]. 控制工程, 2015, 22(3): 538-543.

[99] 吴帅, 王大彧, 邢秋君, 等. 基于 PSO 算法的直接驱动阀用音圈电机优化设计[J]. 北京航空航天大学学报, 2011, 37(8): 997-1000.

[100] 胡海兵, 胡庆波, 吕征宇. 基于粒子群优化的 PID 伺服控制器设计[J]. 浙江大学学报 (工学版), 2006, 40(12): 2144-2148.

[101] 黄明明, 周成虎, 郭健. 混合励磁同步电动机分段弱磁控制[J]. 电工技术学报, 2015, 30(1): 52-60.

[102] 王攀攀, 史丽萍. 利用微粒群算法提取的正负序相量检测感应电机定子故障[J]. 电力自动化设备, 2015, 35(2): 91-96.

[103] Guo P, Huang D G, Feng D W, et al. Optimized design of induction motor parameters based on PSO (particle swarm optimization)[C]. IEEE International Conference on Mechatronics and Automation, Chengdu, 2012: 837-842.

[104] Banerjee T, Choudhuri S, Bera J, et al. Off-line optimization of PI and PID controller for a vector controlled induction motor drive using PSO[C]. The 6th International Conference on Electrical & Computer Engineering, Dhaka, 2010: 74-77.

[105] Gaing Z L, Lin C H, Tsai M H, et al. Rigorous design and optimization of brushless PM motor using response surface methodology with quantum-behaved PSO operator[J]. IEEE Transactions on Magnetics, 2014, 50(1): 4002704.

[106] Calvini M, Carpita M, Formentini A, et al. PSO-based self-commissioning of electrical motor drives[J]. IEEE Transactions on Industrial Electronics, 2015, 62(2): 768-776.

[107] Sreejeth M, Singh M, Kumar P. Particle swarm optimization in efficiency improvement of vector controlled surface mounted permanent magnet synchronous motor drive[J]. IET Power Electronics, 2015, 8(5): 760-769.

[108] 娄慧波, 毛承雄, 陆继明, 等. 基于微粒群算法的三电平正弦脉冲宽度调制开关时刻优化[J]. 中国电机工程学报, 2007, 27(33): 108-112.

[109] 贺润松, 廖力, 廖家平, 等. 基于 IWO-PSO 混合算法的三电平逆变器 SHEPWM 仿真研究[J]. 水电能源科学, 2015, 33(7): 192-195.

[110] Sadr S M, Monfared M, Mashhadi H R. Application of PSO for selective harmonic elimination in a PWM AC/AC voltage regulator[C]. The 2nd International Conference on Computer and Knowledge Engineering, Mashhad, 2012: 62-65.

[111] Ray R N, Chatterjee D, Goswami S K. An application of PSO technique for harmonic elimination in a PWM inverter[J]. Applied Soft Computing, 2009, 9(4): 1315-1320.

[112] Amjad A M, Salam Z. A review of soft computing methods for harmonics elimination PWM for inverters in renewable energy conversion systems[J]. Renewable & Sustainable Energy Reviews, 2014, 33: 141-153.

[113] 朱艳伟, 石新春, 但扬清, 等. 粒子群优化算法在光伏阵列多峰最大功率点跟踪中的应用[J]. 中国电机工程学报, 2012, 32(4): 42-48, 20.

[114] 吴海涛, 孙以泽, 孟婥. 粒子群优化模糊控制器在光伏发电系统最大功率跟踪中的应用[J]. 中国电机工程学报, 2011, 31(6): 52-57.

[115] 丁爱华, 卢子广, 卢泉, 等. 基于改进 PSO 的复杂环境下光伏 MPPT 控制[J]. 太阳能学报, 2015, 36(2): 408-413.

[116] Phimmasone V, Kondo Y, Shiota N, et al. The demonstration experiments to verify the effectiveness of the improved PSO-based MPPT controlling multiple photovoltaic arrays[C]. The 5th IEEE Annual International Energy Conversion Congress and Exhibition Asia Downunder Conference, Melbourne, 2013: 86-92.

[117] Mirbagheri S Z, Aldeen M, Saha S. A PSO-based MPPT re-initialized by incremental conductance method for a standalone PV system[C]. The 23rd Mediterranean Conference on Control and Automation, Torremolinos, 2015: 298-303.

[118] Ishaque K, Salam Z, Amjad M, et al. An improved particle swarm optimization (PSO)-based MPPT for PV with reduced steady-state oscillation[J]. IEEE Transactions on Power Electronics, 2012, 27(8): 3627-3638.

[119] Lian K L, Jiang J H, Tian I S. A maximum power point tracking method based on perturb-and-observe combined with particle swarm optimization[J]. IEEE Journal of Photovoltaics, 2014, 4(2): 626-633.

[120] Miyatake M, Veerachary M, Toriumi F, et al. Maximum power point tracking of multiple photovoltaic arrays: A PSO approach[J]. IEEE Transactions on Aerospace and Electronic Systems, 2011, 47(1): 367-380.

[121] Renaudineau H, Donatantonio F, Fontchastagner J, et al. A PSO-based global MPPT technique for distributed PV power generation[J]. IEEE Transactions on Industrial Electronics, 2015, 62(2): 1047-1058.

[122] Sundareswaran K, Peddapati S, Palani S. MPPT of PV systems under partial shaded conditions through a colony of flashing fireflies[J]. IEEE Transactions on Energy Conversion, 2014, 29(2): 463-472.

[123] 程泽, 董梦男, 杨添凯, 等. 基于自适应混沌粒子群算法的光伏电池模型参数辨识[J]. 电工技术学报, 2014, 29(9): 245-252.

[124] Liu C H, Hsu Y Y. Design of a self-tuning PI controller for a STATCOM using particle swarm optimization[J]. IEEE Transactions on Industrial Electronics, 2010, 57(2): 702-715.

[125] 罗庆跃, 刘白杨, 孙柳青, 等. 基于松弛域模型的电容器无功补偿优化配置[J]. 电工技术学报, 2015, 30(17): 79-84.

[126] Wu H T, Sun Y Z, Peng L L. Binary particle swarm optimization algorithm for control of single-phase full-bridge inverter[J]. The Asia-Pacific Power and Energy Engineering Conference, Chengdu, 2010: 1-4.

[127] 付燕, 聂亚娜, 靳玉萍. PSO-SVM 算法在肝脏 B 超图像识别中的应用[J]. 计算机测量与控制, 2012, 20(9): 2491-2493, 2500.

[128] 金立军, 张达. 绝缘子污秽等级可见光图像识别方法研究[J]. 系统仿真学报, 2014, 26(9): 2073-2078.

[129] 倪超, 李奇, 夏良正. 基于广义混沌混合 PSO 的快速红外图像分割算法[J]. 光子学报, 2007, 36(10): 1954-1959.

[130] 谭志国, 鲁敏, 任戈, 等. 匹配与姿态估计的粒子群优化算法[J]. 中国图象图形学报, 2011, 16(4): 640-646.

[131] 徐亮, 李欣. PSO 最优化 PCNN 参数的皮质骨微观结构图像分割研究[J]. 激光杂志, 2015, 36(2): 6-11.

[132] Li Y M, Han L, Lu L Y, et al. Dynamic brain magnetic resonance image registration based on inheritance idea and PSO[C]. The 4th International Conference on Biomedical Engineering and Informatics, Shanghai, 2011: 263-267.

[133] Younus Z S, Mohamad D, Saba T, et al. Content-based image retrieval using PSO and k-means clustering algorithm[J]. Arabian Journal of Geosciences, 2015, 8(8): 6211-6224.

[134] Wang S H, Zhang Y D, Dong Z C, et al. Feed-forward neural network optimized by hybridization of PSO and ABC for abnormal brain detection[J]. International Journal of Imaging Systems and Technology, 2015, 25(2): 153-164.

[135] Zhang Y J, Sun Z X, Li C X, et al. A method of best view selection of 3D shapes based on PSO[J]. Journal of Computer Aided Design & Computer Graphics, 2014, 26(12): 2126-2135.

[136] 程国建, 石彩云, 朱凯. 二进制粒子群算法在人脸识别中的应用[J]. 计算机工程与设计, 2012, 33(4): 1558-1562.

[137] Babu S H, Shreyas H R, Manikantan K, et al. Face recognition using active illumination equalization and mirror image superposition as pre-processing techniques[C]. The 5th International Conference on Signal and Image Processing, Bangalore, 2014: 96-101.

[138] Erturk A, Gullu M K, Cesmeci D, et al. Spatial resolution enhancement of hyperspectral images using unmixing and binary particle swarm optimization[J]. IEEE Geoscience and Remote Sensing Letters, 2014, 11(12): 2100-2104.

[139] Kusetogullari H, Yavariabdi A, Celik T. Unsupervised change detection in multitemporal multispectral satellite images using parallel particle swarm optimization[J]. IEEE Journalof Selected Topics in Applied Earth Observationsand Remote Sensing, 2015, 8(5): 2151-2164.

[140] 刘宁, 管涛. 云计算下的威胁数据挖掘模型仿真[J]. 控制工程, 2014, 21(6): 958-961, 965.

[141] 李丹. 基于数据挖掘关联规则的微粒群算法[J]. 山西师范大学学报 (自然科学版), 2013, 27(2): 23-28.

[142] 韩璞, 袁世通. 基于大数据和双量子粒子群算法的多变量系统辨识[J]. 中国电机工程学报, 2014, 34(32): 5779-5787.

[143] 王旸, 刘晓东, 徐小慧, 等. 基于粒子群优化的数据分类算法[J]. 系统仿真学报, 2008, 20(22): 6158-6162, 6168.

[144] Liu Z, Zhu P, Chen W, et al. Improved particle swarm optimization algorithm using design of experiment and data mining techniques[J]. Structural and Multidisciplinary

Optimization, 2015, 52(4): 813-826.

[145] Gou J, Wang F, Luo W. Mining fuzzy association rules based on parallel particle swarm optimization algorithm[J]. Intelligent Automation and Soft Computing, 2015, 21(2): 147-162.

[146] Indira K, Kanmani S. Association rule mining through adaptive parameter control in particle swarm optimization[J]. Computational Statistics, 2015, 30(1): 251-277.

[147] Kumar R S, Arasu G T. Modified particle swarm optimization based adaptive fuzzy K-modes clustering for heterogeneous medical databases[J]. ResearchGate, 2015, 71(1): 19-28.

[148] Nedic V, Cvetanovic S, Despotovic D, et al. Data mining with various optimization methods[J]. Expert Systems with Applications, 2014, 41(8): 3993-3999.

[149] Rana S, Jasola S, Kumar R. A boundary restricted adaptive particle swarm optimization for data clustering[J]. International Journal of Machine Learning and Cybernetics, 2013, 4(4): 391-400.

[150] 李永生, 冯万鹏, 张景发, 等. 2014 年美国加州纳帕 M_W6.1 地震断层参数的 Sentinel-1A InSAR 反演[J]. 地球物理学报, 2015, 58(7): 2339-2349.

[151] 樊坤, 张人千, 夏国平. 基于改进 BPSO 算法求解一类作业车间调度问题[J]. 系统工程理论与实践, 2007, 11: 111-117.

[152] 陈卫东, 刘要龙, 朱奇光, 等. 基于改进雁群 PSO 算法的模糊自适应扩展卡尔曼滤波的 SLAM 算法[J]. 物理学报, 2013, 62(17): 105-111.

[153] 梁英, 于海斌, 曾鹏. 应用 PSO 优化基于分簇的无线传感器网络路由协议[J]. 控制与决策, 2006, 21(4): 453-456, 461.

[154] Nieto P J G, Garcia-Gonzalo E, Fernandez J R A, et al. A hybrid PSO optimized SVM-based model for predicting a successful growth cycle of the Spirulina platensis from raceway experiments data[J]. Journal of Computational and Applied Mathematics, 2015, 291: 293-303.

[155] Shirani H, Habibi M, Besalatpour A A, et al. Determining the features influencing physical quality of calcareous soils in a semiarid region of Iran using a hybrid PSO-DT algorithm[J]. Geoderma, 2015, 259: 1-11.

[156] Kumarappan N, Suresh K. Combined SA PSO method for transmission constrained maintenance scheduling using levelized risk method[J]. International Journal of Electrical Power & Energy Systems, 2015, 73: 1025-1034.

[157] Liu L L, Hu R S, Hu X P, et al. A hybrid PSO-GA algorithm for job shop scheduling in machine tool production[J]. International Journal of Production Research, 2015, 53(19): 5755-5781.

[158] Rauf A, Aleisa E A. PSO based automated test coverage analysis of event driven systems[J]. Intelligent Automation and Soft Computing, 2015, 21(4): 491-502.

第2章　粒子群优化算法分析

2.1　引　言

粒子群算法作为群智能算法中最为典型的一种算法，一经问世便引起研究者极大的兴趣，而随着研究人员对粒子群算法的不断开发，粒子群优化算法的不足之处也越来越明显，主要表现在以下方面。

(1) 针对具有多峰值特性的目标时，随着优化区间和维度的不断增加，粒子群优化容易陷入局部最优值。

(2) 因为粒子群算法中的参数固定，所以优化目标越复杂，粒子群优化的收敛速度可能会越慢。

(3) 粒子群优化算法并非万能，而且现阶段对粒子群算的理论分析也并不完善，所以很难找到一个能同时针对多个领域的粒子群算法。

在第 1 章简述粒子群的原理、发展及应用的基础上，本章主要对粒子群优化算法进行详细分析。首先，利用 MATLAB 软件仿真实现粒子群优化算法 (包括连续 PSO 和离散 PSO)，并给出代码和实验结果；其次，为了为后续粒子群优化算法的改进做准备，本章还对粒子群优化算法的收敛范围进行分析；最后，分析粒子群优化算法存在的不足，并综述总结国内外对粒子群优化算法改进的情况。

2.2　粒子群优化算法的仿真实现

为了评估连续粒子群算法和离散粒子群算法的优化性能，需要利用基准函数来对其优化能力进行验证 [1~8]，这里列举一些常用的基准函数，并以适应度值最小作为检查粒子群算法优化性能的标准 (适应度值越小，优化性能越好)，粒子数量为 20。

(1) Sphere Model

$$f_1(x) = \sum_{i=1}^{n} x_i^2 \tag{2.1}$$

式中，$x \in [-100, 100]$，当 $x = 0, 0, \cdots, 0$ 时，式 (2.1) 存在最小值 $f_1(x) = f_1(0, 0, \cdots, 0) = 0$。

(2) Schwefel's Problem 2.22

$$f_2(x) = \sum_{i=1}^{n} |x_i| + \prod_{i=1}^{n} |x_i| \tag{2.2}$$

式中，$x \in [-10, 10]$，当 $x = 0, 0, \cdots, 0$ 时，式 (2.2) 存在最小值 $f_2(x) = f_2(0, 0, \cdots, 0) = 0$。

(3) Generalized Rosenbrock's Function

$$f_3(x) = \sum_{i=1}^{n-1} \left[100(x_{i+1} - x_i^2)^2 + (x_i - 1)^2 \right] \tag{2.3}$$

式中，$x \in [-30, 30]$，当 $x = 1, 1, \cdots, 1$ 时，式 (2.3) 存在最小值 $f_3(x) = f_3(1, 1, \cdots, 1) = 0$。

(4) Schwefel's Problem 1.2

$$f_4(x) = \sum_{i=1}^{n} (\sum_{j=1}^{i} x_j)^2 \tag{2.4}$$

式中，$x \in [-100, 100]$，当 $x = 0, 0, \cdots, 0$ 时，式 (2.4) 存在最小值 $f_4(x) = f_4(0, 0, \cdots, 0) = 0$。

(5) Quartic Function i.e. Noise

$$f_5(x) = \sum_{i=1}^{n} i x_i^4 + \text{random}(0, 1) \tag{2.5}$$

式中，$x \in [-1.28, 1.28]$，当 $x = 0, 0, \cdots, 0$ 时，式 (2.5) 存在最小值 $f_5(x) = f_5(0, 0, \cdots, 0) = \text{random}(0, 1)$。

(6) Step Function

$$f_6(x) = \sum_{i=1}^{n} \left(\lfloor x_i + 0.5 \rfloor \right)^2 \tag{2.6}$$

式中，$x \in [-100, 100]$，当 $x = 0, 0, \cdots, 0$ 时，式 (2.6) 存在最小值 $f_6(x) = f_6(0, 0, \cdots, 0) = 0$。

(7) Generalized Schwefel's Problem 2.26

$$f_7(x) = \sum_{i=1}^{n} \left[-x_i \sin(\sqrt{|x_i|}) \right] \tag{2.7}$$

式中，$x \in [-500, 500]$，当 $x = 420.9687, 420.9687, \cdots, 420.9687$ 时，式 (2.7) 存在最小值 $f_7(x) = f_7(420.9687, 420.9687, \cdots, 420.9687) = -12569.5$。

(8) Generalized Rastrigin's Function

$$f_8(x) = \sum_{i=1}^{n} \left[x_i^2 - 10\cos(2\pi x_i) + 10 \right] \tag{2.8}$$

式中，$x \in [-5.12, 5.12]$，当 $x = 0, 0, \cdots, 0$ 时，式 (2.8) 存在最小值 $f_8(x) = f_8(0, 0, \cdots, 0) = 0$。

(9) Noncontinuous Rastrigin's Function

$$f_9(x) = \sum_{i=1}^{n} \left[y_i^2 - 10\cos(2\pi y_i) + 10 \right] \tag{2.9}$$

其中

$$y_i = \begin{cases} x_i, & |x_i| < \dfrac{1}{2} \\ \dfrac{\text{round}(2x_i)}{2}, & |x_i| \geqslant \dfrac{1}{2} \end{cases} \tag{2.10}$$

式中，$x \in [-5.12, 5.12]$，当 $x = 0, 0, \cdots, 0$ 时，式 (2.9) 存在最小值 $f_9(x) = f_9(0, 0, \cdots, 0) = 0$。

(10) Griewanks's Function

$$f_{10}(x) = \sum_{i=1}^{n} \frac{x_i^2}{4000} - \prod_{i=1}^{n} \cos\left(\frac{x_i}{\sqrt{i}}\right) + 1 \tag{2.11}$$

式中，$x \in [-600, 600]$，当 $x = 0, 0, \cdots, 0$ 时，式 (2.11) 存在最小值 $f_{10}(x) = f_{10}(0, 0, \cdots, 0) = 0$。

上述 10 个基准函数中 n 均代表粒子维数，式 (2.1)~ 式 (2.6) 为单峰值基准函数，粒子群优化单峰值基准函数时容易求解；式 (2.7)~ 式 (2.11) 为多峰值基准函数，粒子群优化这类函数时，容易陷入局部最优值。为了能分析 PSO 和 BPSO 的优化性能，下面将利用 MATLAB 实现 PSO 和 BPSO 对上面所给基准函数进行优化。

2.2.1 标准粒子群优化算法的实现

1. 标准粒子群优化算法程序

```
%% 清空环境
clear
clc

%% 参数设置
c1=1.44945;            % 加速常数 1
c2=1.44945;            % 加速常数 2
Dim=30;                % 粒子群维数
particleSize=20;       % 粒子群规模
ws=0.9;                % 粒子群惯性权重初始值
we=0.9;                % 粒子群惯性权重最终值
```

```
MaxIter=2500;                  % 最大迭代次数
Vmax=0.1;                      % 最大速度
Vmin=-0.1;                     % 最小速度
Omax=100;                      % 优化区间上限
Omin=-100;                     % 优化区间下限

%% 粒子群初始化
particle=rand(particleSize,Dim)*(Omax-Omin)+Omin;    % 初始化粒子群
VStep=rand(particleSize,Dim)*(Vmax-Vmin)+Vmin;       % 初始化速度
fparticle=zeros(particleSize,1);                     % 初始化适应度值
for i=1:particleSize
fparticle(i,:)=Fun(particle(i,:));   % 通过测试函数得到粒子群的适应值
end

%% 个体最优和全局最优初始化
[bestf besttf]=min(fparticle);      % 从小到大排序
zbest=particle(besttf,:);           % 得到全局最优
gbest=particle;                     % 得到个体最优
fgbest=fparticle;                   % 得到个体最优适应值
fzbest=bestf;                       % 得到全局最优适应值

%% 迭代寻优
iter=0;                           % 迭代赋 0
y_fitness=zeros(1,MaxIter);       % 预先产生 1 个 1*MaxIter 的空矩阵
while(iter<MaxIter)

%% 粒子群每个个体优化
w=ws-iter*(ws-we)/MaxIter;        % 惯性权重线性下降公式
for j=1:particleSize

%% 粒子速度和位置更新
VStep(j,:)=w*VStep(j,:)+c1*rand*(gbest(j,:)-particle(j,:))
          +c2*rand*(zbest-particle(j,:));
% 粒子速度更新
for k=1:Dim
if VStep(j,k)>Vmax, VStep(j,k)=Vmax; end  % 如果速度越界, 进行越界处理
if VStep(j,k)<Vmin, VStep(j,k)=Vmin; end
end
```

```
% 粒子位置更新
particle(j,:)=particle(j,:)+VStep(j,:);                % 粒子位置更新
for k=1:Dim
if particle(j,k)>Omax, particle(j,k)=Omax; end        % 粒子位置越界，进行越界处理
if particle(j,k)<Omin, particle(j,k)=Omin; end
end
fparticle(j,:)=Fun(particle(j,:));        % 将更新后的粒子代入函数中得到新适应值

%% 全局最优值和个体最优值的更新
if fparticle(j)<=fgbest(j)                % 粒子个体最优更新
gbest(j,:)=particle(j,:);
fgbest(j)=fparticle(j);
end
if fparticle(j)<=fzbest                   % 粒子群全局最优更新
zbest=particle(j,:);
fzbest=fparticle(j);
end
end
iter=iter+1;                              % 迭代次数更新
y_fitness(1,iter)=fzbest;                 % 为绘图做准备
end

%% 绘图输出
figure(1)     % 绘变化曲线
plot(y_fitness,'LineWidth',2)
title('最优个体适应值','fontsize',18);
xlabel('迭代次数','fontsize',18);ylabel('适应值','fontsize',18);
set(gca,'Yscale','log');
set(gca,'Fontsize',18);
```

2. 基准函数程序 (仅以式 (2.1) 为例)

```
function y=Fun(x)     % 连接函数
D=30;                 % 设置维数
f=0;                  % 初始化
for j=1:D             % 建立基准函数 (Sphere Model)
f=f+x(1,j)^2;
end
y=f;                  % 输出适应度值
```

粒子群优化和优化函数需要建立两个 m 文件，两个文件需要在同一个目录下，其中优化函数这个 m 文件的文件名字需要与主函数名称一样 (Fun)，且粒子群优化中调用该文件时需要用到 Fun(∗) 函数。

3. 优化结果

1) 优化基准函数 Sphere Model

表 2.1 为针对基准函数 Sphere Model，PSO 优化 30 次的优化结果，其中粒子数量为 20，最大优化迭代次数为 2500 次，w_s 和 w_e 均为 0.9(惯性权重固定，惯性权重变化的情况将在后面讨论)，加速因子 c_1 和 c_2 均为 1.44945，V_{max} 和 V_{min} 分别为 0.1 和 −0.1，优化区间为 [−100, 100]。

表 2.1　PSO 优化 30 次的优化结果 (Sphere Model)

粒子维数	最大值	最小值	方差	平均值
30	0.0015	1.6633×10^{-4}	9.1738×10^{-8}	5.2511×10^{-4}

表 2.1 中的值均代表全局最优适应值 (后面所有表格也与此相同)。图 2.1 为针对基准函数 Sphere Model，随机抽取 4 次 PSO 优化的全局最优适应值变化曲线。

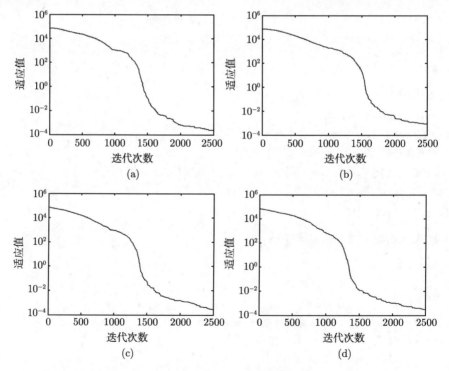

图 2.1　某 4 次 PSO 优化的全局最优适应值变化曲线 (Sphere Model)

2) 优化基准函数 Schwefel's Problem 2.22

表 2.2 为针对基准函数 Schwefel's Problem 2.22，PSO 优化 30 次的优化结果，其中最大优化迭代次数为 5000 次，优化区间为 $[-10, 10]$，其他优化参数不变。

表 2.2　PSO 优化 30 次的优化结果 (Schwefel's Problem 2.22)

粒子维数	最大值	最小值	方差	平均值
30	1.1315	0.0153	0.0457	0.1158

图 2.2 为针对基准函数 Schwefel's Problem 2.22，某 4 次 PSO 优化的全局最优适应值变化曲线。

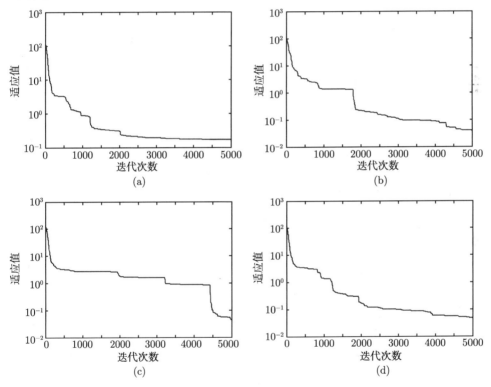

图 2.2　某 4 次 PSO 优化的全局最优适应值变化曲线 (Schwefel's Problem 2.22)

3) 优化基准函数 Generalized Rosenbrock's Function

表 2.3 为针对基准函数 Generalized Rosenbrock's Function，PSO 优化 30 次的优化结果，其中最大优化迭代次数为 5000 次，优化区间为 $[-30, 30]$，其他优化参数不变。

图 2.3 为针对基准函数 Generalized Rosenbrock's Function，某 4 次 PSO 优化的全局最优适应值变化曲线。

表 2.3　　PSO 优化 30 次的优化结果 (Generalized Rosenbrock's Function)

粒子维数	最大值	最小值	方差	平均值
30	82.6117	19.3879	277.5031	30.9944

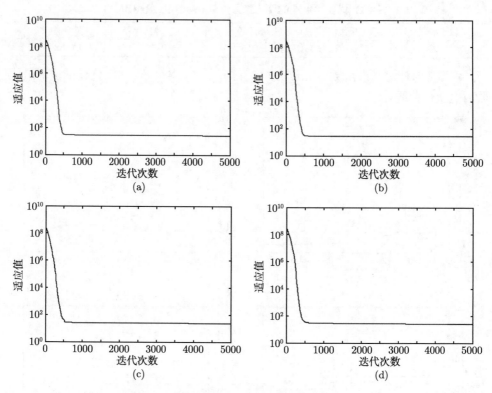

图 2.3　某 4 次 PSO 优化的全局最优适应值变化曲线 (Generalized Rosenbrock's Function)

4) 优化基准函数 Schwefel's Problem 1.2

表 2.4 为针对基准函数 Schwefel's Problem 1.2，PSO 优化 30 次的优化结果，其中最大优化迭代次数为 5000 次，优化区间为 $[-100, 100]$，其他优化参数不变。

表 2.4　　PSO 优化 30 次的优化结果 (Schwefel's Problem 1.2)

粒子维数	最大值	最小值	方差	平均值
30	4.7022×10^3	143.3288	6.1509×10^5	810.1505

图 2.4 为针对基准函数 Schwefel's Problem 1.2，某 4 次 PSO 优化的全局最优适应值变化曲线。

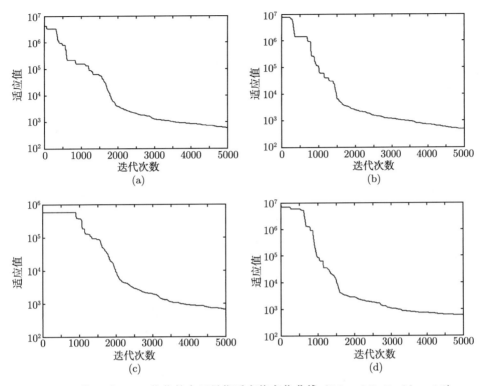

图 2.4 某 4 次 PSO 优化的全局最优适应值变化曲线 (Schwefel's Problem 1.2)

5) 优化基准函数 Quartic Function i.e. Noise

表 2.5 为针对基准函数 Quartic Function i.e. Noise, PSO 优化 30 次的优化结果, 其中最大优化迭代次数为 3000 次, 优化区间为 $[-1.28, 1.28]$, 其他优化参数不变。

表 2.5 PSO 优化 30 次的优化结果 (Quartic Function i.e. Noise)

粒子维数	最大值	最小值	方差	平均值
30	0.0237	0.0029	1.7868×10^{-5}	0.0099

图 2.5 为针对基准函数 Quartic Function i.e. Noise, 某 4 次 PSO 优化的全局最优适应值变化曲线。

6) 优化基准函数 Step Function

表 2.6 为针对基准函数 Step Function, PSO 优化 30 次的优化结果, 其中最大优化迭代次数为 1500 次, $V_{\max}$ 和 $V_{\min}$ 分别为 0.1 和 -0.1, 优化区间为 $[-100, 100]$, 其他优化参数不变。

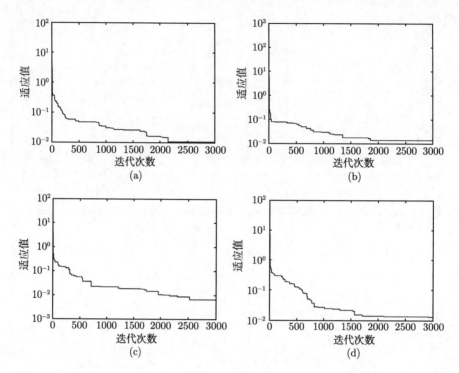

图 2.5   某 4 次 PSO 优化的全局最优适应值变化曲线 (Quartic Function i.e. Noise)

表 2.6   PSO 优化 30 次的优化结果 (Step Function)

粒子维数	最大值	最小值	方差	平均值
30	5	0	0.8622	0.2667

图 2.6 为针对基准函数 Step Function，某 4 次 PSO 优化的全局最优适应值变化曲线。图中的纵坐标为以 10 为底的对数，所以没有曲线的区间代表值为纵坐标为 0 (后面与此相同)。

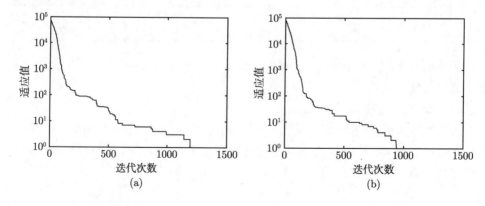

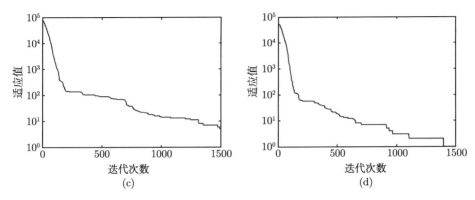

图 2.6 某 4 次 PSO 优化的全局最优适应值变化曲线 (Step Function)

7) 优化基准函数 Generalized Schwefel's Problem 2.26

表 2.7 为针对基准函数 Generalized Schwefel's Problem 2.26, PSO 优化 30 次的优化结果, 其中最大优化迭代次数为 1500 次, V_{max} 和 V_{min} 分别为 10 和 -10, 优化区间为 $[-500, 500]$, 其他优化参数不变。

表 2.7 PSO 优化 30 次的优化结果 (Generalized Schwefel's Problem 2.26)

粒子维数	最大值	最小值	方差	平均值
30	-5.2042×10^3	-8.0653×10^3	6.1333×10^5	-6.5567×10^3

图 2.7 为针对基准函数 Generalized Schwefel's Problem 2.26, 某 4 次 PSO 优化的全局最优适应值变化曲线。

8) 优化基准函数 Generalized Rastrigin's Function

表 2.8 为针对基准函数 Generalized Rastrigin's Function, PSO 优化 30 次的优化结果, 其中最大优化迭代次数为 1500 次, V_{max} 和 V_{min} 分别为 0.1 和 -0.1, 优化区间为 $[-5.12, 5.12]$, 其他优化参数不变。

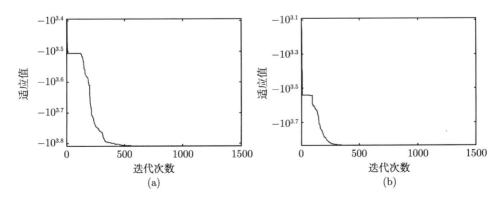

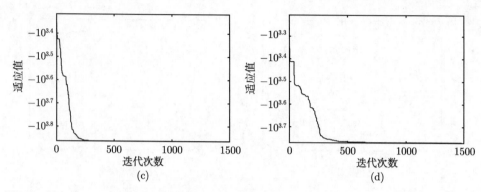

图 2.7　某 4 次 PSO 优化的全局最优适应值变化曲线 (Generalized Schwefel's Problem 2.26)

表 2.8　PSO 优化 30 次的优化结果 (Generalized Rastrigin's Function)

粒子维数	最大值	最小值	方差	平均值
30	51.8230	12.9345	65.0187	28.8303

图 2.8 为针对基准函数 Generalized Rastrigin's Function，某 4 次 PSO 优化的全局最优适应值变化曲线。

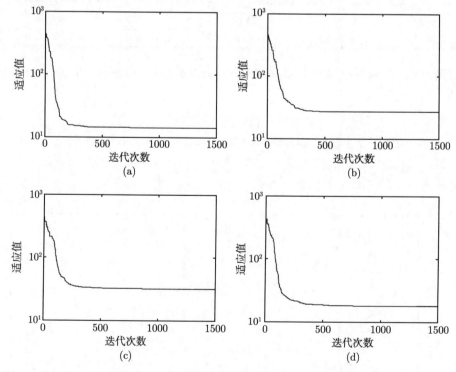

图 2.8　某 4 次 PSO 优化的全局最优适应值变化曲线 (Generalized Rastrigin's Function)

9) 优化基准函数 Noncontinuous Rastrigin's Function

表 2.9 为针对基准函数 Noncontinuous Rastrigin's Function，PSO 优化 30 次的优化结果，其中最大优化迭代次数为 1500 次，V_{max} 和 V_{min} 分别为 0.1 和 -0.1，优化区间为 $[-5.12, 5.12]$，其他优化参数不变。

表 2.9 PSO 优化 30 次的优化结果 (Noncontinuous Rastrigin's Function)

粒子维数	最大值	最小值	方差	平均值
30	85.5	19.0004	205.5931	39.4668

图 2.9 为针对基准函数 Noncontinuous Rastrigin's Function，某 4 次 PSO 优化的全局最优适应值变化曲线。

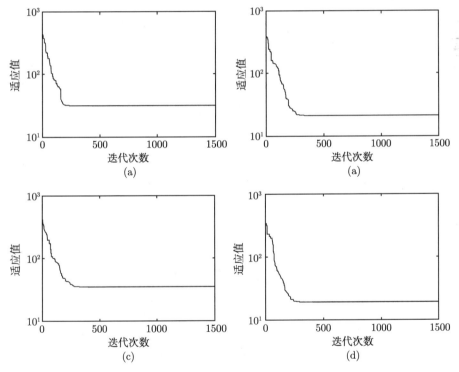

图 2.9 某 4 次 PSO 优化的全局最优适应值变化曲线 (Noncontinuous Rastrigin's Function)

10) 优化基准函数 Griewanks's Function

表 2.10 为针对基准函数 Griewanks's Function，PSO 优化 30 次的优化结果，其中最大优化迭代次数为 5000 次，V_{max} 和 V_{min} 分别为 1 和 -1，优化区间为 $[-600, 600]$，其他优化参数不变。

表 2.10   PSO 优化 30 次的优化结果 (Griewanks's Function)

粒子维数	最大值	最小值	方差	平均值
30	0.037	7.1668×10^{-5}	1.1135×10^{-4}	0.0119

图 2.10 为针对基准函数 Griewanks's Function，某 4 次 PSO 优化的全局最优适应值变化曲线。

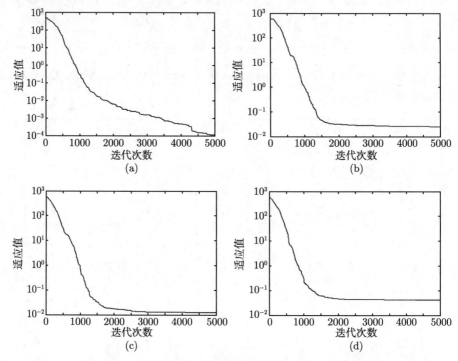

图 2.10   某 4 次 PSO 优化的全局最优适应值变化曲线 (Griewanks's Function)

从上面 10 个基准函数的优化情况来看，在粒子维数、粒子数量、加速因子和惯性权重相同的情况下，PSO 针对如 Generalized Rosenbrock's Function、Schwefel's Problem 1.2、Generalized Schwefel's Problem 2.26 和 Generalized Rastrigin's Function 等基准函数优化效果较差，容易陷入局部最优值，这些优化对比可以说明 PSO 并不是万能的，针对不同的目标优化效果差别很大。

2.2.2   离散粒子群优化算法的实现

1. 离散粒子群优化算法程序

```
%% 清空环境
clear
clc
```

```
%% 参数设置
c1=2.5;                    % 加速常数 1
c2=2.5;                    % 加速常数 2
Dim=20;                    % 粒子群维数
BDim=8;                    % 设定二进制维数（包括了正负符号）
num=128;                   % 负实数时，保证第一位为 1
particleSize=20;           % 粒子群规模
ws=1.3;                    % 粒子群惯性权重初始值
we=0.9;                    % 粒子群惯性权重最终值
MaxIter=1000;              % 最大迭代次数
Vmax=4;                    % 最大速度
Vmin=-4;                   % 最小速度
Omax=100;                  % 优化区间上限
Omin=-100;                 % 优化区间下限
Bparticle2=zeros(particleSize,Dim*BDim);     % 离散粒子群初始化
Bparticle1=zeros(Dim,BDim);

%% 粒子群初始化
particle=round(rand(particleSize,Dim)*(Omax-Omin))+Omin;      % 初始化粒子群
VStep=rand(particleSize,Dim*BDim)*(Vmax-Vmin)+Vmin;           % 初始化速度
fparticle=zeros(particleSize,1);                              % 初始化适应度值
for i=1:particleSize
fparticle(i,:)=Fun(particle(i,:));            % 通过测试函数得到粒子群的适应值
end

%% 实数转二进制
for i=1:particleSize
for j=1:Dim
if particle(i,j)>=0
Bparticle(j,:)=dec2bin(particle(i,j),BDim);          % 非负实数转二进制，位数固定
for k=1:BDim
Bparticle1(j,k)=str2num(Bparticle(j,k));
end
else
Bparticle(j,:)=dec2bin(abs(particle(i,j))+num,BDim); % 负实数转二进制，位数固定
for k=1:BDim
Bparticle1(j,k)=str2num(Bparticle(j,k));
end
```

```
end
end
for k=1:Dim
Bparticle2(i,1+(k-1)*BDim:BDim+(k-1)*BDim)=Bparticle1(k,:);    % 组合成一行二进制
end
end
```

%% 个体最优和全局最优初始化

```
[bestf besttf]=min(fparticle);          % 从小到大排序
zbest=Bparticle2(besttf,:);             % 得到全局最优
gbest=Bparticle2;                       % 得到个体最优
fgbest=fparticle;                       % 得到个体最优适应值
fzbest=bestf;                           % 得到全局最优适应值
```

%% 迭代寻优

```
iter=0;                                 % 迭代赋 0
y_fitness=zeros(1,MaxIter);             % 预先产生 1 个 1*MaxIter 的空矩阵
while(iter<MaxIter)
```

%% 粒子群每个个体优化

```
w=ws-iter*(ws-we)/MaxIter;              % 惯性权重线性下降公式
```

%% 粒子速度和位置更新

```
for j=1:particleSize
for k=1:Dim*BDim
VStep(j,k)=w*VStep(j,k)+c1*rand*(gbest(j,k)-Bparticle2(j,k))+c2*rand*(zbest(1,k)
        -Bparticle2(j,k));              % 粒子速度更新
if VStep(j,k)>Vmax, VStep(j,k)=Vmax; end    % 如果速度越界,进行越界处理
if VStep(j,k)<Vmin, VStep(j,k)=Vmin; end
sig=1/(1+exp(-VStep(j,k)));             % sigmoid 函数
if rand<sig                             % 粒子位置更新
Bparticle2(j,k)=1;
else
Bparticle2(j,k)=0;
end
end
```

%% 二进制转实数

```
for k=1:Dim
if Bparticle2(j,1+(k-1)*BDim)==0          % 二进制转非负实数（第一位为判断正负）
particle(j,k)=bin2dec(num2str(Bparticle2(j,2+(k-1)*BDim:BDim+(k-1)*BDim)));
elseif Bparticle2(j,1+(k-1)*BDim)==1      % 二进制转负实数（第一位为判断正负）
particle(j,k)=-bin2dec(num2str(Bparticle2(j,2+(k-1)*BDim:BDim+(k-1)*BDim)));
end
end


%% 越界处理
for k=1:Dim                               % 粒子位置越界，进行越界处理
if particle(j,k)>Omax, particle(j,k)=Omax; end
if particle(j,k)<Omin, particle(j,k)=Omin; end
end
fparticle(j,:)=Fun(particle(j,:));        % 将更新后的粒子代入函数中得到新适应值

%% 实数转二进制（越界后，二进制值需重新计算）
for k=1:Dim
if particle(j,k)>=0
Bparticle(k,:)=dec2bin(particle(j,k),BDim);            % 非负实数转二进制，位数固定
for l=1:BDim
Bparticle1(k,l)=str2num(Bparticle(k,l));
end
else
Bparticle(k,:)=dec2bin(abs(particle(j,k))+num,BDim);% 负实数转二进制，位数固定
for l=1:BDim
Bparticle1(k,l)=str2num(Bparticle(k,l));
end
end
end
for l=1:Dim
Bparticle2(j,1+(l-1)*BDim:BDim+(l-1)*BDim)=Bparticle1(l,:); % 组合成一行二进制
end

%% 全局最优值和个体最优值的更新
if fparticle(j)<=fgbest(j)                % 粒子个体最优更新
gbest(j,:)=Bparticle2(j,:);
fgbest(j)=fparticle(j);
end
```

```
if fparticle(j)<=fzbest              % 粒子群全局最优更新
zbest=Bparticle2(j,:);
fzbest=fparticle(j);
end
end
iter=iter+1;                         % 迭代次数更新
y_fitness(1,iter)=fzbest;            % 为绘图做准备
end


%% 绘图输出
figure(1) % 绘变化曲线
plot(y_fitness,'LineWidth',2)
title('全局最优适应值','fontsize',18);
xlabel('迭代次数','fontsize',18);ylabel('适应值','fontsize',18);
xlim([0,1000]);
set(gca,'Yscale','log');
set(gca,'Fontsize',18);
```

　　本章采用的 BPSO 方法为先将实数转换为二进制, 再通过二进制粒子群的位置和速度更新方式得到新的粒子, 最后再转换成实数, 采用这种方式主要是可以对前面提到的部分基准函数进行优化实验。本章计算的实数为整数, 没有考虑小数部分, 如果考虑小数部分则要增加二进制位来表示小数部分。针对某些优化对象, 可以直接生成随机二进制数, 并可省略掉二进制和实数之间转换的环节。

　　2. 优化结果

　　1) 优化基准函数 Sphere Model

　　表 2.11 为针对基准函数 Sphere Model, BPSO 优化 30 次的优化结果, 其中粒子数量为 20, 最大优化迭代次数为 500 次, w_s 和 w_e 分别为 1.3 和 0.9(惯性权重固定, 惯性权重变化的情况在后面讨论), 加速因子 c_1 和 c_2 均为 2.5, V_{Bmax} 和 V_{Bmin} 分别为 4 和 -4, 优化区间为 $[-100, 100]$。

表 2.11　BPSO 优化 30 次的优化结果 (Sphere Model)

粒子维数	最大值	最小值	方差	平均值
20	0	0	0	0

　　图 2.11 为针对基准函数 Sphere Model, 某 4 次 BPSO 优化的全局最优适应值变化曲线。

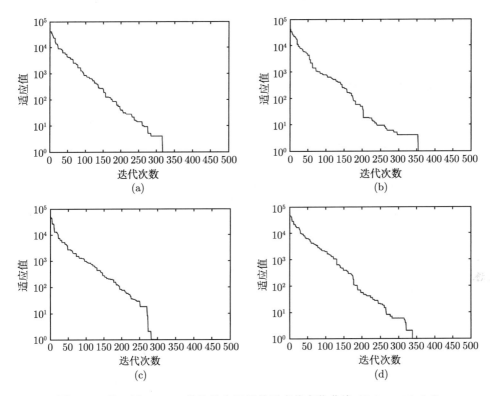

图 2.11 某 4 次 BPSO 优化的全局最优适应值变化曲线 (Sphere Model)

2) 优化基准函数 Schwefel's Problem 2.22

表 2.12 为针对基准函数 Schwefel's Problem 2.22，BPSO 优化 30 次的优化结果，其中最大优化迭代次数为 500 次，优化区间为 $[-10, 10]$，其他优化参数不变。

表 2.12　PSO 优化 30 次的优化结果 (Schwefel's Problem 2.22)

粒子维数	最大值	最小值	方差	平均值
20	0	0	0	0

图 2.12 为针对基准函数 Schwefel's Problem，某 4 次 BPSO 优化的全局最优适应值变化曲线。

3) 优化基准函数 Generalized Rosenbrock's Function

表 2.13 为针对基准函数 Generalized Rosenbrock's Function，BPSO 优化 30 次的优化结果，其中最大优化迭代次数为 1000 次，优化区间为 $[-30, 30]$，其他优化参数不变。

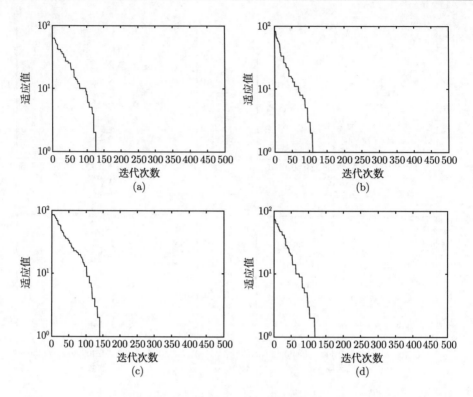

图 2.12   某 4 次 BPSO 优化的全局最优适应值变化曲线 (Schwefel's Problem 2.22)

表 2.13   BPSO 优化 30 次的优化结果 (Generalized Rosenbrock's Function)

粒子维数	最大值	最小值	方差	平均值
20	404	0	7.7558×10^3	30.9667

图 2.13 为针对基准函数 Generalized Rosenbrock's Function，某 4 次 BPSO 优化的全局最优适应值变化曲线。

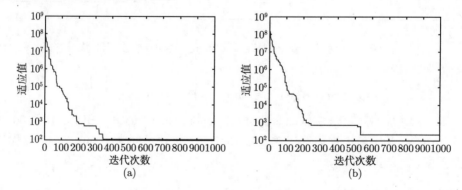

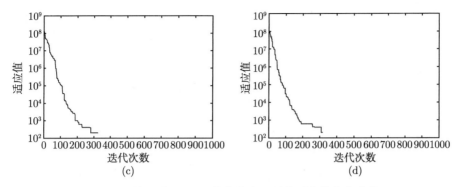

图 2.13 某 4 次 BPSO 优化的全局最优适应值变化曲线

(Generalized Rosenbrock's Function)

4) 优化基准函数 Schwefel's Problem 1.2

表 2.14 为针对基准函数 Schwefel's Problem 1.2，BPSO 优化 30 次的优化结果，其中最大优化迭代次数为 1500 次，优化区间为 $[-100, 100]$，其他优化参数不变。

表 2.14　BPSO 优化 30 次的优化结果 (Schwefel's Problem 1.2)

粒子维数	最大值	最小值	方差	平均值
20	4.4279×10^4	4.7022×10^3	6.6103×10^7	1.5458×10^4

图 2.14 为针对基准函数 Schwefel's Problem 1.2，某 4 次 BPSO 优化的全局最优适应值变化曲线。

5) 优化基准函数 Step Function

表 2.15 为针对基准函数 Step Function，BPSO 优化 30 次的优化结果，其中最大优化迭代次数为 500 次，优化区间为 $[-100, 100]$，其他优化参数不变。

图 2.15 为针对基准函数 Step Function，某 4 次 BPSO 优化的全局最优适应值变化曲线。

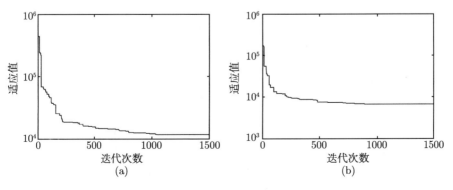

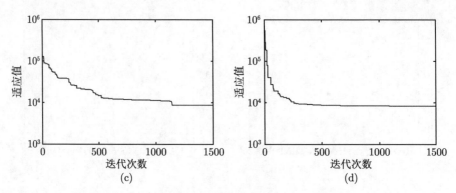

图 2.14　某 4 次 BPSO 优化的全局最优适应值变化曲线 (Schwefel's Problem 1.2)

表 2.15　BPSO 优化 30 次的优化结果 (Step Function)

粒子维数	最大值	最小值	方差	平均值
20	2	0	0.2056	0.1667

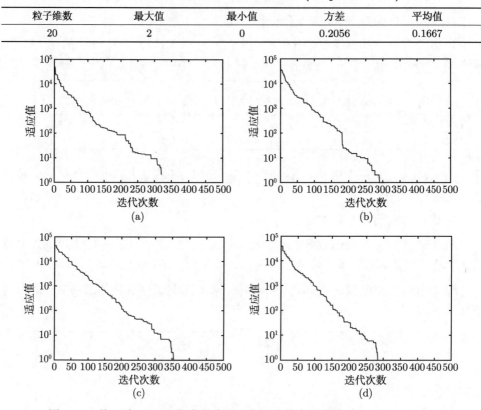

图 2.15　某 4 次 BPSO 优化的全局最优适应值变化曲线 (Step Function)

6) 优化基准函数 Griewanks's Function

表 2.16 为针对基准函数 Griewanks's Function，BPSO 优化 30 次的优化结果，其中最大优化迭代次数为 1500 次，优化区间为 $[-600, 600]$，其他优化参数不变。

表 2.16   BPSO 优化 30 次的优化结果 (Griewanks's Function)

粒子维数	最大值	最小值	方差	平均值
20	0.4296	0	0.0096	0.1327

图 2.16 为针对基准函数 Griewanks's Function，某 4 次 BPSO 优化的全局最优适应值变化曲线。

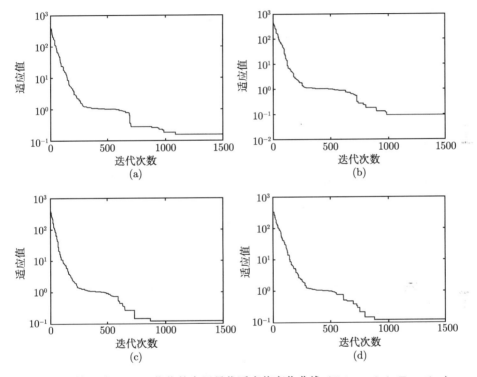

图 2.16   某 4 次 BPSO 优化的全局最优适应值变化曲线 (Griewanks's Function)

BPSO 在优化上述 6 个基准函数时，针对单峰值基准函数 Sphere Model 和 Schwefel's Problem 2.22 的优化效果好，而优化其他几种基准函数的效果则较差，同样 BPSO 在优化不同对象时，优化效果相差同样较大。

2.3   粒子群优化算法的分析及实验对比

无论 PSO 还是 BPSO，它们各自的优化参数对自身优化性能有很大的影响，本节将详细分析 PSO 和 BPSO 各部分的作用和各自参数对优化的影响。

2.3.1　标准粒子群优化算法

由第 1 章可知，标准粒子群中的速度更新方程主要由 "历史速度"、"个体认知" 和 "社会认知" 组成，每个部分都缺一不可，如果缺少了一个部分则会影响到整个粒子群的优化性能。

1. 历史速度

当粒子群优化算法只存在历史速度的影响时，式 (1.7) 可以改为

$$v_{ij}(t+1) = wv_{ij}(t) \tag{2.12}$$

此时粒子位移速度的大小和方向将主要依赖于初始化速度的大小和方向，且在优化过程中粒子位移速度的方向不变，粒子位移示意图如图 2.17 所示。

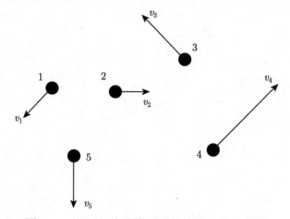

图 2.17　仅受历史速度影响的粒子位移示意图

图 2.17 中，数字 1、2、3、4、5 代表粒子群中的粒子当前位置，$v_n(n=1, 2, 3, 4, 5)$ 代表粒子的位移速度 (为乘以权系数后的速度)。因初始化位移速度随机产生，所以各个粒子朝着不同的方向，并以不同的速度大小恒定位移。如果只有历史速度的影响，则粒子群的搜索将会非常依赖初始化速度和权系数的大小，同时还会使得搜索变得很盲目，所以很难搜索到最优区域。

2. 粒子个体认知

粒子个体认知即粒子群的局部寻优，通过获得粒子自身历史最优信息来驱使粒子群中每个粒子朝着各自的最优历史位置移动。具有局部寻优能力的粒子位移速度公式为

$$v_{ij}(t+1) = wv_{ij}(t) + c_1 r_1(x_{ij}^{\mathrm{P}}(t) - x_{ij}(t)) \tag{2.13}$$

当存在局部寻优能力时，粒子位移示意图如图 2.18 所示。

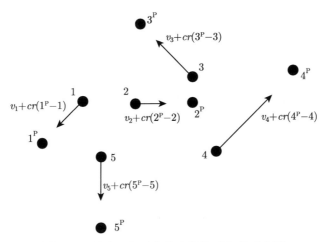

图 2.18 具有局部寻优能力的粒子位移示意图

为了简化分析, 图 2.18 中考虑的是历史速度和粒子位移方向相同的特殊情况, 其中 $n^P(n=1, 2, 3, 4, 5)$ 代表粒子群中的粒子个体最优位置, c 为固定值, 所以 cr 为 $[0, c]$ 中任意随机数, 其他参数与图 2.17 中参数意义相同, 此时粒子的位移步长为 $v_n + cr(n^P - n)$, 其中 $n^P - n$ 代表当前粒子个体最优历史位置和当前粒子位置的距离。粒子群中每个粒子在朝向自身个体最优历史位置移动时, 因为随机数 cr 的存在, 所以每一次移动步长均不相同; 粒子与粒子间各自的历史最优位置并不相同, 所以每个粒子的移动方向也不相同。个体最优历史信息为局部区域的信息, 如果只存在局部寻优能力, 当粒子群能搜索到全局最优区域时, 通过局部区域的搜索则能找到更优解, 但是如果粒子群无法搜索到全局最优区域, 则容易使得优化陷入局部最优区域。

3. 粒子社会认知

粒子社会认知即粒子群的全局寻优, 通过获得所有粒子中历史最优信息 (也可以称为全局最优信息) 来驱使粒子群中每个粒子朝着这个最优历史位置移动。具有全局寻优能力的粒子位移速度公式为

$$v_{ij}(t + 1) = wv_{ij}(t) + c_2 r_2 (x_{gj}^G(t) - x_{ij}(t)) \tag{2.14}$$

当存在全局寻优能力时, 粒子位移示意图如图 2.19 所示。

图 2.19 中同样考虑的是历史速度和粒子位移方向相同的特殊情况, 其中 g^P 代表粒子群中历史最优粒子的位置, 其他参数与图 2.18 中参数意义相同, 此时粒子的位移步长为 $v_n + cr(g^G - n)$, 其中 $g^G - n$ 代表全局历史最优粒子位置和当前粒子位置的距离。粒子群中所有粒子均会朝着全局最优粒子位置移动, 只不过每个粒子移动的步长因随机数和自身历史速度的影响而不相同。全局最优历史信息有助

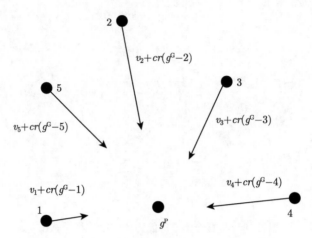

图 2.19　具有全局寻优能力的粒子位移示意图

于粒子群找到全局最优区域, 但是在缺少粒子自身认识的情况下, 使得粒子群无法在局部区域内进行更精确的搜寻。

　　只有将三者结合起来, 才能形成一个兼顾全局优化和局部优化的粒子群, 式 (1.7) 中某个粒子位移示意图如图 2.20 所示。

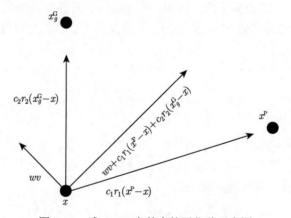

图 2.20　式 (1.7) 中某个粒子位移示意图

　　粒子群 "历史速度"、"个体认知" 和 "社会认知" 共同决定了单个粒子的位移方向和大小, 其中优化参数如 w、$c_n r_n (n=1, 2)$, 以及粒子群的数量、维数和优化迭代次数均对粒子群优化的性能起决定性作用, 因此需要进行分析。

　　将式 (1.2) 改写为

$$x_{ij}(t) = x_{ij}(t-1) + v_{ij}(t) \tag{2.15}$$

结合式 (1.2)、式 (1.7) 和式 (2.15) 可以得到

$$x_{ij}(t+1) = (w - c_1r_1 - c_2r_2 + 1)x_{ij}(t) - wx_{ij}(t-1) + c_1r_1x_{ij}^{P}(t) + c_2r_2x_{gj}^{G}(t) \quad (2.16)$$

设 $c_nr_n = \alpha_n(n=1, 2)$，只考虑单个粒子，其维数为 1 维，即去掉下标，可以得到差分矩阵方程为

$$\begin{bmatrix} x(t+1) \\ x(t) \end{bmatrix} = A \begin{bmatrix} x(t) \\ x(t-1) \end{bmatrix} + B \quad (2.17)$$

其中

$$A = \begin{bmatrix} w - (\alpha_1 + \alpha_2) + 1 & -w \\ 1 & 0 \end{bmatrix}$$

$$B = \begin{bmatrix} \alpha_1 x^{P} + \alpha_2 x^{G} \\ 0 \end{bmatrix} \quad (2.18)$$

矩阵 A 中 w 为正数，所以矩阵 A 为非奇异矩阵，则该矩阵必然存在特征值 λ，且存在关系

$$|\lambda I - A| = 0 \quad (2.19)$$

式中，I 为单位矩阵，通过该式可以得到特征值为

$$\lambda_1 = \frac{1 + w - (\alpha_1 + \alpha_2) + \sqrt{[1 + w - (\alpha_1 + \alpha_2)]^2 - 4w}}{2}$$

$$\lambda_2 = \frac{1 + w - (\alpha_1 + \alpha_2) - \sqrt{[1 + w - (\alpha_1 + \alpha_2)]^2 - 4w}}{2} \quad (2.20)$$

设 $x(t)$ 的特解 x^* 为 m_at，其中 m_a 为常数，通过式 (2.16) 可以得到

$$m_a(t+1) = (w - \alpha_1 - \alpha_2 + 1)m_at - wm_a(t-1) + \alpha_1 x_{ij}^{P}(t) + \alpha_2 x_{gj}^{G}(t) \quad (2.21)$$

进一步可以得到

$$m_a = \frac{\alpha_1 x_{ij}^{P}(t) + \alpha_2 x_{gj}^{G}(t)}{t(\alpha_1 + \alpha_2) + 1 - w} \quad (2.22)$$

则特解为

$$x^* = \frac{(\alpha_1 x_{ij}^{P}(t) + \alpha_2 x_{gj}^{G}(t))t}{t(\alpha_1 + \alpha_2) + 1 - w} \quad (2.23)$$

式 (2.23) 中虽然全局最优位置和个体最优位置在优化过程中为随机量，但是因为式 (1.5) 和式 (1.6) 的存在，所以这两个变量最终会收敛。为了保证 x^* 收敛，$(\alpha_1+\alpha_2)$ 不为零，同时也要保证式 (2.23) 中分母不为零。

式 (2.17) 稳定平衡的条件是 $|\lambda_n| < 1$，下面分别讨论特征值 λ_1 和 λ_2 在不同情况下差分方程的通解。

1) 特征值 λ_1 和 λ_2 为两个不同的实根

$x(t)$ 的解为

$$x(t) = C_1(\lambda_1)^t + C_2(\lambda_2)^t + x^* \tag{2.24}$$

式中，C_1 和 C_2 为常数，为了保证该通解收敛，此时有

$$\begin{aligned}
w - (\alpha_1 + \alpha_2) + \sqrt{[1 + w - (\alpha_1 + \alpha_2)]^2 - 4w} < 1 \\
w - (\alpha_1 + \alpha_2) - \sqrt{[1 + w - (\alpha_1 + \alpha_2)]^2 - 4w} > -3
\end{aligned} \tag{2.25}$$

其中

$$[1 + w - (\alpha_1 + \alpha_2)]^2 - 4w > 0 \tag{2.26}$$

求解式 (2.26) 可以得到

$$\begin{aligned}
w > 1 + (\alpha_1 + \alpha_2) + 2\sqrt{(\alpha_1 + \alpha_2)} \\
w < 1 + (\alpha_1 + \alpha_2) - 2\sqrt{(\alpha_1 + \alpha_2)}
\end{aligned} \tag{2.27}$$

考虑式 (2.25) 可以得到

$$\begin{aligned}
\alpha_1 + \alpha_2 > 0 \\
1 + \alpha_1 + \alpha_2 > w > \frac{\alpha_1 + \alpha_2}{2} - 1
\end{aligned} \tag{2.28}$$

设 $\alpha_1 + \alpha_2 = \varphi$，可以得到

$$1 + \varphi > w > \frac{\varphi}{2} - 1 \tag{2.29}$$

结合式 (2.27) 和式 (2.28)，可以画出惯性权重 w 和 φ 的关系图，如图 2.21 所示。

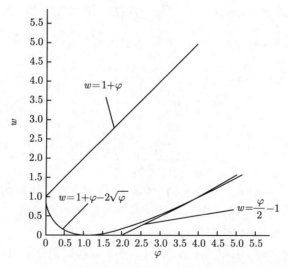

图 2.21　w 和 φ 的关系图 (特征值 λ_1 和 λ_2 为两个不同的实根)

2) 特征值 λ_1 和 λ_2 相等

$x(t)$ 的解为

$$x(t) = (C_1 + C_2 t)\lambda^t + x^* \tag{2.30}$$

特征值为重根 $(\lambda_1 = \lambda_2)$，可以得到

$$(1 + w - \varphi)^2 = 4w \tag{2.31}$$

求解式 (2.31) 可以得到

$$\begin{aligned} w_1 &= 1 + \varphi + 2\sqrt{\varphi} \\ w_2 &= 1 + \varphi - 2\sqrt{\varphi} \end{aligned} \tag{2.32}$$

式中，w_1 和 w_2 为惯性权重 w 的两个根。在保证式 (2.30) 收敛的前提下，通过式 (特征根) 可以推出

$$w < 2 + \varphi \tag{2.33}$$

结合式 (2.32) 和式 (2.33)，可以画出惯性权重 w 和 φ 的关系图，如图 2.22 所示。

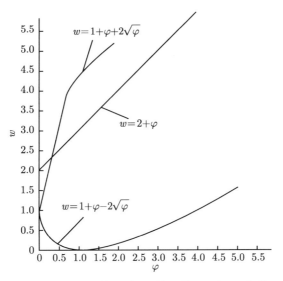

图 2.22 w 和 φ 的关系图 (特征值 λ_1 和 λ_2 相等)

3) 特征值 λ_1 和 λ_2 为共轭复根

$x(t)$ 的解为

$$x(t) = r^t[C_1 \cos(\theta t) + C_2 \sin(\theta t)] + x^* \tag{2.34}$$

假设

$$\beta = \frac{1 + w - \varphi}{2}$$

$$\mathrm{j}\chi = \frac{\sqrt{(1 + w - \varphi)^2 - 4w}}{2}$$

(2.35)

其中

$$r = \sqrt{\beta^2 + \chi^2}$$
$$\cos(\theta t) = \frac{\beta}{r}$$
$$\sin(\theta t) = \frac{\chi}{r}$$

(2.36)

特征值为共轭复根, 可以得到

$$(1 + w - \varphi)^2 < 4w$$

(2.37)

求解式 (2.37) 可以得到

$$w < 1 + \varphi + 2\sqrt{\varphi}$$
$$w > 1 + \varphi - 2\sqrt{\varphi}$$

(2.38)

在保证式 (2.34) 收敛的前提下, 结合式 (2.35) 和式 (2.36) 可以推出

$$w < 1$$

(2.39)

结合式 (2.38) 和式 (2.39), 可以画出惯性权重 w 和 φ 的关系图, 如图 2.23 所示。

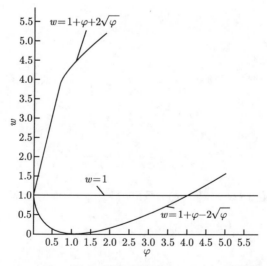

图 2.23 w 和 φ 的关系图 (特征值 λ_1 和 λ_2 为共轭复根)

因 φ 取值范围为 $[0, c_1 + c_2)$,所以式 (2.17) 中矩阵 A 的特征值可能会出现上述三种情况,即两特征值相异、两特征值相同和两特征值为共轭复数,所以考虑优化参数的选取范围时需要考虑这三种情况。w 和 φ 选取的范围如下:

$$0 < w < 1$$
$$0 < \varphi < 4 \tag{2.40}$$

选取如上参数可以满足上述三种不同情况下的特征值。

粒子群优化的实际情况更为复杂,针对不同的被控对象,粒子群的优化性能并不完全相同;粒子群优化过程中存在大量随机因素,且优化过程中各粒子间和粒子自身的作用无法得知;加上式 (1.5) 和式 (1.6) 的存在 (其目的主要是防止全局最优粒子和局部最优粒子发散),所以上述方法只能给出粒子群收敛时参数大概的选取范围,因此分析时可以适当扩大式 (2.40) 中参数的选取范围,扩大后的选取范围为

$$0 < w < 2$$
$$0 < \varphi < 6 \tag{2.41}$$

给出参数选取范围后,再通过具体实验来分析和验证粒子群中各个参数对其优化性能的影响。

4. 惯性权重 w

1) 惯性权重不变

分别取 w 为 0.1、0.5、0.9、1.3、1.7 五组参数进行实验对比,其他参数与 2.2 节相同,优化的基准函数分别为 Sphere Model、Schwefel's Problem 1.2 和 Generalized Rastrigin's Function,优化结果 (不同惯性权重优化次数均为 30 次,后面与此相同) 如表 2.17 所示。

表 2.17　PSO 在不同权系数情况下优化多个基准函数的优化结果(惯性权重固定)

基准函数	惯性权重	最大值	最小值	方差	平均值
	0.1	34.5175	4.5512	50.0640	17.2297
	0.5	0.3015	5.4110	1.1226	1.3074
Sphere Model	0.9	0.0015	1.6633×10^{-4}	9.1738×10^{-8}	5.2511×10^{-4}
	1.3	0.0012	3.8594×10^{-4}	3.9458×10^{-8}	6.9441×10^{-4}
	1.7	0.0086	0.0026	1.9477×10^{-6}	0.0051
	0.1	1.0888×10^{6}	6.3701×10^{3}	5.3861×10^{10}	2.0761×10^{5}
	0.5	4.0795×10^{4}	934.2196	7.9408×10^{7}	7.9350×10^{3}
Schwefel's Problem 1.2	0.9	4.7022×10^{3}	143.3288	6.1509×10^{5}	810.1505
	1.3	3.4277×10^{3}	389.5700	6.5937×10^{5}	1.3746×10^{3}
	1.7	6.4572×10^{3}	333.9257	1.2582×10^{6}	1.9117×10^{3}

续表

基准函数	惯性权重	最大值	最小值	方差	平均值
	0.1	168.8492	85.6788	433.4368	126.7558
Generalized	0.5	127.1618	51.1729	301.7781	86.3666
Rastrigin's	0.9	51.8230	12.9345	65.0187	28.8303
Function	1.3	55.0159	16.3409	91.6448	30.9331
	1.7	58.5082	20.7084	104.5900	34.6223

从表 2.17 中可以看出，针对基准函数 Sphere Model，当惯性权重为 0.1 时，粒子群的优化性能较差；当惯性权重接近 0.9 或 1.3 时，优化性能较好；而当惯性权重为 1.7 时，优化效果也将变差；不同的惯性权重优化其他两个基准函数时，惯性权重对 PSO 的优化性能影响与之类似。图 2.24(a) 为优化基准函数 Sphere Model 时，分别取不同惯性权重的全局最优适应值变化对比图；图 2.24(b) 和 (c) 分别对应以不同惯性权重优化基准函数 Schwefel's Problem 1.2 和 Generalized Rastrigin's Function 的全局最优适应值变化对比图。

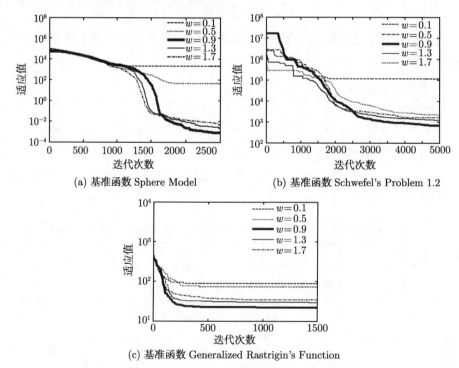

(a) 基准函数 Sphere Model

(b) 基准函数 Schwefel's Problem 1.2

(c) 基准函数 Generalized Rastrigin's Function

图 2.24   不同惯性权重的 PSO 优化不同基准函数的实验对比图

不考虑特殊情况，当惯性权重小于一定值时，粒子群的全局寻优能力变差，一般情况下粒子群位移的步长小，所以收敛速度会较慢，容易导致优化陷入局部最优区域；而当惯性权重大于一定值时，一般情况下粒子群位移步长大，但是在优化后期，因位移步长较长，其局部寻优能力变差，所以优化效果也会变差。综上可知，惯性权重在粒子群中对粒子的局部寻优能力和全局寻优能力起着重要的作用；惯性权重的选择，需要考虑到平衡粒子群的全局寻优能力和局部寻优能力，这样更有利于粒子群的寻优。

2) 惯性权重线性减小

分别取 w 为 0.9～0.4、1.3～0.4 和 1.3～0.9 三组参数进行实验对比，其他参数与 2.2 节相同，优化的基准函数分别为 Sphere Model 和 Generalized Rastrigin's Function，优化结果如表 2.18 所示。

表 2.18   PSO 在不同惯性权重情况下优化多个基准函数的优化结果(惯性权重变化)

基准函数	惯性权重	最大值	最小值	方差	平均值
Sphere Model	0.9～0.4	5.3961	0.4555	1.0025	1.6076
	1.3～0.4	1.3408	0.0172	0.0882	0.2721
	1.3～0.9	0.0014	2.4056×10^{-4}	7.4786×10^{-8}	8.2619×10^{-4}
Generalized	0.9～0.4	55.3200	21.5073	46.2005	34.0384
Rastrigin's	1.3～0.4	42.0184	18.0658	40.3904	28.3916
Function	1.3～0.9	58.8895	21.1495	82.3519	31.7533

对比表 2.17 和表 2.18 可知，在一定迭代次数内，针对单峰值基准函数 Sphere Model，惯性权重为 0.9 的 PSO，其优化效果与惯性权重从 1.3 线性衰减至 0.9 时的 PSO 优化效果相差不大，其他几种惯性权重线性衰减情况优化效果较差；针对优化多峰值基准函数 Generalized Rastrigin's Function，惯性权重在 1.3～0.4 内线性变化时，PSO 的优化效果要好于惯性权重固定为 0.9 时的 PSO 优化效果。所以，在选取惯性权重时，需要根据不同的优化对象，合理地选取惯性权重。

5. 加速因子 c

(1) 当加速因子 $c_1 = c_2$ 时，取值为 3、2.5、2、1.85 和 1.44945 进行实验对比，惯性权重选取 1.3～0.4 内线性变化，其他参数与 2.2 节相同，优化的基准函数分别为 Sphere Model、Schwefel's Problem 1.2 和 Generalized Rastrigin's Function，优化结果如表 2.19 所示。

从表 2.19 中可以看出，针对基准函数 Sphere Model，当加速因子小于 2 时，粒子群的优化性能较差；当加速因子接近 2.5、3 或者在 2.5 和 3 之间时，其优化性能较好。不同的加速因子优化基准函数 Schwefel's Problem 1.2 时，加速因子对 PSO 的优化性能影响与之类似；不同加速因子优化多峰值基准函数 Generalized Rastrigin's Function 时，优化性能区分度不大。图 2.25(a) 为优化基准函数 Sphere Model 时，分别取不同加速因子的全局最优适应值变化对比图；图 2.25(b) 和 (c) 分别对应以不同加速因子优化基准函数 Schwefel's Problem 1.2 和 Generalized Rastrigin's Function
的全局最优适应值变化对比图。

表 2.19　PSO 在不同加速因子情况下优化多个基准函数的优化结果(加速因子相等)

基准函数	加速因子	最大值	最小值	方差	平均值
	3	3.4276×10^{-4}	7.6144×10^{-5}	5.0092×10^{-9}	1.7409×10^{-4}
	2.5	1.2055×10^{-4}	1.1259×10^{-5}	8.1379×10^{-10}	5.3727×10^{-5}
Sphere Model	2	0.0283	0.0015	3.9659×10^{-5}	0.0085
	1.85	0.0889	0.0059	4.2973×10^{-4}	0.0242
	1.44945	1.3408	0.0172	0.0882	0.2721
	3	2.4743×10^{3}	294.3069	2.5061×10^{5}	866.4511
	2.5	2.6405×10^{3}	170.1669	2.6670×10^{5}	840.8640
Schwefel's Problem 1.2	2	3.4078×10^{3}	251.3755	8.8326×10^{5}	1.1032×10^{3}
	1.85	7.8669×10^{3}	297.5523	2.5633×10^{6}	1.4029×10^{3}
	1.44945	7.2024×10^{3}	509.2806	1.7468×10^{6}	1.7278×10^{3}
	3	53.7578	14.9546	79.9657	28.8363
Generalized	2.5	40.8088	14.9495	48.4266	27.3941
Rastrigin's	2	42.9151	13.9775	55.0122	28.2497
Function	1.85	44.9731	15.993	50.0172	28.0072
	1.44945	42.0184	18.0658	40.3904	28.3916

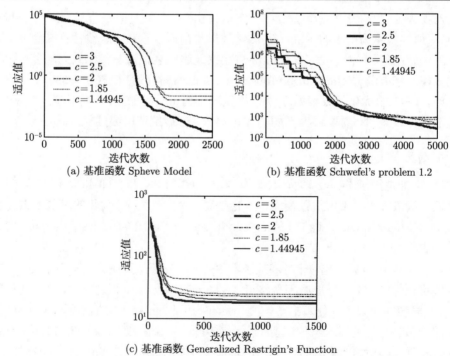

(a) 基准函数 Spheve Model

(b) 基准函数 Schwefel's problem 1.2

(c) 基准函数 Generalized Rastrigin's Function

图 2.25　不同加速因子的 PSO 优化不同基准函数的实验对比图

当迭代次数一定时，合理选取较大的加速因子能够有更大的概率帮助粒子群搜索到全局最优区域，因为惯性权重的线性衰减，在粒子群优化后期，当其搜索到全局最优区域的情况下，能进行局部搜索，更有利于搜索到优解。加速因子不能太大，太大则同样会影响 PSO 的优化性能。但有些情况下，如基准函数 Generalized Rastrigin's Function，因粒子群本身的缺陷，加速因子不同对优化性能的影响不大。

(2) 当加速因子 c_1 与 c_2 不相等时，取值为 $c_1=3$、$c_2=1.44945$；$c_1=1.44945$、$c_2=3$；$c_1=2.5$、$c_2=1.85$；$c_1=1.85$、$c_2=2.5$。分别以上述几组参数进行实验对比，惯性权重选取 $1.3\sim0.4$ 内线性变化，其他参数与 2.2 节相同，优化的基准函数分别为 Sphere Model 和 Generalized Rastrigin's Function，优化结果如表 2.20 所示。

表 2.20　PSO 在不同加速因子情况下优化多个基准函数的优化结果(加速因子不相等)

基准函数	加速因子	最大值	最小值	方差	平均值
Sphere Model	$c_1=3$、$c_2=1.44945$	0.0045	2.2246×10^{-4}	1.2690×10^{-6}	0.0014
	$c_1=1.44945$、$c_2=3$	7.3450×10^{-4}	1.1839×10^{-4}	2.9623×10^{-8}	3.2707×10^{-4}
	$c_1=2.5$、$c_2=1.85$	0.0094	2.1110×10^{-4}	4.4901×10^{-6}	0.0021
	$c_1=1.85$、$c_2=2.5$	0.0059	3.0835×10^{-4}	1.1126×10^{-6}	0.0013
Generalized Rastrigin's Function	$c_1=3$、$c_2=1.44945$	44.9443	18.9428	64.6599	30.5886
	$c_1=1.44945$、$c_2=3$	52.7653	16.9373	67.346	29.9842
	$c_1=2.5$、$c_2=1.85$	46.8189	17.0131	62.9012	31.6572
	$c_1=1.85$、$c_2=2.5$	44.8177	16.9337	60.8523	31.7185

从表 2.20 中可以看出，针对基准函数 Sphere Model，局部寻优部分的系数较大，全局寻优系数部分较小时，粒子群的优化性能较差；局部寻优部分的系数较小，全局寻优系数部分较大时，粒子群的优化性能比前者要好。但是加速因子不相等时，其优化性能与加速因子同时为 2.5 或 3 时相比较差。针对基准函数 Generalized Rastrigin's Function，加速因子不相等时的 PSO 优化性能要差于加速因子相等时的 PSO 优化性能。综上所述，在选取加速因子时，最好保证两个加速因子相等。

6. 粒子数量

当粒子数量分别取 10、20、30、50、70 和 100 时进行实验对比，惯性权重选取 $1.3\sim0.4$ 内线性变化，加速因子 $c_1=c_2=2.5$，其他参数与 2.2 节相同，优化的基准函数分别为 Sphere Model、Schwefel's Problem 1.2 和 Generalized Rastrigin's Function，优化结果如表 2.21 所示。

从表 2.21 可以看出，针对基准函数 Sphere Model、Schwefel's Problem 1.2 和 Generalized Rastrigin's Function，随着粒子数量的增加，粒子群的优化性能也会相对提升；但当粒子数量达到 70 后，随着粒子的增加，PSO 优化基准函数 Generalized Rastrigin's Function 的效果并没有变得更好。粒子数量越多,粒子群的寻优空间也会增加,这直接提高了粒子群的全局搜索能力,而在粒子群优化后期,也有助于提高粒子群的搜索精度;但也不能无限制地增加粒子数量,因为随着粒子数量的增加,计算量也会随着增加,而针对某些优化对象,并不会随着粒子数量的无限增加而更容易得到优解。图 2.26 为优化基准函数 Sphere Model、Schwefel's Problem 1.2 和 Generalized Rastrigin's Function 时,分别取不同粒子数量的全局最优适应值变化对比图。

表 2.21　PSO 在不粒子数量情况下优化多个基准函数的优化结果

基准函数	粒子数量	最大值	最小值	方差	平均值
Sphere Model	10	0.1331	5.9488×10^{-4}	8.0081×10^{-4}	0.0142
	20	1.2055×10^{-4}	1.1259×10^{-5}	8.1379×10^{-10}	5.3727×10^{-5}
	30	1.5130×10^{-5}	2.8391×10^{-6}	1.2492×10^{-11}	7.6512×10^{-6}
	50	1.6311×10^{-6}	2.5190×10^{-7}	1.3283×10^{-13}	7.1940×10^{-7}
	70	3.3436×10^{-7}	2.5829×10^{-8}	5.3957×10^{-15}	1.0518×10^{-7}
	100	4.5479×10^{-8}	1.6434×10^{-9}	6.1283×10^{-17}	1.0636×10^{-8}
Schwefel's Problem 1.2	10	9.6576×10^{3}	644.3933	5.6305×10^{6}	2.9571×10^{3}
	20	2.6405×10^{3}	170.1669	2.6670×10^{5}	840.8640
	30	2.2503×10^{3}	105.0551	1.6186×10^{5}	489.6495
	50	360.7537	34.0657	4.9362×10^{3}	116.6028
	70	145.1002	6.8993	1.0331×10^{3}	52.3440
	100	87.2632	4.8214	337.8863	27.1060
Generalized Rastrigin's Function	10	62.7451	22.9846	113.2398	37.8034
	20	40.8088	14.9495	48.4266	27.3941
	30	37.8154	13.9444	42.2438	25.1842
	50	29.8494	11.9408	23.2301	22.5416
	70	27.8589	9.9497	20.7198	18.8701
	100	28.8538	8.9549	25.7737	18.4925

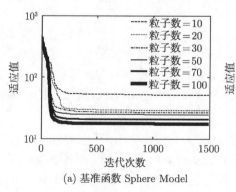

(a) 基准函数 Sphere Model

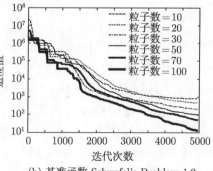

(b) 基准函数 Schwefel's Problem 1.2

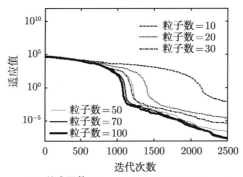

(c) 基准函数 Generalized Rastrigin's Function

图 2.26 不同粒子数量的 PSO 优化不同基准函数的实验对比图

从本节的实验分析可知，PSO 并不能很好地优化所有基准函数，而且粒子群的优化参数针对不同优化对象时应进行合理的选取，以期优化效果达到最优。

2.3.2 二进制粒子群优化算法

二进制粒子群中的速度更新方程同样也由 "历史速度"、"个体认知" 和 "社会认知" 组成，每个部分都缺一不可。与粒子群算法不同的是，这里的速度更新主要决定了粒子选取 1 和 0 的概率。速度越大，则 sigmoid 的输出越接近 1，位取 1 的概率也就越大，反之，位取 0 的概率越大。图 2.27 为 sigmoid 函数的更新速度与函数输出值大小之间的关系图。

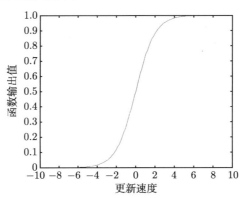

图 2.27 sigmoid 函数的更新速度与函数输出值大小之间的关系图

根据文献 [9]，粒子的每一位都为 0 或 1 中某一个数，设第 $t-1$ 代粒子中的某一位为 0，在第 t 代该位变为 1 的概率为 $s(v(t))$，仍然为 0 的概率为 $1-s(v(t))$；第 $t-1$ 代粒子中的某一位为 1，在第 t 代该位仍然为 1 的概率为 $s(v(t))$，变为 0 的概率为 $1-s(v(t))$。在 $t-1$ 代粒子中的某一位为 0 或 1 的前提下，则位可能的

改变概率为

$$p(t) = s(v(t))[1 - s(v(t))] \tag{2.42}$$

从而可以推出

$$p(t) = s(v(t)) - [s(v(t))]^2 \tag{2.43}$$

通过式 (2.43) 可以得到

$$p(t) = \frac{1}{1 + \mathrm{e}^{-v(t)}} - \frac{1}{1 + 2\mathrm{e}^{-v(t)} + \mathrm{e}^{-2v(t)}} \tag{2.44}$$

进一步可以得到位的不改变概率为

$$p^*(t) = 1 - p(t) = 1 - s(v(t)) + [s(v(t))]^2 \tag{2.45}$$

通过式 (2.45) 可以得到

$$p(t) = \frac{\mathrm{e}^{-v(t)}}{1 + \mathrm{e}^{-v(t)}} + \frac{1}{1 + 2\mathrm{e}^{-v(t)} + \mathrm{e}^{-2v(t)}} \tag{2.46}$$

图 2.28 为粒子某一位的更新速度与其位改变概率的关系图。

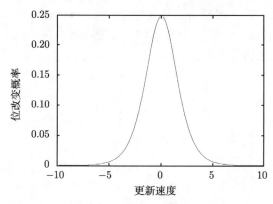

图 2.28　更新速度与位改变概率之间的关系图

从图 2.27 和图 2.28 中可以看出, 粒子的位更新速度越大或者越小, 越容易导致位的取值单一化, 这不利于二进制粒子群的优化。为了保证位取值 0 和 1 的概率相差不大, 需要将速度大概限制在 $[-4, 4]$ 内。实际情况中, 因粒子的位更新速度不但受前一次迭代时更新速度的影响, 而且受粒子个体最优和全局最优位等的影响, 所以实际情况与上述分析还有一定差别。

二进制粒子群优化算法中所有参数均决定着该算法的优化性能, 所以需要通过具体实验来分析和验证二进制粒子群中各个参数对其优化性能的影响。

1. 惯性权重 w

取 w 分别为 0.1、0.9、1.3 线性减少到 0.9 和 0.9 线性减少到 0.4 进行实验对比，其他参数与 2.2 节相同，优化的基准函数分别为 Sphere Model、Schwefel's Problem 1.2 和 Griewanks's Function，优化结果 (不同惯性权重优化次数均为 30 次，后面与此相同) 如表 2.22 所示。

表 2.22 BPSO 在不同惯性权重情况下优化多个基准函数的优化结果
(惯性权重固定或线性减少)

基准函数	惯性权重	最大值	最小值	方差	平均值
Sphere Model	0.1	3.0925×10^4	1.6214×10^4	1.1035×10^7	2.3014×10^4
	0.9	3.506×10^3	960	5.2117×10^5	2.4258×10^3
	1.3~0.9	0	0	0	0
	0.9~0.4	1.1499×10^4	5.0530×10^3	3.0583×10^6	8.1548×10^3
Schwefel's Problem1.2	0.1	7.7645×10^4	3.3477×10^4	1.1943×10^8	5.3924×10^4
	0.9	4.9485×10^4	1.6130×10^4	8.0075×10^7	3.0650×10^4
	1.3~0.9	4.4279×10^4	4.7022×10^3	6.6103×10^7	1.5458×10^4
	0.9~0.4	6.6289×10^4	2.9648×10^4	1.5766×10^8	4.7265×10^4
Griewanks's Function	0.1	408.8010	246.9752	320.1001	1.5702×10^3
	0.9	50.4158	21.9333	52.9115	33.9815
	1.3~0.9	0.4296	0	0.0096	0.1327
	0.9~0.4	153.8208	81.9625	466.3909	121.7215

从表 2.22 可以看出，针对基准函数 Sphere Model、Schwefel's Problem 1.2 和 Griewanks's Function，若惯性权重固定，当惯性权重太小时 BPSO 的优化效果很差，而惯性权重变大时 BPSO 的优化性能也会随之变好；上述四组惯性权重中，只有从 1.3 线性减小到 0.9 时的优化效果最好。图 2.29 为优化基准函数 Sphere Model、Schwefel's Problem 1.2 和 Griewanks's Function 时，分别取不同惯性权重的全局最优适应值变化对比图。

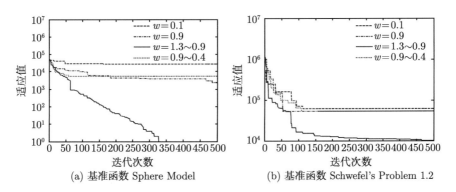

(a) 基准函数 Sphere Model　　　　(b) 基准函数 Schwefel's Problem 1.2

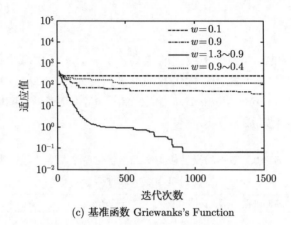

(c) 基准函数 Griewanks's Function

图 2.29　不同惯性权重的 BPSO 优化不同基准函数的实验对比图

2. 加速因子 c

当加速因子 $c_1 = c_2$ 时，取值为 2.5 或 1.44945；当 c_1 与 c_2 不相等时，取值为 $c_1 = 2.5$、$c_2 = 1.85$ 或 $c_1 = 1.85$、$c_2 = 2.5$。分别对上述四组参数进行实验对比，其他参数与 2.2 节相同，优化的基准函数分别为 Sphere Model、Schwefel's Problem 1.2 和 Griewanks's Function，优化结果如表 2.23 所示。

表 2.23　BPSO 在不同加速因子情况下优化多个基准函数的优化结果

(加速因子相等或不相等)

基准函数	加速因子	最大值	最小值	方差	平均值
Sphere Model	2.5	0	0	0	0
	1.44945	35	3	46.8889	11.6667
	$c_1 = 2.5$、$c_2 = 1.85$	6	0	2.9789	1.4333
	$c_1 = 1.85$、$c_2 = 2.5$	4	0	0.7943	0.4138
Schwefel's Problem 1.2	2.5	4.4279×10^4	4.7022×10^3	6.6103×10^7	1.5458×10^4
	1.44945	2.1930×10^4	7.9390×10^3	1.6597×10^7	1.3522×10^4
	$c_1 = 2.5$、$c_2 = 1.85$	3.1777×10^4	6.2640×10^3	3.5572×10^7	1.5544×10^4
	$c_1 = 1.85$、$c_2 = 2.5$	3.2093×10^4	8.6270×10^3	3.8742×10^7	1.7310×10^4
Griewanks's Function	2.5	0.4296	0	0.0096	0.1327
	1.44945	1.0118	0.4978	0.0206	0.8481
	$c_1 = 2.5$、$c_2 = 1.85$	0.8448	0.1363	0.0285	0.4603
	$c_1 = 1.85$、$c_2 = 2.5$	0.5479	0	0.0207	0.2386

从表 2.23 中可以看出，加速因子太小时，针对基准函数 Sphere Model 和 Griewanks's Function 的优化效果均较差，全局优化部分参数越大，优化效果越好；但在优化基准函数 Schwefel's Problem 1.2 时，加速因子相等且较小时优化效果较好。从表 2.23 多组参数对比实验中可以看出，加速因子相等时优化效果最

优。图 2.30 为优化基准函数 Sphere Model、Schwefel's Problem 1.2 和 Griewanks's Function 时，分别取不同加速因子的全局最优适应值变化对比图。

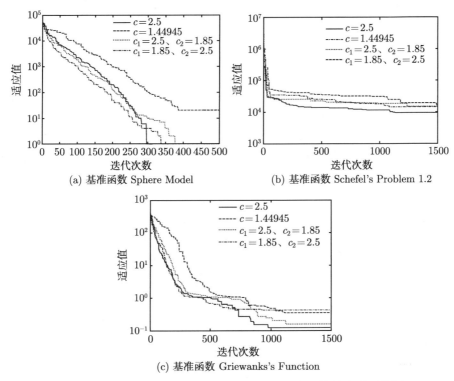

图 2.30 不同加速因子的 BPSO 优化不同基准函数的实验对比图

3. 粒子数量

当粒子数量分别取 10、20、30 和 50 时进行实验对比，其他参数与 2.2 节相同，优化的基准函数分别为 Sphere Model、Schwefel's Problem 1.2 和 Griewanks's Function，优化结果如表 2.24 所示。

从表 2.24 中可以明显看出，粒子数量越多，优化效果越好。但有一点可以肯定的是，粒子数量越多，计算量也就越大，这必然会影响优化速度。图 2.31 为优化基准函数 Sphere Model、Schwefel's Problem 1.2 和 Griewanks's Function 时，分别取不同粒子数量的全局最优适应值变化对比图。

4. 最大粒子更新速度

当最大粒子更新速度分别取 2、4、6 和无限制时进行实验对比，其他参数与 2.2 节相同，优化的基准函数分别为 Sphere Model、Schwefel's Problem 1.2 和

Griewanks's Function，优化结果如表 2.25 所示。

表 2.24　BPSO 在不同粒子数量情况下优化多个基准函数的优化结果

基准函数	粒子数量	最大值	最小值	方差	平均值
Sphere Model	10	18	0	11.7556	2.6667
	20	0	0	0	0
	30	0	0	0	0
	50	0	0	0	0
Schwefel's Problem1.2	10	5.8848×10^4	9.727×10^3	1.1585×10^8	2.1897×10^4
	20	4.4279×10^4	4.7022×10^3	6.6103×10^7	1.5458×10^4
	30	3.3096×10^4	5.2020×10^3	2.4225×10^7	1.1115×10^4
	50	2.3157×10^4	4.8110×10^3	1.5471×10^7	9.5401×10^3
Griewanks's Function	10	0.5984	0	0.0272	0.2376
	20	0.4296	0	0.0096	0.1327
	30	0.2686	0	0.0047	0.1031
	50	0.3189	0	0.0041	0.0621

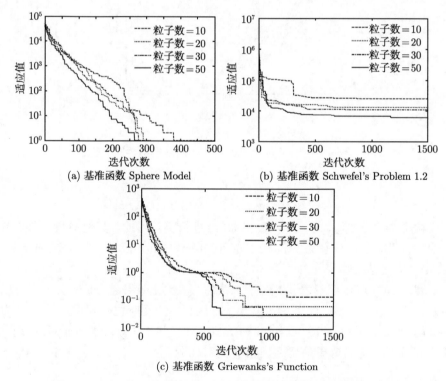

(a) 基准函数 Sphere Model　　　(b) 基准函数 Schwefel's Problem 1.2

(c) 基准函数 Griewanks's Function

图 2.31　不同粒子数量的 BPSO 优化不同基准函数的实验对比图

表 2.25　BPSO 在不同最大粒子更新速度情况下优化多个基准函数的优化结果

基准函数	最大粒子更新速度	最大值	最小值	方差	平均值
Sphere Model	2	3.9870×10^3	1.3160×10^3	4.0648×10^5	2.8674×10^3
	4	0	0	0	0
	6	6	0	15.8322	1.9667
	无限制	5.1355×10^4	2.9446×10^4	3.5805×10^7	4.1942×10^4
Schwefel's Problem1.2	2	5.4112×10^4	7.6440×10^3	1.0268×10^8	3.1235×10^4
	4	4.4279×10^4	4.7022×10^3	6.6103×10^7	1.5458×10^4
	6	5.2366×10^4	7.4220×10^3	1.0811×10^8	1.9195×10^4
	无限制	1.78562×10^5	3.9520×10^4	1.0778×10^9	8.7122×10^4
Griewanks's Function	2	52.899	26.4910	51.4385	40.1188
	4	0.4296	0	0.0096	0.1327
	6	0.7977	0	0.0352	0.1779
	无限制	155.9102	79.6212	313.1852	113.7347

　　从表 2.25 中可以看出，速度太小或者较大，优化效果均较差，而没有速度限制则会让二进制粒子群的搜索变得盲目，无法找到优解。图 2.32 为优化基准函数

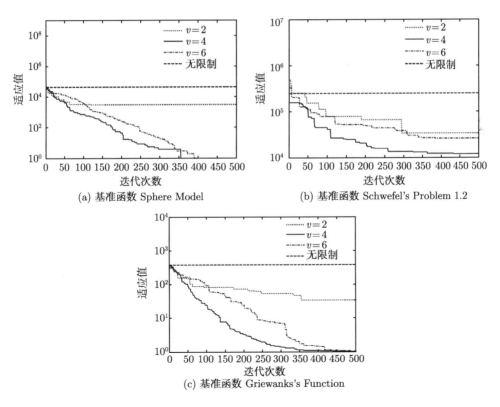

(a) 基准函数 Sphere Model

(b) 基准函数 Schwefel's Problem 1.2

(c) 基准函数 Griewanks's Function

图 2.32　不同最大粒子更新速度的 BPSO 优化不同基准函数的实验对比图

Sphere Model、Schwefel's Problem 1.2 和 Griewanks's Function 时，分别取不同最大粒子更新速度的全局最优适应值变化对比图。

2.4   粒子群优化算法的不足

虽然 PSO 和 BPSO 具有收敛速度快、操作简单和意义明确等特点，但这两种方法也存在一些缺陷。

1. 参数选取耗时，且难以找到具有一般性的优化参数

从 2.3 节的多组实验可以看出，无论 PSO 还是 BPSO，优化参数对其优化性能均有很大的影响，如果参数过小则会导致收敛速度过慢或者优化陷入局部最优区域，而参数选取过大或者无法平衡全局最优和局部最优同样容易导致优化陷入局部最优区域。

当优化对象变得更加复杂时，采用原有参数则无法让粒子群优化达到最优效果，因此需要重新调整参数才能得到满意的优化效果。

所以，针对不同的优化对象 PSO 和 BPSO 不存在统一的优化参数，只能通过不断调试，并进行多次实验才能找到较为合适的参数，这个过程非常耗时。

2. 优化容易陷入局部最优区域

(1) 在粒子向历史最优粒子位置移动的过程中，全局寻优部分和局部寻优部分的差值会越来越小，这样使得 $v(t+1)$ 越来越接近 $wv(t)$，由式 (1.2) 可以得到

$$x(t+1) \approx x(t) + wv(t) \tag{2.47}$$

结合式 (1.7) 可以得到

$$v(t+2) \approx w[w - (c_1 r_1 + c_2 r_2)]v(t) \tag{2.48}$$

如果 $c_1 r_1 + c_2 r_2 > w$，则 $v(t+2) < 0$；如果 $c_1 r_1 + c_2 r_2 < w$，则 $v(t+2) > 0$；如果 $c_1 r_1 + c_2 r_2 = w$，则 $v(t+2) = 0$。此时结合式 (1.2) 和式 (1.7) 可以得到

$$v(t+3) \approx w[w - (c_1 r_1 + c_2 r_2)][w - (c_1 r_1^1 + c_2 r_2^1)]v(t) \tag{2.49}$$

从式 (2.48) 和式 (2.49) 可以看出，只有当下列关系存在时，位移速度才能不断变小：

$$\left| w - (c_1 r_1^{\text{iter}} + c_2 r_2^{\text{iter}}) \right| < 1 \tag{2.50}$$

其中，iter $= 0, 1, 2, \cdots, (\text{maxite} - 1)$，maxiter 为最大迭代次数。由于有最大速度的限制 (没有最大速度限制则会导致盲目搜索，或导致部分粒子始终在边界位置

上),所以一般情况下,经过多次迭代后粒子的位移速度会逐渐减小到某个较小的值。

在上述过程中,如果最优粒子一直处于局部最优区域,或者最优粒子不断更新过程中没有找到全局最优区域,优化迭代过程中大部分粒子的位移速度会迅速减小到一个很小的量,这种情况下粒子群优化最终会陷入局部最优值。

(2) 针对 BPSO,位移速度越小,则取 0 的概率越大,反之取 1 的概率越大。因为有速度限制,所以在优化过程中某一位不会一直取 0 或者 1。假设全局最优粒子和局部最优粒子某一位为 1,而当前优化粒子该位为 0,根据式 (1.11) 可以得到

$$\mathrm{sig}(v_{Bid}(t+1)) = \frac{1}{1+\mathrm{e}^{-[wv_{Bid}(t)+c_1r_1+c_2r_2]}} \tag{2.51}$$

如果 $wv_{Bid}(t) > -c_1r_1 - c_2r_2$,位取 1 的概率更大;如果 $wv_{Bid}(t) < -c_1r_1 - c_2r_2$,位取 0 的概率更大;如果 $wv_{Bid}(t) = -c_1r_1 - c_2r_2$,位取 0 和 1 的概率一样大。

位取 0 和 1 是以一定概率选取得到,这里类似遗传算法的变异过程,加上 BPSO 具有记忆性和最大速度的限制,所以该方法全局优化能力较强,但由于优化过程中位的变化较为频繁,该方法的局部优化能力很差,所以优化也很容易陷入局部最优值。

3. 无跳出局部最优值区域的机制

对于 PSO,其优化过程是大部分粒子不断移向历史最优粒子和个体最优粒子位置,粒子位移过程不但受这两种粒子位置的影响,同时还受历史速度的影响。由图 2.20 可知,粒子位移的方向和大小在两种粒子位置和历史速度合成的区域内,因此粒子的位移趋势和大小受到了限制。一旦优化陷入局部最优区域,PSO 中粒子受到历史最优位置和历史速度的驱使,将逐步朝最优区域靠拢,这进一步限制了粒子的位移趋势,最终群体的多样性将减少,这不利于 PSO 跳出局部最优区域。加上 PSO 无交叉、变异等过程,导致 PSO 无法跳出局部最优区域。

对于 BPSO,局部优化能力较差将影响精确搜索能力,对于某些复杂对象,较差的局部优化能力只能让 BPSO 在寻优过程中一直徘徊在全局最优位置之外,而陷入局部最优区域。

2.5 粒子群优化算法的改进综述

为了能够解决粒子群优化算法本身存在的问题,许多研究学者就如何增加粒子群的优化能力对其算法结构或者优化算法中的参数等方面进行改进。下面将对近年来研究人员所做的主要改进方法进行介绍。

2.5.1　标准粒子群优化算法的改进

1) 惯性权重和加速因子的改进

Chen 和 Yang 等介绍了几种惯性权重改进方法 [10]，其中一种是模糊自适应惯性权重调整方法，通过模糊机制能够预测出一个合适的惯性权重。另一种则是惯性权重随机调整策略，因噪声能有效地帮助 PSO 避免陷入局部最优值，该文献采用的惯性权重随机调整策略为

$$w = 0.5 + \frac{\text{rand}}{2} \tag{2.52}$$

Han 和 Yang 等描述了几种时变惯性权重方法，有模拟退火惯性权重 (simulated annealing inertia weight, SAIW)、混沌序列惯性权重 (chaotic sequence inertia weight, CSIW) 和固定惯性权重 (fixed inertia weight, F/W) 等方法 [11]。

模拟退火惯性权重的时变方程为

$$w(t) = w_{\min} + (w_{\max} - w_{\min})\lambda^{t-1} \tag{2.53}$$

混沌序列惯性权重的时变方程为

$$w(t) = aw(t-1)(1 - w(t-1)) \tag{2.54}$$

式中，a 为常系数，固定惯性权重的方程为

$$w = \frac{1}{2\ln 2} \tag{2.55}$$

史娇娇和姜淑等提出了具有自适应调整方案的惯性权重，根据个体适应值 f_i 的大小采取不同的惯性权重调整策略 [12]。当 $f_i > f'_{\text{avg}}$ 时惯性权重采用

$$w = w_{\max} - \frac{(w_{\max} - w_{\min})\left|f_i - f'_{\text{avg}}\right|}{\left|f_g - f'_{\text{avg}}\right|} \tag{2.56}$$

当 f_i 介于 f'_{avg} 和 f_{avg} 之间时惯性权重采用

$$w = w_{\min} + \frac{(w_{\max} - w_{\min})\left[1 + \cos\left(\dfrac{t}{T}\pi\right)\right]}{2} \tag{2.57}$$

当 $f_i < f_{\text{avg}}$ 时惯性权重采用

$$w = c - \frac{1}{1 + \mathrm{e}^{-\delta}} \tag{2.58}$$

其中，f_{avg} 和 f'_{avg} 分别为平均适应值和大于平均适应值的粒子再次计算得到的平均值；c 为常系数；$w_{\max}$ 和 $w_{\min}$ 分别为最大惯性权重和最小惯性权重；δ 代表粒

子聚集度。该方法通过不同粒子个体适应值来采用不同惯性权重调整方式，主要目的是帮助粒子群跳出局部最优值。

Yuan 和 Yang 等为了能让粒子群搜索到更好的区域，提出了一种具有自适应的惯性权重[13]。该自适应惯性权重方程为

$$w = \begin{cases} w_{\min} - (w_{\max} - w_{\min})(f - f_{\min})(f_{\text{avg}} - f_{\min}) \\ w_{\max} \end{cases} \tag{2.59}$$

式中，$f_{\min}$ 为最小适应值。

Zhan 和 Zhang 等同样为了提高粒子群的全局和局部优化能力，利用 sigmoid 函数来映射惯性权重[14]，该方程为

$$w = \frac{1}{1 + 1.5\text{e}^{-2.6F}} \tag{2.60}$$

式中，F 代表进化因子。

其他学者如 Hu、Niknam、Saber 和 Qin 等也提出了非线性和模糊数学等自适应惯性权重改进方法[15~19]。

Huynh 和 Dunnigan 将加速因子采用线性变化的方式来提高粒子群的初期全局优化能力，并增强了粒子群优化后期的局部优化能力。其中，全局优化部分的加速因子采用线性减小的方式，而局部优化部分的加速因子则采用线性增加的方式[20]。加速因子线性变化公式为

$$c_n(t) = (c_{ns} - c_{ne})\frac{t}{\max t} + c_{ns} \tag{2.61}$$

式中，$n=1,2$；c_{ns} 和 c_{ne} 分别代表初始加速因子和最终加速因子；$\max t$ 代表最大迭代次数。式 (2.61) 存在 $c_{1s} = c_{2e}$，$c_{1e} = c_{2s}$ 这两种关系。

2) 粒子群结构的改进

吴晓军和李峰等提出了均匀搜索粒子群算法，并对该方法的收敛性进行了分析[21,22]。所提出的速度更新公式为

$$v(t+1) = wv(t) + c\left[rx^{\text{P}}(t) + (1 - \text{rand})x^{\text{G}}(t) - x(t)\right] \tag{2.62}$$

该方法的提出，使得粒子搜索服从均匀分布，这有利于提高 PSO 的稳定性。

周新宇和吴志健等提出了一种具有精英反向学习的改进粒子群算法[23]，其目的是提高粒子群的全局优化能力，其中精英反向解为

$$x_{\text{e}}^* = k(da + db) - x_{\text{e}} \tag{2.63}$$

其中，k 为常系数；da 和 db 为粒子搜索空间的动态边界；x_{e} 和 x_{e}^* 分别为精英粒子和精英反向粒子。

李爽和王志新等提出一种改进小生境混沌粒子群算法, 其中通过欧氏距离来划分小生境群体 [24], 欧氏距离划分方程为

$$d_{il} = \|x_i - x_l\| \tag{2.64}$$

式中, $i, l = 1, 2, 3, \cdots, n$, 且 $i \neq l$。

Li 和 Wang 等提出带惯性权重粒子的改进粒子群算法 [25], 新的速度更新公式为

$$v(t+1) = \begin{cases} 0, & \text{rand} \leqslant \alpha \\ wv(t) + (\phi_1 + \phi_2 + \phi_3)[x^{\mathrm{P}}(t) - x(t)] + \phi_2[x^{\mathrm{G}}(t) - x^{\mathrm{P}}(t)] \\ + \phi_3[x^{\mathrm{W}}(t) - x^{\mathrm{P}}(t)], & \text{其他} \end{cases} \tag{2.65}$$

式中, $x^{\mathrm{W}}(t)$ 为惯性权重粒子。新的位置更新公式为

$$x(t+1) = \begin{cases} x(t) + \phi_4[x^{\mathrm{W}}(t) - x(t)], & \text{rand} \leqslant \alpha \\ x(t) + v(t+1), & \text{其他} \end{cases} \tag{2.66}$$

Cheung 和 Ding 提出了异构多群体 PSO(heterogeneous multiswarm PSO, MsPSO)[26], 该方法中多粒子群采用多种速度更新方式, 第一种则为普通的速度更新方式, 第二种速度更新方式为

$$v^3(t+1) = \omega \left[\frac{f}{f_1} v^1(t+1) + \frac{f}{f_2} v^2(t+1) + v^3(t) \right] + c_1 r_1[x^{3\mathrm{P}}(t) - x^3(t)] \\ + c_2 r_4[x^{3\mathrm{G}}(t) - x^3(t)] \tag{2.67}$$

式中, $f = f_1 + f_2$; v^1 和 v^2 均为普通速度更新方式得到的新速度。

韩海英与和敬涵等提出了基于子向量的改进型 PSO 算法, 该方法采用一种新型速度更新方式, 并且将高维搜索空间分解成许多个低维小空间进行搜索 [27]。

研究人员如郭业才、黄泽霞、刘自发、方伟、Ho、Gao 和 Fu 等将量子理论引入粒子群优化中 [28~40]。其中量子位的概率幅值编码方式为

$$p_i = \begin{bmatrix} \cos\theta_{i1} & \cos\theta_{i2} & \cdots & \cos\theta_{i(t-1)} & \cos\theta_{it} \\ \sin\theta_{i1} & \sin\theta_{i2} & \cdots & \sin\theta_{i(t-1)} & \sin\theta_{it} \end{bmatrix} \tag{2.68}$$

其他研究人员如 Chen、Park、Li、Cervantes 和陈民铀等分别提出了有历史领导和调整粒子的改进粒子群算法 (aging leader and challengers PSO, ALC-PSO)、带有混沌序列和交叉操作的改进粒子群算法、含有三种不同因子的改进粒子群算法 (neighborhood-redispatch, NR-PSO)、自适应密歇根粒子群算法 (adaptive Michigan PSO, AMPSO) 和加入了随机黑洞与逐步淘汰策略的改进粒子群算法 [41~45]。

研究人员如诸克军、金敏、何顿、贾善坡、Duan、Jatoth 和 Samani 利用粒子群算法的记忆性和遗传算法的变异、交叉或自然选择等过程可以有效提高全局搜索能力等特点，结合各自算法的优点，并将其融合在一起[46~52]。

模拟退火的基本思想是通过模拟固体的退火过程，采用 Metropolis 的重要采样准则来计算效率，再通过冷却进度表来控制算法的进程[53~55]。其中模型接收方式如下。

(1) 如果 $\Delta f < 0$，则新模型 m 被接受。

(2) 如果 $\Delta f > 0$，则 m 接受的概率为

$$P = \mathrm{e}^{\frac{-\Delta f}{T}} \tag{2.69}$$

式中，T 为温度；

$$\Delta f = f(m) - f(m_0) \tag{2.70}$$

其中，m_0 为随机初始化过程中产生的模型；m 则为扰动后的新模型。

研究人员如刘波、高哲、张则强、李鑫滨、Geng、Tao 和 Kumarappan 等将模拟退火方法与粒子群算法或改进粒子群算法相结合[56~62]。

人工鱼群和粒子群一样属于群智能优化算法，其优化过程通过追尾、聚群和觅食 3 种行为模式来描述[63~65]。其中人工鱼个体的状态表示为 $[x(i), y(i)], i = 1, 2, \cdots, n$，人工鱼个体之间的感知距离公式为

$$d_{ij} = \sqrt{[x(i) - x(j)]^2 + [y(i) - y(j)]^2} \tag{2.71}$$

研究人员如王敏、段其昌、赵渊、Tong 和 Tsai 等利用人工鱼群算法和粒子群算法或改进粒子群算法各自优点，将其巧妙地结合在一起[66~70]。

免疫算法是借鉴了生物免疫系统原理提出的新算法，物免疫系统通过产生抗体来抵抗抗原，并通过抗体对抗原的亲和力大小来决定是否增加抗体数量[71~73]。研究人员如鲁忠燕、孙逊、于宗艳、魏建香和晋民杰等将粒子群或改进粒子群与免疫算法结合[74~78]。

此外，还有陈烨和赵国波等将蚁群与粒子群算法相结合[79]。

2.5.2 二进制粒子群优化算法的改进

对 PSO 的改进方法很多都能应用在对 BPSO 的改进中，下面就 BPSO 近年来的一些改进方法进行简单叙述。

王浩磊和刘涤尘等引入了量子理论，并将小生境技术和遗传算法中的交叉过程相结合[80]；李鹏和李涛等将混沌算法与 BPSO 相结合[81]；姜伟和王宏力等将免疫算法引入 BPSO 中[82]；陈伟和傅毅等在 QBPSO 的基础上提出了一种新的

学习策略，即利用所有粒子的最优位置来更新局部吸引子 [83]；苏海锋和张建华等将聚类分析方法与 BPSO 结合，并且还引入了随机粒子补偿机制 [84]；陈丽莉和黄民翔等将二进制与十进制方式相结合，引入置 0 算子，同时还引入了单方向的变异算子 [85]；李刚和程春田等利用禁忌搜索算法的记忆功能和藐视准则，并将其融入 BPSO 中 [86]；陈曦和程浩忠等在 BPSO 的基础上引入了局优邻域退火技术 [87]。

熊虎和向铁元等将 BPSO 中的惯性权重采用在 [0.5, 1] 内随机取值，加速因子则采用非线性反余弦加速方法 [88]，其公式为

$$c = c_e + (c_s - c_e)\frac{\pi - \arccos\left(\dfrac{-2t}{\text{max}t} + 1\right)}{\pi} \tag{2.72}$$

Jeong 和 Park 等同样将量子理论引入 BPSO 中 [89]；Mohamad 和 Omatu 等在 BPSO 的基础上引入了标量粒子速度和新的位更新规则 [90]；Kusetogullari 和 Yavariabdi 等提出了并行二进制粒子群算法 [91]；Pan 和 Liu 等在 BPSO 的基础上引入了模拟退火算法和差粒子变异方法 [92]；文献 [93] 提到了几种改进的 BPSO 方法，这些方法分别为混合拓扑 BPSO(binary hybrid topology particle swarm optimization, BHTPSO)、带二次插值法的混合拓扑 BPSO(binary hybrid topology particle swarm optimization quadratic interpolation, BHTPSO-QI) 和 NBPSO；Xia 和 Ren 等提出的改进 BPSO 中，改进可位变化机制 [94]；Mirjalili 和 Wang 等将引力搜索算法与 BPSO 相结合 [95]；Mirjalili 和 Lewis 介绍了多种改进 BPSO 方法 [96]。

El-Maleh 和 Sheikh 等 [97] 提出的改进 BPSO 中，速度公式修改为

$$v(t+1) = \begin{cases} wv(t) + c_1r_1 + c_2r_2, & x^G = x^P = 1 \\ wv(t) - c_1r_1 - c_2r_2, & x^G = x^P = 0 \\ wv(t), & \text{其他} \end{cases} \tag{2.73}$$

式中，惯性权重随着迭代次数增加而线性衰减。

Fan 和 You 等提出的改进 BPSO，对粒子初始化和粒子更新机制和全局最优、局部最优选择机制进行了修改 [98]，其中新的粒子更新方程为

$$\text{sig}(v(t+1)) = \frac{1}{M - J + e^{-v(t+1)}} \tag{2.74}$$

式中，M 为粒子总列数；J 为当前优化列数。

本节介绍了近年来部分研究人员为了提高 PSO 和 BPSO 在各个领域的优化性能而改进的优化方法。从如此之多的改进方法中可以看出，粒子群的结构容易

修改，并且能够很好地与其他方法结合，但是也可以看出，因理论研究不足，再加上各种优化方法均有不足，所以只能针对各个领域提出相应的改进方法，使得改进的粒子群优化算法获得较好的优化性能。

参 考 文 献

[1] 赵成业, 闫正兵, 刘兴高. 改进的变参数粒子群优化算法[J]. 浙江大学学报 (工学版), 2011, 45(12): 2099-2102.

[2] 刘逸. 粒子群优化算法的改进及应用研究[D]. 西安: 西安电子科技大学, 2013.

[3] 林蔚天. 改进的粒子群优化算法研究及其若干应用[D]. 上海: 华东理工大学, 2014.

[4] 吕强, 刘士荣, 邱雪娜. 基于信息素机制的粒子群优化算法的设计与实现[J]. 自动化学报, 2009, 35(11): 1410-1419.

[5] Liang J J, Qin A K, Suganthan P N, et al. Comprehensive learning particle swarm optimizer for global optimization of multimodal functions[J]. IEEE Transactions on Evolutionary Computation, 2006, 10(3): 281-295.

[6] Yao X, Liu Y, Lin G M. Evolutionary programming made faster[J]. IEEE Transactions on Evolutionary Computation, 1999, 3(2): 82-102.

[7] Lee G Y, Yao X. Evolutionary programming using mutations based on the Levy probability distribution[J]. IEEE Transactions on Evolutionary Computation, 2004, 8(1): 1-13.

[8] Tu Z G, Yong L. A robust stochastic genetic algorithm (StGA) for global numerical optimization[J]. IEEE Transactions on Evolutionary Computation, 2004, 8(5): 456-470.

[9] Kennedy J, Eberhart R C. A discrete binary version of the particle swarm algorithm[C]. IEEE International Conference on Systems, Man, and Cybernetics. Computational Cybernetics and Simulation, Orlando, 1997: 4104-4108.

[10] Chen Y, Yang F, Zou Q, et al. Development of particle swarm optimization algorithm[C]. The 6th International Conference on Computer Science & Education, Singapore, 2011: 199-204.

[11] Han W H, Yang P, Ren H X, et al. Comparison study of several kinds of inertia weights for PSO[C]. International Conference on Progress in Informatics and Computing, Shanghai, 2010: 280-284.

[12] 史娇娇, 姜淑娟, 韩寒, 等. 自适应粒子群优化算法及其在测试数据生成中的应用研究[J]. 电子学报, 2013, 41(8): 1555-1559.

[13] Yuan X L, Yang D F, Liu H M. MPPT of PV system under partial shading condition based on adaptive inertia weight particle swarm optimization algorithm[C]. The 5th Annual IEEE International Conference on Cyber Technology in Automation, Control and Intelligent Systems, Shenyang, 2015: 729-733.

[14] Zhan Z H, Zhang J, Li Y, et al. Adaptive particle swarm optimization[J]. IEEE Transactions on Systems, Man and Cybernetics, Part B (Cybernetics), 2009, 39(6): 1362-1381.

[15] Hu M Q, Wu T, Weir J D. An adaptive particle swarm optimization with multiple adaptive methods[J]. IEEE Transactions on Evolutionary Computation, 2013, 17(5): 705-720.

[16] Niknam T, Golestaneh F. Enhanced adaptive particle swarm optimization algorithm for dynamic economic dispatch of units considering valve-point effects and ramp rates[J]. IET Generation Transmission & Distribution, 2012, 6(5): 424-435.

[17] Saber A Y, Senjyu T, Yona A, et al. Unit commitment computation by fuzzy adaptive particle swarm optimization[J]. IET Generation Transmission & Distribution, 2007, 1(3): 456-465.

[18] Qin Q D, Li L, Li R J. A novel PSO with piecewise-varied inertia weight[C]. The 2nd IEEE International Conference on Information and Financial Engineering, Chongqing, 2010: 503-506.

[19] Niknam T, Doagou-Mojarrad H. Multiobjective economic/emission dispatch by multi-objective theta-particle swarm optimization[J]. IET Generation Transmission & Distribution, 2011, 6(5): 363-377.

[20] Huynh D C, Dunnigan M W. Parameter estimation of an induction machine using advanced particle swarm optimization algorithms[J]. IET Electric Power Applications, 2010, 4(9): 748-760.

[21] 吴晓军, 杨战中, 赵明. 均匀搜索粒子群算法[J]. 电子学报, 2011, 39(6): 1261-1266.

[22] 吴晓军, 李峰, 马悦, 等. 均匀搜索粒子群算法的收敛性分析[J]. 电子学报, 2012, 40(6): 1115-1120.

[23] 周新宇, 吴志健, 王晖, 等. 一种精英反向学习的粒子群优化算法[J]. 电子学报, 2013, 41(8): 1647-1652.

[24] 李爽, 王志新, 王国强. 基于改进粒子群算法的 PIDNN 控制器在 VSC-HVDC 中的应用[J]. 中国电机工程学报, 2013, 33(3): 14-21, 120.

[25] Li N J, Wang W J, Hsu C J, et al. Enhanced particle swarm optimizer incorporating a weighted particle[J]. Neurocomputing, 2014, 124: 218-227.

[26] Cheung N J, Ding X M, Shen H B. OptiFel: A convergent heterogeneous particle swarm optimization algorithm for Takagi-Sugeno fuzzy modeling[J]. IEEE Transactions on Fuzzy Systems, 2014, 22(4): 919-933.

[27] 韩海英, 和敬涵, 王小君, 等. 基于改进粒子群算法的电动车参与负荷平抑策略[J]. 电网技术, 2011, 35(10): 165-169.

[28] 郭业才, 胡苓苓, 丁锐. 基于量子粒子群优化的正交小波加权多模盲均衡算法[J]. 物理学报, 2012, 61(5): 281-287.

[29] 黄泽霞, 俞攸红, 黄德才. 惯性权自适应调整的量子粒子群优化算法[J]. 上海交通大学学报, 2012, 46(2): 228-232.

[30] 刘自发, 张伟, 王泽黎. 基于量子粒子群优化算法的城市电动汽车充电站优化布局[J]. 中国电机工程学报, 2012, 32(22): 39-45, 20.

[31] 方伟, 孙俊, 谢振平, 等. 量子粒子群优化算法的收敛性分析及控制参数研究[J]. 物理学报, 2010, 59(6): 3686-3694.

[32] 王智冬, 刘连光, 刘自发, 等. 基于量子粒子群算法的风火打捆容量及直流落点优化配置[J]. 中国电机工程学报, 2014, 34(13): 2055-2062.

[33] 韩璞, 袁世通. 基于大数据和双量子粒子群算法的多变量系统辨识[J]. 中国电机工程学报, 2014, 34(32): 5779-5787.

[34] 陈道君, 龚庆武, 金朝意, 等. 基于自适应扰动量子粒子群算法参数优化的支持向量回归机短期风电功率预测[J]. 电网技术, 2013, 37(4): 974-980.

[35] Ho S L, Yang S Y, Ni G Z, et al. A quantum-based particle swarm optimization algorithm applied to inverse problems[J]. IEEE Transactions on Magnetics, 2013, 49(5): 2069-2072.

[36] Gao H, Xu W B, Sun J, et al. Multilevel thresholding for image segmentation through an improved quantum-behaved particle swarm algorithm[J]. IEEE Transactions on Instrumentation & Measurement, 2010, 59(4): 934-946.

[37] Fu Y G, Ding M Y, Zhou C P. Phase angle-encoded and quantum-behaved particle swarm optimization applied to three-dimensional route planning for UAV[J]. IEEE Transactions on Systems, Manand Cybernetics, Part A (Systems and Humans), 2012, 42(2): 511-526.

[38] Chang C C, Tsai J C, Pei S J. Quantum particle swarm optimization algorithm for feedback control of semi-autonomous driver assistance systems[J]. IET Intelligent Transport Systems, 2014, 8(7): 608-620.

[39] Meng K, Wang H G, Dong Z Y, et al. Quantum-inspired particle swarm optimization for valve-point economic load dispatch[J]. IEEE Transactions on Power Systems, 2010, 25(1): 215-222.

[40] Fu Y G, Ding M Y, Zhou C P, et al. Route planning for unmanned aerial vehicle (UAV) on the sea using hybrid differential evolution and quantum-behaved particle swarm optimization[J]. IEEE Transactions on Systems, Man and Cybernetics (Systems), 2013, 43(6): 1451-1465.

[41] Chen W N, Zhang J, Lin Y, et al. Particle swarm optimization with an aging leader and challengers[J]. IEEE Transactions on Evolutionary Computation, 2013, 17(2): 241-258.

[42] Park J B, Jeong Y W, Shin J R, et al. An improved particle swarm optimization for nonconvex economic dispatch problems[J]. IEEE Transactions on Power Systems, 2010, 25(1): 156-166.

[43] Li Y L, Shao W, You L, et al. An improved PSO algorithm and its application to UWB antenna design[J]. IEEE Antennas and Wireless Propagation Letters, 2013, 12: 1236-1239.

[44] Cervantes A, Galvan I M, Isasi P. AMPSO: A new particle swarm method for nearest neighborhood classification[J]. IEEE Transactions on Systems, Man and Cybernetics, Part B (Cybernetics), 2009, 39(5): 1082-1091.

[45] 陈民铀, 程杉. 基于随机黑洞和逐步淘汰策略的多目标粒子群优化算法[J]. 控制与决策, 2013, 28(11): 1729-1734, 1740.

[46] 诸克军, 李兰兰, 郭海湘. 一种融合遗传算法和粒子群算法的改进模糊 C-均值算法[J]. 系统管理学报, 2011, 20(6): 728-733.

[47] 金敏, 鲁华祥. 一种遗传算法与粒子群优化的多子群分层混合算法[J]. 控制理论与应用, 2013, 30(10): 1231-1238.

[48] 何頔, 张彼德, 龙杰, 等. 基于新型混合粒子群算法的含分布式电源的配电网规划[J]. 水电能源科学, 2014, 32(12): 191-194.

[49] 贾善坡, 伍国军, 陈卫忠. 基于粒子群算法与混合罚函数法的有限元优化反演模型及应用 [J]. 岩土力学, 2011, S2: 598-603.

[50] Duan H B, Luo Q A, Ma G J, et al. Hybrid particle swarm optimization and genetic algorithm for multi-UAV formation reconfiguration[J]. IEEE Computational Intelligence Magazine, 2013, 8(3): 16-27.

[51] Jatoth R K, JainA K, Phanindra P. Liquid level control of three tank system using hybrid GA-PSO algorithm[C]. Nirma University International Conference on Engineering, Ahmedabad, 2013: 1-7.

[52] Samani M, Tafreshi M, Shafieenejad I, et al. Minimum-time open-loop and closed-loop optimal guidance with GA-PSO and neural fuzzy for Samarai MAV flight[J]. IEEE Aerospace and Electronic Systems Magazine, 2015, 30(5): 28-37.

[53] Kirkpatrick S, Gelatt C D, Vecchi M P. Optimization by simulated annealing[J]. Science, 1983, 4598(220): 671-680.

[54] 张霖斌, 姚振兴, 纪晨, 等. 快速模拟退火算法及应用[J]. 石油地球物理勘探, 1997, 32(5): 654-660, 750.

[55] 申建建, 程春田, 廖胜利, 等. 基于模拟退火的粒子群算法在水电站水库优化调度中的应用[J]. 水力发电学报, 2009, 28(3): 10-15.

[56] 刘波, 张焰, 杨娜. 改进的粒子群优化算法在分布式电源选址和定容中的应用[J]. 电工技术学报, 2008, 23(2): 103-108.

[57] 高哲, 廖晓钟. 基于平均速度的混合自适应粒子群算法[J]. 控制与决策, 2012, 27(1): 152-155, 160.

[58] 张则强, 余庆良, 胡俊逸, 等. 随机混流装配线平衡问题的一种混合粒子群算法[J]. 机械设计与研究, 2013, 29(2): 60-63, 73.

[59] 李鑫滨, 朱庆军. 一种改进粒子群优化算法在多目标无功优化中的应用[J]. 电工技术学报, 2010, 25(7): 137-143.

[60] Geng J, Li M W, Dong Z H, et al. Port throughput forecasting by MARS-RSVR with chaotic simulated annealing particle swarm optimization algorithm[J]. Neurocomputing,

2015, 147: 239-250.

[61] Tao M, Huang S Q, Li Y, et al. SA-PSO based optimizing reader deployment in large-scale RFID systems[J]. Journal of Network and Computer Applications, 2015, 52: 90-100.

[62] Kumarappan N, Suresh K. Combined SA PSO method for transmission constrained maintenance scheduling using levelized risk method[J]. International Journal of Electrical Power & Energy Systems, 2015, 73: 1025-1034.

[63] 李晓磊. 一种新型的智能优化方法 —— 人工鱼群算法[D]. 杭州: 浙江大学, 2003.

[64] 李晓磊, 邵之江, 钱积新. 一种基于动物自治体的寻优模式: 鱼群算法[J]. 系统工程理论与实践, 2002, 22(11): 32-38.

[65] 潘喆, 吴一全. 二维 Otsu 图像分割的人工鱼群算法[J]. 光学学报, 2009, 29(8): 2115-2121.

[66] 王敏, 黄峰, 叶松, 等. 人工鱼群与粒子群混合图像自适应增强算法[J]. 计算机测量与控制, 2012, 20(10): 2805-2807.

[67] 段其昌, 唐若笠, 徐宏英, 等. 粒子群优化鱼群算法仿真分析[J]. 控制与决策, 2013, 28(9): 1436-1440.

[68] 赵渊, 何媛, 宿晓岚, 等. 分布式电源对配网可靠性的影响及优化配置[J]. 电力自动化设备, 2014, 34(9): 13-20.

[69] Dong Y M, Zhao L. Quantum behaved particle swarm optimization algorithm based on artificial fish swarm[J]. Mathematical Problems in Engineering, 2014: 1-10.

[70] Tsai H C, Lin Y H. Modification of the fish swarm algorithm with particle swarm optimization formulation and communication behavior[J]. Applied Soft Computing, 2011, 11(8): 5367-5374.

[71] 郑蕊蕊, 赵继印, 赵婷婷, 等. 基于遗传支持向量机和灰色人工免疫算法的电力变压器故障诊断[J]. 中国电机工程学报, 2011, 31(7): 56-63.

[72] 李习武, 赵宏伟, 李娜, 等. 基于人工免疫算法的配电网滤波器优化配置方法[J]. 电网技术, 2010, 34(5): 104-108.

[73] 熊虎岗, 程浩忠, 李宏仲. 基于免疫算法的多目标无功优化[J]. 中国电机工程学报, 2006, 26(11): 102-108.

[74] 鲁忠燕, 邓集祥, 汪永红. 基于免疫粒子群算法的电力系统无功优化[J]. 电网技术, 2008, 32(24): 55-59.

[75] 孙逊, 章卫国, 尹伟, 等. 基于免疫粒子群算法的飞行控制器参数寻优[J]. 系统仿真学报, 2007, 19(12): 2765-2767.

[76] 于宗艳, 韩连涛. 免疫粒子群算法优化的环境空气质量评价方法[J]. 环境工程学报, 2013, 7(11): 4486-4490.

[77] 魏建香, 孙越泓, 苏新宁. 一种基于免疫选择的粒子群优化算法[J]. 南京大学学报 (自然科学版), 2010, 46(1): 1-9.

[78] 晋民杰, 赵福, 马朝选, 等. 基于人工免疫粒子群算法的提升机卷筒优化[J]. 矿山机械, 2013, 41(1): 42-45.

[79] 陈烨, 赵国波, 刘俊勇, 等. 用于机组组合优化的蚁群粒子群混合算法[J]. 电网技术, 2008, 32(6): 52-56.

[80] 王浩磊, 刘涤尘, 吴军, 等. 基于改进二进制量子粒子群算法的核心骨干网架搜索[J]. 中国电机工程学报, 2014, 34(34): 6127-6133.

[81] 李鹏, 李涛, 张双乐, 等. 基于混沌二进制粒子群算法的独立微网系统的微电源组合优化[J]. 电力自动化设备, 2013, 33(12): 33-38.

[82] 姜伟, 王宏力, 何星, 等. 并行免疫离散粒子群优化算法求解背包问题[J]. 系统仿真学报, 2014, 26(1): 56-61.

[83] 陈伟, 傅毅, 孙俊, 等. 一种改进二进制编码量子行为粒子群优化聚类算法[J]. 控制与决策, 2011, 26(10): 1463-1468.

[84] 苏海锋, 张建华, 梁志瑞, 等. 基于 LCC 和改进粒子群算法的配电网多阶段网架规划优化[J]. 中国电机工程学报, 2013, 33(4): 118-125, 16.

[85] 陈丽莉, 黄民翔, 甘德强. 基于改进离散粒子群法的限流措施优化配置[J]. 浙江大学学报 (工学版), 2011, 45(3): 510-514, 530.

[86] 李刚, 程春田, 唐子田, 等. 结合禁忌搜索思想的粒子群算法在乌江渡水电站厂内经济运行中的应用研究[J]. 水力发电学报, 2009, 28(2): 128-132.

[87] 陈曦, 程浩忠, 戴岭, 等. 邻域退火粒子群算法在配电网重构中的应用[J]. 高电压技术, 2008, 34(1): 148-153.

[88] 熊虎, 向铁元, 陈红坤, 等. 含大规模间歇式电源的模糊机会约束机组组合研究[J]. 中国电机工程学报, 2013, 33(13): 36-44.

[89] Jeong Y W, Park J B, Jang S H, et al. A new quantum-inspired binary PSO: Application to unit commitment problems for power systems[J]. IEEE Transactions on Power Systems, 2010, 25(3): 1486-1495.

[90] Mohamad M S, Omatu S, Deris S, et al. A modified binary particle swarm optimization for selecting the small subset of informative genes from gene expression data[J]. IEEE Transactions on Information Technology in Biomedicine, 2011, 15(6): 813-822.

[91] Kusetogullari H, Yavariabdi A, Celik T. Unsupervised change detection in multitemporal multispectral satellite images using parallel particle swarm optimization[J]. IEEE Journal of Selected Topics in Applied Earth Observations and Remote Sensing, 2015, 8(5): 2151-2164.

[92] Pan G Y, Liu D Y, Yan H. Reduction methods of attributes based on improved BPSO[C]. The 2nd International Symposium on Knowledge Acquisition and Modeling, Washington, 2009: 142-144.

[93] Beheshti Z, Shamsuddin S M, Hasan S. Memetic binary particle swarm optimization for discrete optimization problems[J]. Information Sciences, 2015, 299(85): 58-84.

[94] Xia B, Ren Z Y, Koh C S. Comparative study on kriging surrogate models for meta-heuristic optimization of multidimensional electromagnetic problems[J]. IEEE Transactions on Magnetics, 2015, 51(3): 9400704.

[95] Mirjalili S, Wang G G, Coelho L D. Binary optimization using hybrid particle swarm optimization and gravitational search algorithm[J]. Neural Computing & Applications, 2014, 25(6): 1423-1435.

[96] Mirjalili S, Lewis A. S-shaped versus V-shaped transfer functions for binary particle swarm optimization[J]. Swarmand Evolutionary Computation, 2013, 9: 1-14.

[97] El-Maleh A H, Sheikh A T, Sait S M. Binary particle swarm optimization (BPSO) based state assignment for area minimization of sequential circuits[J]. Applied Soft Computing, 2013, 13(12): 4832-4840.

[98] Fan K, You W J, Li Y Y. An effective modified binary particle swarm optimization (mBPSO) algorithm for multi-objective resource allocation problem (MORAP)[J]. Applied Mathematics and Computation, 2013, 221(9): 257-267.

第 3 章　改进粒子群优化算法

3.1　引　言

电力电子技术是现代电工技术中活跃的一个领域，根据用电场合而改变电能的应用方式称为 "变流"；电力电子装置中的功率器件大多工作在开关状态，因此电力电子装置大多为非连续系统。变流控制中的控制技术和 PWM 调制技术具有提高变流装置的稳定性、可靠性和电能质量等能力[1]。

变流器的控制参数整定方法主要有常规整定方法和智能参数优化方法。其中常规整定方法有 Z-N 法、极点配置法和经验法等。Z-N 法难以获取精确的临界信息，所以难以得到较好的控制参数；极点配置法需要精确的被控对象模型，并通过丰富的经验来确定所期望的性能，且配置出的控制参数往往还需在线进行调整，整定耗时；经验法则需要不断地在线调整参数，受调试人员经验的影响和场地限制，整定同样耗时。智能参数优化方法主要有模糊控制、神经网络控制、遗传算法和群智能算法等。模糊控制需要丰富的先验知识来编写模糊规则，才能得到较好的控制效果；神经网络控制的优化效果则受初值的影响；遗传算法属于进化算法，通过交叉和变异来保证群体的多样性，并通过概率大小将差个体筛选掉，从而得到优解。该方法和群智能算法相比，缺少记忆性，无最优值引导，优化过程中交叉和变异有一定概率将好的个体变差，在优化性能上群智能算法更胜一筹[1~9]。

三相变流系统的调制方式普遍采用空间矢量脉宽调制 (space-vector pulse width modulation, SVPWM) 方式，该调制方式的输出电压空间矢量由八种基本电压空间矢量组合而成，组合方式和顺序灵活多变，且不同的组合方式和顺序得到的变流器电压输出效果并不相同，可以通过智能优化方法 (这里主要是介绍粒子群优化算法) 找到一种或几种能保证逆变输出电压较优的组合方式 [10~12]。

粒子群优化算法是群智能优化方法中最为经典的一种方法，由第 2 章可知，PSO 和 BPSO 针对复杂对象时，存在容易陷入局部最优区域和收敛较慢的缺陷，导致 PSO 和 BPSO 应用于复杂的非线性电力电子变流系统时，难以找到优解。以基于不同控制的变流系统和不同应用场合的变流系统为优化对象，本章对 PSO 和 BPSO 提出了相应的改进方法：多粒子群多速度更新方式粒子群优化算法 (PSO with multi-swarm and multiple velocity update methods, MMPSO) 和遗传算法与离散粒子群结合的优化算法 (BPSO-GA)。本章首先介绍带压缩因子的粒子群优化算法 (constriction-factor PSO, PSO-CF) 和遗传算法 (GA)，然后详细讲述两种改进的粒子群优化算法。

3.2 带压缩因子的粒子群优化算法和遗传算法简介

3.2.1 带压缩因子的粒子群优化算法

由文献 [13] 可知, Clerc 和 Kennedy 分析了基本粒子群算法的运动轨迹, 并在此基础上对基本粒子群进行了改进。该文献引入的压缩因子 χ 为

$$\chi = \frac{2k}{\left|2 - \varphi - \sqrt{\varphi^2 - 4\varphi}\right|} \tag{3.1}$$

式中, $\varphi = c_1 r_1 + c_2 r_2$, 且 φ 必须大于 4, 因此 c_1 和 c_2 均要大于 2; 而当 $\varphi \leqslant 4$ 时, $\chi = k(k \in [0,1])$。可以得到 PSO-CF 的速度更新方程为

$$v_{ij}(t+1) = \chi\left[v_{ij}(t) + c_1 r_1(x_{ij}^{\mathrm{P}}(t) - x_{ij}(t)) + c_2 r_2(x_{gj}^{\mathrm{G}}(t) - x_{ij}(t))\right] \tag{3.2}$$

位置更新仍然采用式 (1.2) 的方式, 结合式 (3.1)、式 (3.2) 和式 (1.2) 可以得到 PSO-CF 的更新部分代码如下:

```
%% 粒子速度更新
alpha1=c1*rand;
alpha2=c2*rand;
alpha=alpha1+alpha2;
if alpha>4 % 判断alpha大小
chiphai=2*k/abs(2-alpha-sqrt(alpha^2-4*alpha));
else
chiphai=k;
end
VStep(j,:)=chiphai*(VStep(j,:)+alpha1*(gbest(j,:)-particle(j,:))
        +alpha2*(zbest-particle(j,:)));
```

只需要把这一部分代码替代第 2 章 PSO 代码中的速度更新部分, 并删除权系数部分, 其他地方不需改动。

对 PSO-CF 的参数分析可以借鉴第 2 章的 PSO 理论分析部分, 同样可以将式 (1.2) 改写为

$$x_{ij}(t) = x_{ij}(t-1) + v_{ij}(t) \tag{3.3}$$

结合式 (1.2)、式 (3.2) 和式 (3.3) 可以得到

$$x_{ij}(t+1) = (\chi - \chi c_1 r_1 - \chi c_2 r_2 + 1)x_{ij}(t) - \chi x_{ij}(t-1) + \chi c_1 r_1 x_{ij}^{\mathrm{P}}(t) + \chi c_2 r_2 x_{gj}^{\mathrm{G}}(t) \tag{3.4}$$

同样假设 $\chi c_n r_n$ 为 $\alpha_n(n = 1, 2)$，只考虑单个粒子，其维数为 1 维，可以得到差分矩阵方程为

$$\left[\begin{array}{c} x(t+1) \\ x(t) \end{array} \right] = A \left[\begin{array}{c} x(t) \\ x(t-1) \end{array} \right] + B \tag{3.5}$$

其中

$$A = \left[\begin{array}{cc} \chi - (\alpha_1 + \alpha_2) + 1 & -\chi \\ 1 & 0 \end{array} \right]$$

$$B = \left[\begin{array}{c} \alpha_1 x^{\mathrm{P}} + \alpha_2 x^{\mathrm{G}} \\ 0 \end{array} \right] \tag{3.6}$$

当 χ 不为 0 时，矩阵 A 为非奇异矩阵，则该矩阵必然存在特征值 λ，可以得到特征值为

$$\lambda_1 = \frac{1 + \chi - (\alpha_1 + \alpha_2) + \sqrt{[1 + \chi - (\alpha_1 + \alpha_2)]^2 - 4\chi}}{2}$$

$$\lambda_2 = \frac{1 + \chi - (\alpha_1 + \alpha_2) - \sqrt{[1 + \chi - (\alpha_1 + \alpha_2)]^2 - 4\chi}}{2} \tag{3.7}$$

同时假设特解 x^* 为 $m_a t$，可以得到

$$x^* = \frac{(\alpha_1 x_{ij}^{\mathrm{P}}(t) + \alpha_2 x_{gj}^{\mathrm{G}}(t))t}{t(\alpha_1 + \alpha_2) + 1 - \chi} \tag{3.8}$$

得到特征值后，首先分析 χ 的取值范围。因 φ 为自变量，则 χ 为因变量，对其进行求导可得到

$$\frac{\mathrm{d}\chi}{\mathrm{d}\varphi} = \frac{-2k\left(1 + \dfrac{\varphi - 2}{\sqrt{\varphi^2 - 4\varphi}}\right)}{\left(2 - \varphi - \sqrt{\varphi^2 - 4\varphi}\right)^2} \tag{3.9}$$

公式右边恒小于 0，所以 χ 随着 φ 的增大而减小，因此可以得到 χ 的最大值为 k，结合特征值为不同情况时的分析，可以得到一组关系式：

$$\chi \leqslant 1$$
$$c_1 r_1 + c_2 r_2 = \varphi \leqslant 2 + \frac{2}{\chi} \tag{3.10}$$

可以看出，只要 $\varphi > 4$(同时也是约束条件) 就可以满足上述条件，为了进一步分析 φ 可以取值的范围，考虑式 (3.2) 中的 α_n，其方程式为

$$\alpha_1 = \frac{2kc_1 r_1}{\left| 2 - \varphi - \sqrt{\varphi^2 - 4\varphi} \right|} \tag{3.11}$$

暂且不考虑 r_1 的随机作用 (视其为 1), 式 (3.11) 的分子和分母同时除以 c_1, 因分子为定值, 所以只考虑分母, 可以得到

$$F(c_1, c_2) = \frac{2}{c_1} - 1 - \frac{c_2}{c_1} - \sqrt{\left(1 + \frac{c_2}{c_1}\right)^2 - \frac{4}{c_1} - \frac{4c_2}{c_1^2}} \qquad (3.12)$$

(1) 当 $c_1 = c_2$ 时 $(c_1 = c_2 > 2)$, 式 (3.12) 可以简化为

$$F(c_1) = \frac{2}{c_1} - 2 - \sqrt{4 - \frac{8}{c_1}} \qquad (3.13)$$

很明显可以得到, 当 c_1 不断增大时, $F(c_1)$ 也会不断减小而最终收敛, 因此可以推出

$$\lim_{c_1 \to \infty} F(c_1) = -4 \qquad (3.14)$$

所以不管 c_1 有多大, 最终 α_1 会减小到 $k/2$。

(2) 当 $c_1 \neq c_2$ 时, 分为两种情况。

第一种情况是 $c_1 < c_2$, 此时必然存在 $c_2 > 2$, 可以得到

$$\frac{2 - c_2}{c_1} - 1 < 0 \qquad (3.15)$$

取出式 (3.12) 中根号内的内容可以得到

$$F^*(c_1, c_2) = \frac{(c_1 + c_2)^2 - 4(c_1 + c_2)}{c_1^2} > 0 \qquad (3.16)$$

随着 c_2 的不断增大, $F^*(c_1, c_2)$ 也会不断增大, α_1 则会不断减小。

第二种情况是 $c_1 > c_2$, 此时必然存在 $c_1 > 2$, 同样可以得到

$$\frac{2 - c_2}{c_1} - 1 < 0 \qquad (3.17)$$

随着 c_1 的不断增大, $F^*(c_1, c_2)$ 将会不断减小, 假设 c_2 不变时可以得到

$$\lim_{c_1 \to \infty} F^*(c_1, c_2) = \lim_{c_1 \to \infty} \left[\left(1 + \frac{c_2}{c_1}\right)^2 - \frac{4}{c_1} - \frac{4c_2}{c_1^2}\right] = 1 \qquad (3.18)$$

进一步可以得到

$$\lim_{c_1 \to \infty} F(c_1, c_2) = -2 \qquad (3.19)$$

c_1 和 c_2 相差不大时情况比较复杂, 但不管两者如何变化, 始终有 $\alpha_1 < 2k$。

1. 参数优化对比

上述分析并不能给出在取值不同时 PSO-CF 的优化性能, 为了能进一步分析不同参数对 PSO-CF 的影响, 接下来将选取多组参数, 并针对几种不同类型的基准函数进行优化对比。

1) 系数 k

分别取 k 为 0.001、0.3、0.5、0.7、0.9 和 1 进行实验对比, 加速因子 $c_1 = c_2 = 3.05$, 基准函数 Sphere Model 和 Generalized Rastrigin's Function 最大速度限制为 0.1, 基准函数 Schwefel's Problem 1.2 最大速度限制为 0.2, 基准函数 Noncontinuous Rastrigin's Function 最大速度限制为 0.3。针对不同的基准函数, 其他参数与第 2 章中 PSO 的参数相同, 优化的基准函数分别为 Sphere Model、Schwefel's Problem 1.2、Generalized Rastrigin's Function 和 Noncontinuous Rastrigin's Function, 优化结果 (不同系数 k 优化次数均为 30 次, 后面与此相同) 如表 3.1 所示。

表 3.1　PSO 在不同系数情况下优化多个基准函数的优化结果

基准函数	系数 k	最大值	最小值	方差	平均值
Sphere Model	0.001	8.6353×10^3	2.3764×10^3	1.5304×10^6	4.2492×10^3
	0.3	4.0527×10^3	1.2202×10^3	5.0884×10^5	2.4685×10^3
	0.5	2.3922×10^3	89.8077	3.9631×10^5	1.0551×10^3
	0.7	0.5305	0.0752	0.0107	0.2263
	0.9	0.0013	2.3896×10^{-4}	8.1385×10^{-8}	5.9365×10^{-4}
	1	2.2083×10^{-4}	2.999×10^{-5}	2.9676×10^{-9}	1.1914×10^{-4}
Schwefel's Problem 1.2	0.001	3.356×10^6	2.2943×10^4	4.3376×10^{11}	4.7475×10^5
	0.3	7.6916×10^5	2.8165×10^4	4.6502×10^{10}	2.2655×10^5
	0.5	1.9904×10^5	7.2824×10^3	1.2984×10^9	4.0713×10^4
	0.7	5.9357×10^3	1.2608×10^3	1.9188×10^6	2.8374×10^3
	0.9	7.0591×10^3	224.4464	2.7479×10^6	1.2663×10^3
	1	1.2978×10^3	400.7847	5.0932×10^4	734.1808
Generalized Rastrigin's Function	0.001	280.0552	242.2142	96.6331	260.3216
	0.3	179.2620	110.9253	228.8424	147.4623
	0.5	143.1755	54.5582	395.9257	97.2204
	0.7	106.1620	36.7305	281.7892	63.5251
	0.9	44.8150	17.9638	43.3830	27.8099
	1	58.7193	16.9243	76.6072	30.0314
Noncontinuous Rastrigin's Function	0.001	252.0664	168.3605	245.4837	211.5366
	0.3	180.0745	76.8791	662.6982	123.3525
	0.5	145.6812	58.3162	562.5753	93.0742
	0.7	101.0223	29.4577	277.0408	67.9988
	0.9	77.7064	20.1032	241.7365	46.3427
	1	75.0000	21.0007	154.6595	36.4831

从表 3.1 中可以看出，针对表中实验的所有基准函数 (除了 Generalized Rastrigin's Function)，系数 k 越小，优化效果越差，k 越接近 1 效果越好；优化基准函数 Generalized Rastrigin's Function，k 接近 0.9 时效果最好；与带系数的速度更新方式类似，较小的 k 意味着 χ 较小而无法平衡全局优化部分和局部优化部分，这使得该粒子群优化时的收敛速度变慢，其全局寻优能力较差。

图 3.1 为优化基准函数 Sphere Model、Schwefel's Problem 1.2、Generalized Rastrigin's Function 和 Noncontinuous Rastrigin's Function 时，分别取不同系数的全局最优适应值变化对比图。

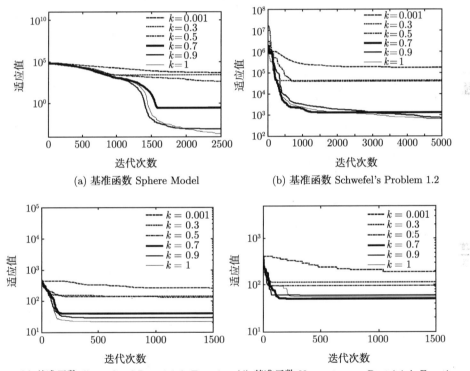

(a) 基准函数 Sphere Model (b) 基准函数 Schwefel's Problem 1.2

(c) 基准函数 Generalized Rastrigin's Function (d) 基准函数 Noncontnuous Rastrigin's Function

图 3.1　不同系数 k 的 PSO 优化不同基准函数的实验对比图

2) 加速因子 c

当加速因子 $c_1 = c_2$ 时，取值为 2.05、2.5 或 3.05；当 c_1 与 c_2 不相等时，取值为 $c_1 = 2.5$、$c_2 = 2.05$ 或 $c_1 = 3.05$、$c_2 = 1.05$ 或 $c_1 = 1.05$、$c_2 = 3.05$。系数 $k=1$，针对不同的基准函数，其他参数与第 2 章中 PSO 的参数相同，优化的基准函数分别为 Sphere Model、Schwefel's Problem 1.2、Generalized Rastrigin's Function 和 Noncontinuous Rastrigin's Function，优化结果 (不同加速因子 c 优化次数均为

30 次, 后面与此相同) 如表 3.2 所示。

表 3.2　PSO 在不同加速因子情况下优化多个基准函数的优化结果

基准函数	加速因子 c	最大值	最小值	方差	平均值
Sphere Model	2.05	0.0023	6.6608×10^{-4}	1.8025×10^{-7}	0.0013
	2.5	0.0028	8.496×10^{-4}	2.1199×10^{-7}	0.0018
	3.05	2.2083×10^{-4}	2.999×10^{-5}	2.9676×10^{-9}	1.1914×10^{-4}
	$c_1=2.5$、$c_2=2.05$	0.0024	6.3144×10^{-4}	1.3803×10^{-7}	0.0014
	$c_1=3.05$、$c_2=1.05$	0.003	7.3363×10^{-4}	2.6863×10^{-7}	0.0013
	$c_1=1.05$、$c_2=3.05$	0.0018	4.7977×10^{-4}	1.4734×10^{-7}	0.0010
Schwefel's Problem 1.2	2.05	2.8256×10^{3}	249.9022	2.7294×10^{5}	1.0312×10^{3}
	2.5	2.8647×10^{3}	488.5622	3.4462×10^{5}	1.0345×10^{3}
	3.05	1.2978×10^{3}	400.7847	5.0932×10^{4}	734.1808
	$c_1=2.5$、$c_2=2.05$	6.0349×10^{3}	311.0377	1.6652×10^{6}	1.3307×10^{3}
	$c_1=3.05$、$c_2=1.05$	7.9212×10^{3}	663.1333	2.6534×10^{6}	1.7251×10^{3}
	$c_1=1.05$、$c_2=3.05$	3.9215×10^{3}	369.2544	4.7290×10^{5}	1.0918×10^{3}
Generalized Rastrigin's Function	2.05	50.9209	10.1836	87.1035	28.2316
	2.5	42.1224	14.2076	62.3706	29.2931
	3.05	58.7193	16.9243	76.6072	30.0314
	$c_1=2.5$、$c_2=2.05$	47.0994	16.2327	79.2938	31.5161
	$c_1=3.05$、$c_2=1.05$	54.1046	18.0706	82.5688	35.4925
	$c_1=1.05$、$c_2=3.05$	51.8686	11.0996	81.6956	29.1966
Noncontinuous Rastrigin's Function	2.05	71.0005	23.0636	100.0904	42.4538
	2.5	68.0089	16.2731	140.5477	39.9402
	3.05	75.0000	21.0007	154.6595	36.4831
	$c_1=2.5$、$c_2=2.05$	75.0053	18.2609	210.1674	43.5746
	$c_1=3.05$、$c_2=1.05$	54.1610	20.0724	73.3243	34.5674
	$c_1=1.05$、$c_2=3.05$	70.0006	21.0143	179.1547	40.2241

从表 3.2 中可以看出, 针对基准函数 Sphere Model 和 Schwefel's Problem 1.2, 加速因子等于 3.05 时优化效果最好; 针对基准函数 Generalized Rastrigin's Function, 加速因子在一定范围内时, 无论两个加速因子相等还是不相等, 优化效果相差不大; 而针对基准函数 Noncontinuous Rastrigin's Function, $c_1 = 3.05$、$c_2 = 1.05$ 的优化效果最优。可以看出, 针对不同优化对象, 加速因子的作用效果并不相同, 所以优化对象改变时, 需要重新调试该参数。

图 3.2 为优化基准函数 Sphere Model、Schwefel's Problem 1.2、Generalized Rastrigin's Function 和 Noncontinuous Rastrigin's Function 时, 分别取不同加速因子的全局最优适应值变化对比图。

通过上面几组实验可以看出, 与第 2 章的标准 PSO 相比, PSO-CF 并没有很大的提升优化性能, 部分优化对象的优化结果较差。

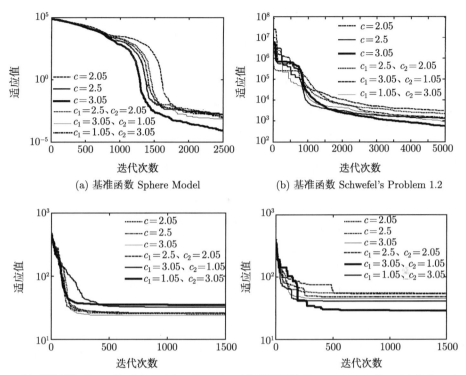

(a) 基准函数 Sphere Model (b) 基准函数 Schwefel's Problem 1.2

(c) 基准函数 Generalized Rastrigin's Function (d) 基准函数 Noncontinouus Rastrigin's Function

图 3.2 不同加速因子的 PSO 优化不同基准函数的实验对比图

2. PSO-CF 与 PSO 的对比分析

PSO-CF 的某个粒子位移示意图如图 3.3 所示。

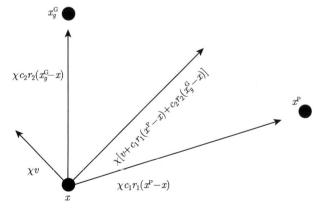

图 3.3 PSO-CF 的某个粒子位移示意图

PSO-CF 与 PSO 的区别主要是: ①PSO-CF 中历史速度受压缩因子的影响, 压缩因子可以相当于改进的权系数, 其值随加速因子的变化而非线性变化, 这与 PSO 中线性衰减的权系数不同; ②PSO-CF 中的加速因子也受压缩因子的影响, 因此优化过程中始终有 $\chi c_n r_n < c_n r_n (n=1, 2)$。

当 $\varphi > 4 (k$ 固定为 1 时) 时, 压缩因子为式 (3.1), 随着 c_1 与 c_2 之和增大, φ 也增大, 压缩因子非线性下降, 此时 $\varphi \leqslant 4$ 的概率减小, 反之 $\varphi \leqslant 4$ 的概率增大; 当 $\varphi \leqslant 4$ 时, 压缩因子为固定值 k, 相当于带固定惯性权重的 PSO; 要保证 φ 能出现大于 4 的情况, 必须保证 c_1 与 c_2 之和大于 4。通过多组实验和分析可知, 加速因子的取值影响优化效果, 一般来说, 两个加速因子 c_1 与 c_2 需设置相同的数值。系数 k 同样也会影响优化效果, 如果 k 太小, 削弱了 PSO-CF 的全局优化能力, 优化效果差。其他优化参数如最大更新速度和粒子群数量同样也会影响优化效果, 因篇幅有限, 没有给出实验数据, 有一点可以肯定的是, 在优化实际对象时, 需要通过多次实验对比来合理选取各个优化参数。

虽然 PSO-CF 中的压缩因子是非线性变化的, 但该方法也同样是让群体中所有粒子逐渐向历史最优位置靠拢。当粒子逐渐靠拢时, 粒子的多样性也会减小, 而非线性变化的压缩因子也无法突变粒子的位置, 让其跳出局部最优区域, 因此该算法和标准 PSO 一样, 容易陷入局部最优值, 没有跳出局部最优值的能力。

3.2.2   遗传算法

达尔文于 1859 年出版了《物种起源》, 其中自然选择是达尔文演化论的核心。自然选择的主要内容如下。

(1) 繁殖过量。为了保证自己种族的延续, 每个物种都会有很强大的繁殖能力, 在理想情况下 (无外界干扰、食物充足、空间足够大), 即使是繁殖能力很差的物种, 在几百年后也会有惊人的数量。

(2) 生存斗争。任何一个物种不可能无限制地繁殖下去, 某一物种数量过多将会引起生态失衡, 所以通过生物间的相互制约和环境的影响, 能够确保生态系统的稳定。

(3) 遗传变异。遗传主要体现子代与亲代之间的相似性, 变异则体现两者的不同性。变异的主要形式是基因突变和基因重组, 当变异累加到一定程度时, 新物种也随之产生。有了变异, 才能保证生物的多样性。

(4) 适者生存。在生物的生存斗争过程中, 淘汰的往往是那些无法适应环境的弱者。一个物种不但受到本物种和其他物种的制约, 同时也受到环境的影响, 只有能够经受住这些考验, 一个物种才能兴旺发达。

1. 遗传算法的发展

20 世纪三四十年代, 已经有人提出模拟生物的进化过程来实现问题的最优化。随着仿生学的建立, 许多科学家通过对生物进化的研究来寻找新的可以利用的研究方法。60 年代初期, 美国的密歇根大学 Holland 教授模拟生物进化机制, 试图找到能够求解复杂问题的进化算法, Holland 教授的学生 Bagley 于 1967 年在他的博士论文中首次提出了 "遗传算法"。Holland 教授于 1975 年出版了关于遗传算法方面的著作[13], 该著作对遗传算法的基本理论进行了详细的阐述。

后来随着越来越多的研究者对遗传算法进行深入研究, 同时伴随着有关遗传算法的国际会议的举行, 遗传算法开始变得非常火热。自 1985 年开始, 有关遗传算法的国际会议每间隔两年举办一次。

2. 遗传算法的基本理论

由文献 [14]~[16] 可知, 遗传算法由下面几个部分组成。

1) 基因 (gene)

基因也称为遗传因子, 拥有大量的个体信息, 决定了生物的基本性状。在遗传算法中, 可以利用二进制、整数等来作为遗传因子。

2) 染色体 (chromosome)

染色体是遗传物质的主要载体, 由多个遗传因子组成。在遗传算法中, 染色体代表着问题可能的解, 通常采用二进制进行编码。

3) 种群 (population)

种群在遗传算法中为染色体的数量, 是可能解的解集, 其作为实际问题的某一次优化迭代的解的空间, 为遗传算法提供了搜索空间。

4) 适应值 (fitness)

适应值大小是评判染色体个体好坏的标准, 是影响遗传算法优化的关键因素, 一般来说, 适应值函数依照目标函数来建立。

5) 选择 (select)

在生物的遗传过程中, 更能适应环境的染色体, 其遗传到下一代的机会也就更多, 相反不能很好适应环境的染色体, 遗传到下一代的机会也就越少。在遗传算法中, 选择过程也就是按适应度大小选择能够遗传到下一代的染色体个体。

6) 交叉 (crossover)

交叉是模拟生物进化过程中的基因重组, 其交叉过程为两个父代个体, 在各自的交叉位置相互交换基因, 交换过程中基因不发生变化, 交叉过程如图 3.4 所示。

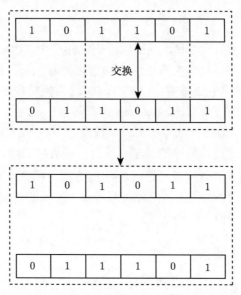

图 3.4　基因交叉过程

7) 变异 (mutation)

在物种的进化过程中，其某些性状可能会发生一些变化，这意味着决定该性状的基因发生了变化。遗传算法中的变异也就是染色体个体中，某个或者某些位置上的字符发生了改变。如果是二进制编码，则变异就是在 0 和 1 之间转换，变异过程如图 3.5 所示。

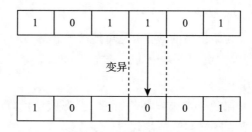

图 3.5　基因变异过程

3. 遗传算法的优化步骤

一般遗传算法的优化步骤如下。

(1) 根据对象进行编码，并初始化。

(2) 计算每一个染色体的适应值。

(3) 根据适应值大小进行选择，选择符合标准的染色体。

(4) 按一定概率，对染色体进行交叉操作。

(5) 按一定概率，对染色体进行变异操作。

(6) 判断是否满足条件，不满足则转到步骤 (2)，否则结束优化。

3.3 标准粒子群优化算法的改进

为了能够将粒子群优化算法运用到变流系统中，需要根据 PSO 和 PSO-CF 存在的缺陷进行相应的改进，以期提高粒子群在变流系统中的优化性能。

为了提高粒子群的多样性，同时避免粒子群陷入局部最优区域而使得优化停滞，本节提出多粒子群多速度更新方式粒子群优化算法 (MMPSO)，该算法由多个粒子群体和多个更新速度组成，其中多群体为主粒子群、全局辅助粒子群和局部辅助粒子群，多速度更新方式为带权系数的速度更新方式、改进的带压缩因子的速度更新方式和随机速度更新方式。MMPSO 的组成框架如图 3.6 所示。

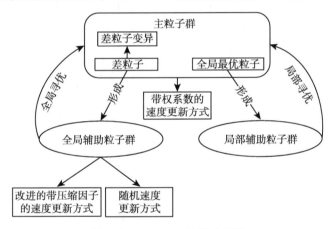

图 3.6 MMPSO 的组成框架

3.3.1 多粒子群

主粒子群为粒子群的主群体，该群体贯穿整个优化过程，是全局辅助粒子群和局部辅助粒子群形成的基础。优化到一定阶段后就开始接受两个辅助粒子群中存在的更优粒子。

主粒子群中的差粒子不影响该群体的优化，因此可以将该群体中的部分差粒子进行变异以期增加主粒子群的多样性。

全局辅助粒子群由主粒子群中较差的粒子复制组成，该群体同样贯穿整个优化过程，该粒子群体的组成方式如图 3.7 所示。

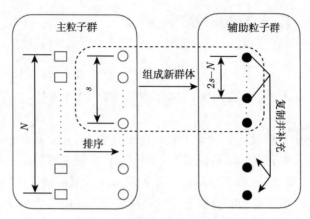

图 3.7　辅助粒子群的形成

图 3.7 中，方形代表未排序前的主粒子群，白色圆代表排序后的主粒子群，黑色圆代表辅助粒子群，N、s 均代表粒子群数量，且 $s > N - s$。主粒子群的粒子先按照适应值 (3.3.2 节介绍) 从小到大排序，取排序后的粒子中后面 s 个粒子组成一个新群体，同时将该新群体中后面 $s - (N - s)$ 个粒子进行复制并补充进该群体，从而得到与主粒子群数量相同的辅助粒子群。该群体可以避免与主粒子群优化区域重叠，因为主粒子群不会朝着本群体中较差粒子的区域进行优化。

两个粒子群体可以获得比单个粒子群体更多的信息，而辅助粒子群不受主粒子群的影响，其作用仅仅是为主粒子群提供更优信息，在优化到一定时期后如果出现优于主粒子群中同位置上的粒子，则替代该粒子，如图 3.8 所示。

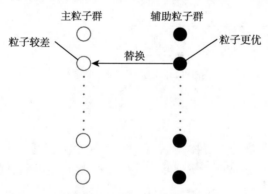

图 3.8　主粒子群择优方式

主粒子群迭代末期为了提高搜索精度 (扩大局部搜索范围)，可以在全局最优值的基础上形成第二个子群体，称为局部辅助粒子群。其形成公式为

$$x_{2ij}(t) = |x_{gj}^{G}(t) + m_k(0.5 - r)x_{gj}^{G}(t)| \tag{3.20}$$

式中，m_k 为一常数，它决定了需要扩大的搜索范围，对于不同的优化对象，如果全局最优区域较小，则该值可以选择较小的固定常数 (具体的参数值将在后面的应用中给出)，如果全局最优区域较大，同样也可以选择一个较小的固定常数，这样是为了防止搜索区域超出全局最优区域；r 为 [0,1] 区间的随机数；因优化对象均需要为非负，可以通过增加绝对值来保证粒子非负。

粒子群优化末期，该粒子群体的局部寻优示意图如图 3.9 所示。

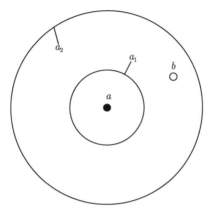

图 3.9　局部寻优示意图

a 点为全局优值点，假设此时 b 处为更优区域，主粒子群在迭代末期大部分粒子只会在区域 a_1 内进行寻优，此时全局辅助粒子群作用也被削弱 (因为粒子群已经处于全局最优区域)，而局部辅助粒子群可以在全局最优点的基础上扩大寻优区域，在区域 a_2 内进行搜索 (a_2 以内的区域属于全局最优区域)，以期找到如 b 区域的更优区域。

3.3.2　多速度更新方式

1. 主粒子群

主粒子群的速度更新方式和位置更新方式分别为式 (1.7) 和式 (1.2)。由式 (2.17) 和式 (2.18) 可知，在整个优化过程中粒子位置、全局和局部最优粒子位置、加速因子和 w 对粒子更新均有直接影响。在粒子极其接近全局最优值时，由式 (2.18) 可以看出，因 x、x^P 和 x^G 变化不大 (可以视为恒值)，此时 w 的扰动对粒子更新有较大的影响。由于此时粒子群的优化过程仍然为非线性过程，所以可以让 w 在优化后期具有一定的随机扰动能力，来提升主粒子群的局部优化能力，鉴于此提出了带随机量的非线性惯性权重衰减公式，该公式为

$$w = w_e \left(\frac{w_s}{w_e}\right)^{\frac{1}{1+k\frac{\text{iter}}{\text{maxiter}}}} + \frac{w_e(0.5 - r_3)}{kw_s} \tag{3.21}$$

其中，w_s、w_e、iter、maxiter 和 r_3 分别为最大惯性权重值、最小惯性权重值、当前迭代次数、最大迭代次数和 [0,1] 区间的随机数；k 为常系数。在迭代次数较小时随机量的影响较小，随着迭代次数的增加，随机量的扰动作用也增强。在迭代后期，w 较强的随机扰动能影响部分粒子的位置更新，能够实现主粒子群的局部扰动。

随着迭代次数的增加，惯性权重的变化曲线如图 3.10 所示。

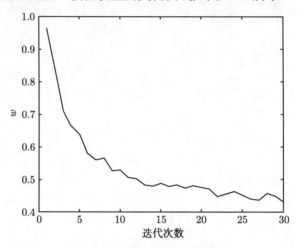

图 3.10　惯性权重的变化曲线

主粒子群速度更新方式与 PSO 的速度更新方式相同，惯性权重 w 的变化范围必须在式 (2.41) 给定的区间内。

2. 全局辅助粒子群

全局辅助粒子群有两种速度更新方式，每一次优化迭代时，通过一定概率选取其中一种速度更新方式。下面分别介绍这两种速度更新方式。

1) 改进的带压缩因子的速度更新方式

全局辅助粒子群主要功能是增强全局搜索能力，这里将带压缩因子的速度更新方式更改为

$$v_{1ij}(t+1) = \psi[v_{1ij}(t) + c_4 r_4(x_{1ij}^{\mathrm{P}}(t) - x_{1ij}(t)) + c_5 r_5(x_{1dj}^{\mathrm{G}}(t) - x_{1ij}(t))] \qquad (3.22)$$

式中，x_1、v_1 分别代表全局辅助粒子群的位置和速度；c_4 和 c_5 为加速因子；r_4 和 r_5 为 [0,1] 区间的随机数；$x_1^{\mathrm{G}}(t)$ 为到当前迭代时的全局最优值；$x_1^{\mathrm{P}}(t)$ 为到当前迭代时的个体最优值；d 代表某一次优化中的某个粒子。新的压缩因子 ψ 为

$$\psi = \frac{2k}{\left|2 - \phi - \sqrt{\phi^2 - 4\phi}\right|} \qquad (3.23)$$

$$\phi = c_4 + c_5, \quad \phi > 4 \tag{3.24}$$

式 (3.23) 中 $k \in [0,1]$，从式 (3.24) 可以看出，ψ 同样与 c_4 和 c_5 有关，随着 ϕ 的线性增大，ψ 会非线性下降。

优化初始阶段，个体最优粒子和全局最优粒子大多数情况下相差较远，为了进一步扩大全局辅助粒子群的搜索范围，可以利用全局最优位置及个体最优位置差及个体当前迭代的适应值。速度更新方程为

$$
\begin{aligned}
v_{1ij}(t+1) =& \psi[v_{1ij}(t) + c_4 r_4(x_{1ij}^{\mathrm{P}}(t) - x_{1ij}(t)) + c_4 r_4(x_{1dj}^{\mathrm{G}}(t) - x_{1ij}(t))] \\
& + \frac{(0.5 - r_4)(x_{1dj}^{\mathrm{G}}(t) - x_{1ij}^{\mathrm{P}}(t))}{1 + \mathrm{e}^{1-F_i}}
\end{aligned}
\tag{3.25}
$$

式中，假设 $c_4 = c_5$(全用 c_4 代替); F_i 为当前个体粒子的适应值; $(0.5 - r_4)(x_{1dj}^{\mathrm{G}}(t) - x_{1ij}^{\mathrm{P}}(t))/(1 + \mathrm{e}^{1-F_i})$ 可以看成扰动部分，其有一定概率改变粒子群的寻优方向。全局辅助粒子群优化迭代初期，粒子适应值较大，部分个体最优粒子与全局最优粒子间距离较远，调整量大，因此能帮助全局辅助粒子群扩大搜索范围；优化迭代后期，粒子适应值较小，部分个体最优粒子与全局最优粒子间距离较近，调整量小，此时扰动部分的全局搜索能力被极大地削弱而基本失去作用。增加扰动部分主要是为了提高粒子群快速搜索全局最优区域的能力，在优化后期该速度更新方式也具有一定的局部搜索能力。式 (3.25) 中某个粒子位移示意图如图 3.11 所示。

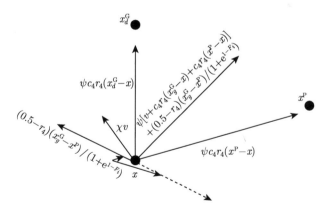

图 3.11　式 (3.25) 中某个粒子位移示意图

同样利用式 (1.2)、式 (3.3) 和式 (3.25) 可以得到

$$
\begin{aligned}
x_1(t+1) =& x_1(t) + \psi c_4 r_4(x_1^{\mathrm{G}}(t) - x_1(t)) + \psi c_4 r_4(x_1^{\mathrm{P}}(t) - x_1(t)) + \beta(x_1^{\mathrm{G}}(t) - x_1^{\mathrm{P}}(t)) \\
& + \psi(x_1(t) - x_1(t-1))
\end{aligned}
\tag{3.26}
$$

其中

$$\beta = \frac{0.5 - r_4}{1 + e^{1 - F_i}} \tag{3.27}$$

对式 (3.26) 进一步简化可以得到

$$x_1(t + 1) = \varsigma x_1(t) + \tau x_1^{\mathrm{G}}(t) + \tau_1 x_1^{\mathrm{P}}(t) - \psi x_1(t - 1) \tag{3.28}$$

其中

$$\varsigma = \psi(1 - 2c_4 r_4) + 1$$
$$\tau = \psi c_4 r_4 + \beta \tag{3.29}$$
$$\tau_1 = \psi c_4 r_4 - \beta$$

通过式 (3.28) 可以得到差分矩阵方程为

$$\left[\begin{array}{c} x(t + 1) \\ x(t) \end{array} \right] = C \left[\begin{array}{c} x(t) \\ x(t - 1) \end{array} \right] + D \tag{3.30}$$

其中

$$C = \left[\begin{array}{cc} \varsigma & -\psi \\ 1 & 0 \end{array} \right]$$
$$D = \left[\begin{array}{c} \tau x_1^{\mathrm{G}} + \tau_1 x_1^{\mathrm{P}} \\ 0 \end{array} \right] \tag{3.31}$$

很明显, 式 (3.31) 为非奇异矩阵, 因此可以得到特征值为

$$\lambda_1 = \frac{\varsigma + \sqrt{\varsigma^2 - 4\psi}}{2}$$
$$\lambda_2 = \frac{\varsigma - \sqrt{\varsigma^2 - 4\psi}}{2} \tag{3.32}$$

设 $x(t)$ 的特解 x^* 为 $m_a t$, 其中 m_a 为常数, 通过式 (3.28) 可以得到

$$m_a(t + 1) = \varsigma m_a t - \psi m_a(t - 1) + \tau x_1^{\mathrm{G}}(t) + \tau_1 x_1^{\mathrm{P}}(t) \tag{3.33}$$

进一步可以得到

$$m_a = \frac{\tau x_1^{\mathrm{G}}(t) + \tau_1 x_1^{\mathrm{P}}(t)}{t(1 + \psi - \varsigma) + 1 - \psi} \tag{3.34}$$

则特解为

$$x^* = \frac{(\tau x_1^{\mathrm{G}}(t) + \tau_1 x_1^{\mathrm{P}}(t))t}{t(1 + \psi - \varsigma) + 1 - \psi} \tag{3.35}$$

此时 $1 + \psi - \varsigma \neq 0$, 且分母也不为零。下面分别讨论特征值 λ_1 和 λ_2 在不同情况下, 差分方程的通解。

(1) 特征值 λ_1 和 λ_2 为两个不同的实根。

$x(t)$ 的解为

$$x(t) = C_1(\lambda_1)^t + C_2(\lambda_2)^t + x^* \tag{3.36}$$

式中，C_1 和 C_2 为常数，为了保证该解收敛，此时有

$$\begin{aligned} \varsigma + \sqrt{\varsigma^2 - 4\psi} < 2 \\ \varsigma - \sqrt{\varsigma^2 - 4\psi} > -2 \end{aligned} \tag{3.37}$$

其中

$$\varsigma^2 - 4\psi > 0 \tag{3.38}$$

求解式 (3.38) 可以得到

$$\begin{aligned} \psi(1 - 2c_4r_4) + 1 > 2\sqrt{\psi} \\ \psi(1 - 2c_4r_4) + 1 < -2\sqrt{\psi} \end{aligned} \tag{3.39}$$

如果 $c_4r_4=0.5$，则 $0 < \psi < 0.25$；如果 $c_4r_4 \neq 0.5$，则

$$\begin{aligned} c_4r_4 < \frac{\psi + 1 - 2\sqrt{\psi}}{2\psi} \\ c_4r_4 > \frac{\psi + 1 + 2\sqrt{\psi}}{2\psi} \end{aligned} \tag{3.40}$$

式 (3.37) 中第一个不等式恒成立；第二个不等式如果 $1 > c_4r_4$ 则恒成立，如果 $1 \leqslant c_4r_4$，则

$$\psi < \frac{1}{c_4r_4 - 1} \tag{3.41}$$

(2) 特征值 λ_1 和 λ_2 相等。

$x(t)$ 的解为

$$x(t) = (C_1 + C_2t)\lambda^t + x^* \tag{3.42}$$

特征值为重根 ($\lambda_1 = \lambda_2$)，可以得到

$$\varsigma^2 = 4\psi \tag{3.43}$$

求解式 (3.43) 可以得到

$$\begin{aligned} c_4r_4 = \frac{\psi + 1 - 2\sqrt{\psi}}{2\psi} \\ c_4r_4 = \frac{\psi + 1 + 2\sqrt{\psi}}{2\psi} \end{aligned} \tag{3.44}$$

为了保证 $x(t)$ 的解收敛，此时有

$$\varsigma < 2$$
$$\varsigma > -2$$

(3.45)

可以得到

$$c_4 r_4 > \frac{\psi + 1}{2\psi}$$

$$c_4 r_4 < \frac{\psi + 3}{2\psi}$$

(3.46)

(3) 特征值 λ_1 和 λ_2 为共轭复根。

$x(t)$ 的解为

$$x(t) = r^t [C_1 \cos(\theta t) + C_2 \sin(\theta t)] + x^*$$

(3.47)

假设

$$\xi = \frac{\varsigma}{2}$$

$$\mathrm{j}\zeta = \frac{\sqrt{\varsigma^2 - 4\psi}}{2}$$

(3.48)

其中

$$r = \sqrt{\xi^2 + \zeta^2}$$

$$\cos(\theta t) = \frac{\xi}{r}$$

$$\sin(\theta t) = \frac{\zeta}{r}$$

(3.49)

特征值为共轭复根，可以得到

$$\varsigma^2 < 4\psi$$

(3.50)

求解式 (3.50) 可以得到

$$c_4 r_4 > \frac{\psi + 1 - 2\sqrt{\psi}}{2\psi}$$

$$c_4 r_4 < \frac{\psi + 1 + 2\sqrt{\psi}}{2\psi}$$

(3.51)

为了保证 $x(t)$ 的解收敛，此时有

$$\varsigma + \sqrt{\varsigma^2 - 4\psi} < 2$$

$$\varsigma - \sqrt{\varsigma^2 - 4\psi} > -2$$

(3.52)

可以得到

$$\frac{\psi + 1 - \sqrt{2 + 2\psi}}{2\psi} < c_4 r_4 < \frac{\psi + 1 + \sqrt{2 + 2\psi}}{2\psi} \tag{3.53}$$

或

$$c_4 r_4 > \frac{\psi + 1 + \sqrt{2 + 2\psi}}{2\psi}$$

$$c_4 r_4 < \frac{\psi + 1 - \sqrt{2 + 2\psi}}{2\psi} \tag{3.54}$$

加速因子选取的范围如下:

$$c_4 > 2 \tag{3.55}$$

选取如上参数可以满足上述三种不同情况下的特征值。

2) 随机速度更新方式

为了进一步扩大搜索范围, 引入随机速度更新方式, 其目的是让全局辅助粒子群不受个体最优值和全局最优值的影响, 以粒子自身速度为基础进行随机更新, 该方式同样也可以随机改变该粒子群的寻优趋势。

随着粒子群迭代次数的不断增加, 大部分粒子最终会收敛在某个区间内, 因此可以得到

$$\lim_{t \to \infty} x(t+1) = \lim_{t \to \infty} x(t) = \lim_{t \to \infty} x(t-1) \tag{3.56}$$

结合式 (3.56) 和式 (2.16) 可以得到

$$\lim_{t \to \infty} x(t) = \frac{c_1 r_1 x^{P}(t)}{c_1 r_1 + c_2 r_2} + \frac{c_2 r_2 x^{G}(t)}{c_1 r_1 + c_2 r_2} \tag{3.57}$$

其中

$$\frac{c_1 r_1}{c_1 r_1 + c_2 r_2} < 1$$

$$\frac{c_2 r_2}{c_1 r_1 + c_2 r_2} < 1 \tag{3.58}$$

假设 $x^{G}(t) + x^{P}(t) = E$, 可以得到

$$\lim_{t \to \infty} x(t) < E \tag{3.59}$$

考虑式 (1.2) 可以得到

$$\lim_{t \to \infty} x(t) = \lim_{t \to \infty} (x(t-1) + v(t)) < E \tag{3.60}$$

进一步可以推出

$$\lim_{t \to \infty} v(t) < E - \lim_{t \to \infty} x(t) \tag{3.61}$$

考虑最大速度的限制可以得到

$$|E - \lim_{t \to \infty} x(t)| < V_{\max} \tag{3.62}$$

新速度更新方式可以参考式 (3.61)、式 (3.62) 和式 (1.7) 和式 (3.2)，可以得到该公式为

$$v_{1ij}(t+1) = v_{1ij}(t) + Fx - G \tag{3.63}$$

式中，G 项主要是为了防止粒子处于优化区间上界时速度更新值过大，其中

$$
\begin{aligned}
F &= \begin{bmatrix} a_1 & a_2 & \cdots & a_j \end{bmatrix}^{\mathrm{T}} \\
x &= \begin{bmatrix} x_{1i1}(t) & x_{1i2}(t) & \cdots & x_{1ij}(t) \end{bmatrix} \\
G &= \begin{bmatrix} a_1 V_{\max} \eta_1 & a_2 V_{\max} \eta_2 & \cdots & a_j V_{\max} \eta_j \end{bmatrix}^{\mathrm{T}}
\end{aligned}
\tag{3.64}
$$

式中，a_j 和 η_j 分别为随机量、粒子在优化区间内的分布概率。其中 a_j 和 η_j 分别为

$$a_j = 0.5 - r_j \tag{3.65}$$

$$\eta_j = \frac{x_{1ij}(t)}{x_{\max} - x_{\min}} \tag{3.66}$$

式 (3.63) 中粒子速度不受全局最优和局部最优位置的影响，以前一次速度为基础随机位移，某个粒子位移示意图如图 3.12 所示。

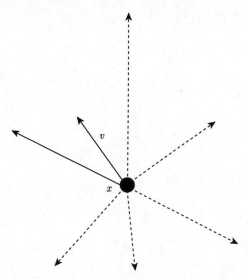

图 3.12　式 (3.63) 中某个粒子位移示意图

因为该速度更新方式不受历史最优位置的影响，随机性很强，如果有太大的概率以该种方式进行速度更新，虽然能够有效扩散粒子，但是会使得粒子群的优化

变得非常盲目, 不利于全局辅助粒子群找到全局最优区域 (往往全局最优区域范围很小), 为此需要使该速度更新方式的概率较小, 经过多次实验确定其更新概率为 0.1, 也就是说, 只有 0.1 的概率可以采用该速度更新方式, 而对于式 (3.25) 来说, 其更新概率则为 0.9。

采用随机速度更新方式的概率小, 且不会使最优粒子变差。

三个粒子群体共同提高了粒子群的多样性。主粒子群的速度更新方式具有全局和局部优化能力; 全局辅助粒子群的速度更新采用两种不同的方式, 按一定概率进行优化, 能加强全局优化能力, 有效地扩大了优化范围, 同时也提高了粒子群优化趋势的多样性; 局部辅助粒子群的主要目的是提高搜索精度。本节提出的多粒子群多速度更新方式的 PSO 相比于标准 PSO, 并没有过多增加需要调整的参数, 针对含有变流器的非线性对象能有效避免优化陷入局部最优值, 也加快了收敛速度。

MMPSO 优化流程如下。

(1) 主粒子群和全局辅助粒子群初始化, 主粒子群的初始化包括全局最优值和个体最优值的初始化; 主粒子中的部分差粒子通过复制组成与主粒子群同等数量的全局辅助粒子群, 全局辅助粒子群的全局最优值初始化。

(2) 优化初期 (0~10 代), 主粒子群通过式 (1.2) 和式 (1.7) 进行粒子更新, 全局辅助粒子群通过式 (1.2) 和式 (3.25) 或式 (3.63) 进行粒子更新; 此时两个粒子群不相互作用, 各自独立优化; 全局辅助粒子群的两种速度更新方式按一定概率进行:

$$\begin{cases} 速度更新方式为式 (3.25), & \text{rand} > 0.1 \\ 速度更新方式为式 (3.63), & 其他 \end{cases} \tag{3.67}$$

(3) 优化中期 (10~20 代), 对主粒子群中的差粒子进行变异, 差粒子为适应值较大的粒子; 主粒子群和全局辅助粒子群更新方式不变, 此时两种粒子群仍然独立更新。

(4) 优化后期 (20 代以后), 经过多次优化迭代后, 全局辅助粒子群已经能够提供更多信息, 此时可以让全局辅助粒子群中适应值较小的粒子代替主粒子群中同等位置上适应值较大的粒子; 主粒子群中差粒子同样也进行变异。

(5) 优化末期 (28 代后), 全局辅助粒子群能找到更优值, 则替代主粒子群同等位置上的粒子; 此时通过主粒子群中的全局最优值可以产生第三个粒子群体 —— 局部辅助粒子群 (产生公式为式 (3.20)), 优粒子的替代同样也是采用同等位置上的替代。

(6) 迭代次数达到 30 次后, 优化结束。

MMPSO 流程如图 3.13 所示。其中 iter 为当前迭代次数; maxiter 为最大迭代次数 (本章最大迭代次数为 30); x_{new} 和 v_{new} 分别为主粒子群粒子位置和速

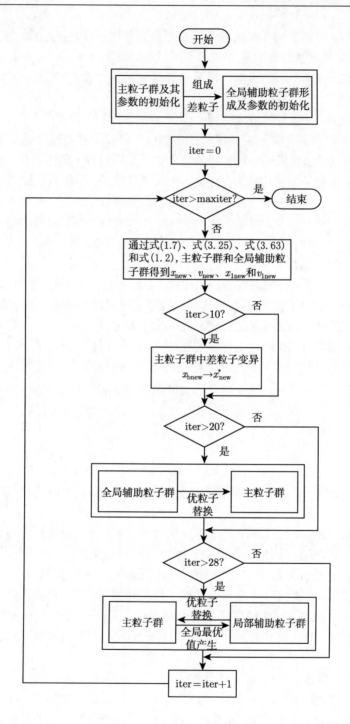

图 3.13　MMPSO 的流程图

度更新后的新粒子位置和新速度；$x_{1\text{new}}$ 和 $v_{1\text{new}}$ 分别为辅助粒子群粒子位置和速度更新后的新粒子位置和新速度；x_{bnew} 为主粒子群中的差粒子位置；x_{new}^* 为主粒子群中差粒子变异后的新粒子位置。

3.4　二进制粒子群优化算法的改进

为了提高 BPSO 的优化性能，以及 BPSO 的粒子多样性，将 BPSO 和 GA 相结合。BPSO-GA 的组成框架如图 3.14 所示。

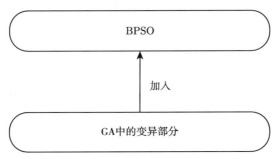

图 3.14　BPSO-GA 的组成框架

这里的改进是将 GA 中的变异部分加入 BPSO 中，其目的就是通过变异进一步扩大粒子群的优化区间，变异方式为

$$j = \text{ceil}(n \cdot \text{rand})$$

$$\text{swarm}(i,j) = \begin{cases} 1 - \text{swarm}(i,j), & \text{rand} > r_a \\ \text{swarm}(i,j), & \text{其他} \end{cases} \tag{3.68}$$

式中，n 为某一粒子转成二进制后的列数；r_a 为一常数。

BPSO-GA 优化流程如下。

(1) 粒子群初始化，利用十进制数先得到全局最优值和局部最优值，然后将初始化得到的十进制数值，以及全局最优值和局部最优值转换为二进制数。

(2) 迭代过程的速度更新和位置更新为式 (1.9)、式 (1.10) 和式 (1.2)；位置更新完成后，将粒子再进行变异，变异公式为式 (3.68)。

(3) 变异完成后，再将优化粒子从二进制数值转换为十进制数值，并计算目标函数值，然后对全局最优值和局部最优值进行更新。

(4) 检查优化是否达到要求，否则转到步骤 (2)。

参 考 文 献

[1] 张兴, 张崇巍. PWM 整流器及其控制[M]. 北京：机械工业出版社, 2012.

[2] 孙明玮, 焦纲领, 杨瑞光, 等. PI 控制下开环不稳定对象可行稳定裕度范围的研究[J]. 自动化学报, 2011, 37(3): 385-388.

[3] Papadopoulos K G, Tselepis N D, Margaris N I, et al. Analytical tuning rules for digital PID type controllers via the magnitude optimum criterion[C]. IEEE International Conference on Industrial Technology, Athens, 2012: 875-880.

[4] 王亚刚, 许晓鸣, 邵惠鹤. 基于 Ziegler-Nichols 频率响应方法的自适应 PID 控制[J]. 控制工程, 2012, 19(4): 607-609, 613.

[5] 闫士杰, 纪茂新, 黄丽萍, 等. 带多频段采样观测器的单相逆变器控制[J]. 中国电机工程学报, 2012, 33(12): 81-89.

[6] 胡巨, 赵兵, 王俊, 等. 三相光伏并网逆变器准比例谐振控制器设计[J]. 可再生能源, 2014, 32(2): 152-157.

[7] 孟建辉, 石新春, 付超, 等. 基于 PR 控制的光伏并网电流优化控制[J]. 电力自动化设备, 2014, 34(2): 42-47.

[8] 安芳. PID 控制器参数整定及其在逆变控制上的应用[D]. 南昌: 南昌航空大学, 2013.

[9] Kennedy J, Eberhart R. Particle swarm optimization[C]. Proceedings of International Conference on Neural Networks, Perth, 1995: 1942-1948.

[10] Yuan J X, Pan J B, Fei W L, et al. An immune-algorithm-based space-vector pwm control strategy in a three-phase inverter[J]. IEEE Transactions on Industrial Electronics, 2013, 60(5): 2084-2093.

[11] 张少伟. SVPWM 在有源逆变中的研究与应用[D]. 北京: 华北电力大学, 2009.

[12] 王翠. 级联多电平逆变器 SVPWM 技术的算法研究与实现[D]. 长沙: 湖南大学, 2011.

[13] Holland J H. Adaptation in natural and artifieial system[D]. Ann Arbor: University of Michigan, 1975.

[14] 曹道友. 基于改进遗传算法的应用研究[D]. 合肥: 安徽大学, 2010.

[15] 姜昌华. 遗传算法在物流系统优化中的应用研究[D]. 上海: 华东师范大学, 2007.

[16] 朱灿. 实数编码遗传算法机理分析及算法改进研究[D]. 长沙: 中南大学, 2009.

第4章 改进粒子群优化算法在单相逆变器中的应用

4.1 引　言

能将直流电转换成交流电的变流器称为逆变器，在实际应用中逆变器一般作为电源给其他装置或者设备供电。单相逆变器是逆变器的基础，其按一定顺序开关多个功率器件，将直流电转换成单相交流电。根据直流电源的性质不同，单相逆变器可以分为：电压型单相逆变器，其直流侧为电压源；电流型单相逆变器，其直流侧为电流源。本章研究的逆变器为电压型单相全桥逆变器，其由四个功率开关管组成，功率开关管为全控器件，其特点如下。

(1) 直流侧电压的脉动很小。

(2) 功率开关管阻抗较低，当开关管导通时，逆变器的交流侧输出的电压只由直流侧电压决定，当开关管断开时，逆变器的交流侧无输出电压，其总的输出波形为矩形波，且不受负载类型的影响。

(3) 一般情况下，滤波器是由电感和电容组成的 LC 滤波器，当全桥逆变中有一组功率器件关断时，滤波电感或具有感性无功的负载仍然存在无功能量，这些无功能量需要通过与功率开关管并联的二极管回流到直流侧电容，因此该二极管称为续流二极管。

单相逆变器的调制方式有直接给占空比的方波调制和脉冲宽度调制 (pulse width modulation, PWM) 调制，其中 PWM 调制包括单极性 PWM、双极性 PWM 和倍频 PWM 等。多数情况下，只采用不同调制方式的开环控制无法满足逆变器动态变化时的快速响应、负载变化时的稳压精度及输出电压质量等性能指标，可以通过引入反馈手段来修正系统性能，使之达到预定目标[1~3]。

常见的控制方式有单环控制、双闭环控制和多环控制；控制信号有平均值信号控制和瞬时值信号控制；而控制策略则包括：非智能控制，如 PI (比例积分) 控制、QPR (准比例谐振) 控制、重复控制等，智能控制，如模糊控制、神经网络控制等方法[4]。

对于一般的应用场合，采用 PI 或者 QPR 控制就能应对，其控制参数决定了逆变器的控制性能。本章结合第 3 章的改进粒子群优化算法对这两种控制器的控制参数进行优化，以达到提高控制精度的目的。

本章首先介绍单相逆变器的组成、调制原理、控制策略和优化目标函数，然后建立离线优化模型,采用第 3 章所给的 MMPSO 进行实验验证,并与 PSO、PSO-CF 和 EPSOWP 进行实验对比。

4.2　电压型单相全桥逆变器的组成及多种调制原理

4.2.1　电压型单相全桥逆变器的组成与运行状态分析

电压型全桥逆变器的电路如图 4.1 所示。

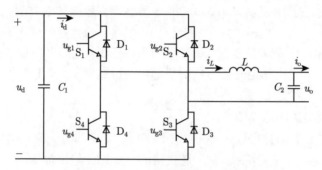

图 4.1　电压型全桥逆变器的电路结构

图中,C_1、C_2 和 L 分别代表直流侧电容、交流侧电容和电感;$S_n(n=1, 2, 3, 4)$ 和 $D_n(n=1, 2, 3, 4)$ 分别代表功率开关管和续流二极管;$u_{gn}(n=1, 2, 3, 4)$、u_d、i_d、i_L、u_o 和 i_o 分别为控制脉冲信号、直流侧电压、直流侧电流、电感电流、输出电压和输出电流。直流侧电容的作用不但可以抑制电压纹波,而且能为交流侧提供无功电流的流通回路。LC 滤波不但可以滤除截止频率后的高次谐波,而且也能为逆变输出电压提供无功支撑。通过 LC 滤波后的电压 u_o 不再是方波,其实际波形根据调制方式而定 (在 4.2.2 节详细介绍)。输出电流 i_o 由输出电压和负载特性共同决定。为了防止上下同时导通而短路,S_1 和 S_4(S_2 和 S_3) 不能同时导通,一般情况下其导通时间互补。

假设负载为恒定的阻性负载,电流从左往右为正,直流侧电压恒定,初始状态下所有储能元件的电能为零。下面分多种情况进行讨论。

情况 1:S_1 和 S_3 首先导通,S_2 和 S_4 关断,其电流回路图如图 4.2 所示。

图 4.2 中,u_{o1} 为逆变交流侧输出电压 (为正),此时电感电流方向为正,忽略功率开关管的压降,可以得到

$$u_{o1} \approx u_d \tag{4.1}$$

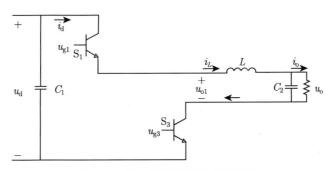

图 4.2　第 1 种情况下的电流回路

情况 2：S_2 和 S_4 刚开通，S_1 和 S_3 关断，此时电感中储存着电能，S_2 和 S_4 无法马上导通，其电流回路图如图 4.3 所示。

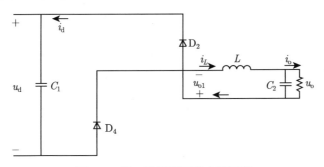

图 4.3　第 2 种情况下的电流回路

图 4.3 中，电感电流方向仍然为正，但此时交流侧电压已经反向，忽略功率开关管的压降，可以得到

$$u_{o1} \approx -u_d \tag{4.2}$$

情况 3：S_2 和 S_4 导通，S_1 和 S_3 关断，此时电感中储存的电能已经释放，其电流回路图如图 4.4 所示。

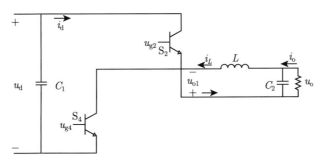

图 4.4　第 3 种情况下的电流回路

图 4.4 中，电感电流方向已经反向，交流侧输出电压仍然为负值，忽略功率开关管的压降，可以得到

$$u_{o1} \approx -u_d \tag{4.3}$$

情况 4：S_1 和 S_3 开通，S_2 和 S_4 关断，此时电感中储存着电能，S_1 和 S_3 暂时无法导通，其电流回路图如图 4.5 所示。

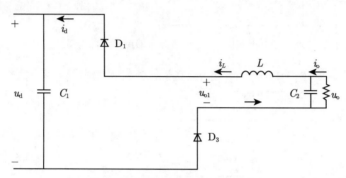

图 4.5　第 4 种情况下的电流回路

图 4.5 中，电感电流方向仍然为负，但此时交流侧电压已经反向，忽略功率开关管的压降，可以得到

$$u_{o1} \approx u_d \tag{4.4}$$

导电回路没有改变，只是在电流过零后从续流二极管转移到功率开关管 (如 D_1 转移到 S_1 等)，电流在同一桥臂内器件间的转移称为自然换流方式；导电回路改变，因功率开关管开关更替，所以在电流没有过零时被强制从一个桥臂换到互补的另一个桥臂 (如 S_1 转移到 S_4 等)，电流在互补桥臂间的转移称为强迫换流方式。u_o 和 i_o 的具体波形受滤波大小、调制模式的影响，电流则还受负载影响，具体波形在 4.2.2 节介绍。按照上面 4 种情况不断循环，最终可以连续地将直流电转换成交流电。

4.2.2　电压型单相全桥逆变器调制方式介绍

1. 方波

1) 基本原理

分析前先假设功率开关器件为理想器件 (无损耗，开关可瞬间完成)；直流电源恒定，电压纹波很小。上述条件在接下来介绍的不同调制方式中不变。单相全桥逆变器的部分波形如图 4.6 所示。

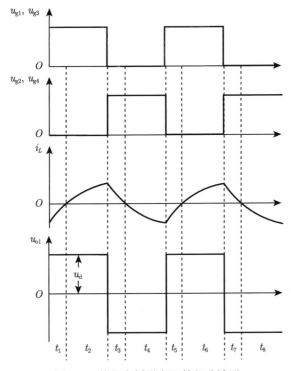

图 4.6 单相全桥逆变器的部分波形

图 4.6 中，周期为 2π，每个开关管的脉冲信号的占空比 $D = 0.5$，脉冲信号为高电平时开关管开通，同一侧的上下桥臂对应的脉冲信号互补，在 $D = 0.5$ 的情况下存在 $u_{g1} = u_{g3}(u_{g2} = u_{g4})$，这种脉冲信号方式称为方波；当 S_1 和 S_3 开通时，或 D_1 和 D_3 导通时，交流侧输出电压为正，反之，交流侧输出电压为负；时刻 t_1 和 t_5 对应的是 4.2.1 节中的情况 4，t_2 和 t_6 对应的是情况 1，t_3 和 t_7 对应的是情况 2，t_4 和 t_8 对应的是情况 3。

电压型逆变器主要考虑输出电压，接下来对输出电压进行分析。一个周期函数的傅里叶级数为

$$f(x) = a_0 + \sum_{k=1}^{\infty} [a_k \cos(\omega_k t) + b_k \sin(\omega_k t)] \tag{4.5}$$

其中

$$\omega_k = \frac{2\pi k}{T} = k\omega \tag{4.6}$$

式中, T 代表函数周期。a_0 代表直流分量, a_k 和 $b_k(k \neq 0)$ 代表其他各次谐波, 这些系数的组成公式为

$$
\begin{aligned}
a_0 &= \frac{1}{T} \int_0^T f(t) \mathrm{d}t \\
a_k &= \frac{2}{T} \int_0^T f(t) \cos(\omega_k t) \mathrm{d}t \\
b_k &= \frac{2}{T} \int_0^T f(t) \sin(\omega_k t) \mathrm{d}t
\end{aligned}
\tag{4.7}
$$

从图 4.6 中可以看出 $u_{\mathrm{o}1}$ 为奇函数, 设直流电压 u_d 的有效值为 U_d, 结合式 (4.7) 的系数计算公式可以得到 a_0 和 a_k 分别为

$$
\begin{aligned}
a_0 &= \frac{1}{2\pi} \int_0^\pi U_\mathrm{d} \mathrm{d}(\omega t) + \frac{1}{2\pi} \int_\pi^{2\pi} (-U_\mathrm{d}) \mathrm{d}(\omega t) = 0 \\
a_k &= \frac{1}{\pi} \int_0^\pi U_\mathrm{d} \cos(\omega_k t) \mathrm{d}(\omega t) + \frac{1}{\pi} \int_\pi^{2\pi} (-U_\mathrm{d}) \cos(\omega_k t) \mathrm{d}(\omega t) = 0
\end{aligned}
\tag{4.8}
$$

单独考虑 b_k, 可以得到

$$
b_k = \frac{1}{\pi} \int_0^\pi U_\mathrm{d} \sin(\omega_k t) \mathrm{d}(\omega t) + \frac{1}{\pi} \int_\pi^{2\pi} (-U_\mathrm{d}) \sin(\omega_k t) \mathrm{d}(\omega t) = \begin{cases} \dfrac{4U_\mathrm{d}}{k\pi}, & k = 1, 3, 5, \cdots \\ 0, & k = 2, 4, 6, \cdots \end{cases}
\tag{4.9}
$$

将式 (4.9) 代入式 (4.5) 可得

$$
u_{\mathrm{o}1} = \sum_{k=1}^\infty \left[\frac{4U_\mathrm{d}}{k\pi} \sin(\omega_k t) \right], \quad k = 1, 3, 5, 7, \cdots
\tag{4.10}
$$

设交流侧输出电压的基波幅值为 $U_{\mathrm{o}1}$, $U_{\mathrm{o}1\mathrm{a}}$ 为有效值, $U_{\mathrm{o}k}(k=3, 5, 7, 9, \cdots)$ 为其他次幅值, 可以得到

$$
\begin{aligned}
U_{\mathrm{o}1} &= \frac{4U_\mathrm{d}}{\pi} \\
U_{\mathrm{o}1\mathrm{a}} &= \frac{4U_\mathrm{d}}{\sqrt{2}\pi} \\
U_{\mathrm{o}k} &= \frac{4U_\mathrm{d}}{k\pi}, \quad k = 3, 5, 7, \cdots
\end{aligned}
\tag{4.11}
$$

2) 方波情况下单相全桥逆变的仿真实现

按照前面给出的条件, 在 MATLAB 中建立 Simulink 仿真模型如图 4.7 所示。

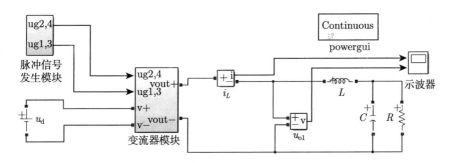

图 4.7 单相全桥逆变器的 Simulink 仿真模型

图 4.7 中，为了保证该模型能够正常运行，需要添加 powergui 模块，其中 $u_d = 100\text{V}$，$L = 10\text{mH}$，$C = 6\mu\text{F}$，$R = 4\Omega$。该模型包括了直流电源部分、脉冲信号发生模块、变流器模块、电压和电流检测模块、示波器、LC 滤波部分和负载 R。其中，脉冲信号发生模块和变流器模块内部结构如图 4.8 所示。

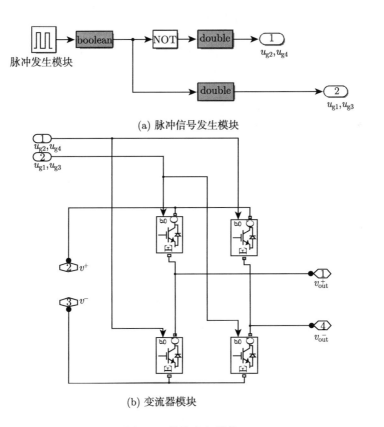

(a) 脉冲信号发生模块

(b) 变流器模块

图 4.8 模块内部结构

图 4.8(a) 中, 脉冲发生模块的脉冲信号占空比 $D = 0.5$, 方波频率为 50Hz, 因此需要对该模块中的部分参数进行修改, 参数修改窗口如图 4.9 所示。

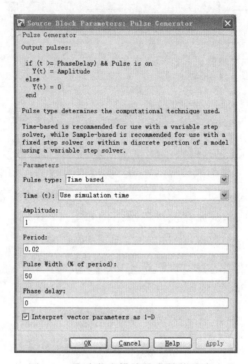

图 4.9　脉冲发生模块的参数修改窗口

图中需要修改的参数为 Period 和 Pulse Width, Period 为一个周期的时间, 其值为 0.02s; Pulse Width 是占空比, 其值为 50。

单相全桥逆变仿真模型中的逆变交流侧输出电压和电感电流波形如图 4.10 所示。

从图 4.10 可以看出, 因为有滤波电感的充放电能, 该波形与图 4.6 中理论波形相似。该仿真模型中, 负载电压波形如图 4.11 所示。

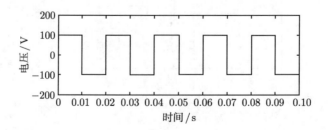

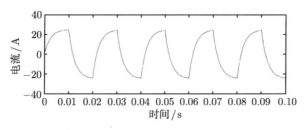

图 4.10 逆变交流侧输出电压和电感电流波形

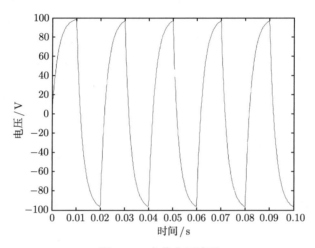

图 4.11 负载电压波形

从图 4.11 可以看出，负载电压和电感电流波形类似，THD 为 18.3%，通过 LC 滤波后，交流侧输出方波电压中的高次谐波被滤除，所以负载电压与机侧输出电压不同。

3) 方波逆变的特点

(1) 交流侧输出电压不可调。由式 (4.11) 可以看出，交流侧输出电压有效值只与直流侧电压有关。

(2) 负载电压谐波高。交流侧输出电压为方波，其 THD 约为 48%，总谐波畸变率高，即使有低通滤波电路也只能滤除掉高次谐波，无法消除低次谐波的影响，所以负载电压的总谐波畸变率一样很高。

(3) 直流电压利用率高。基波电压增益为

$$\frac{U_{o1}}{U_d} = \frac{4}{\pi} > 1 \tag{4.12}$$

从式 (4.12) 可以看出，直流电压的利用率大于 1，比其他逆变电路的直流电压利用率要高。

(4) 死区时间降低谐波质量。因为实际的功率器件开通关断需要时间，如果上下桥臂脉冲信号互补，在换流时会出现上下桥臂同时导通的情况而发生短路，因此需要添加死区时间防止上下桥臂同时导通。而增加死区时间会降低波形质量。

2. 双极性 SPWM 调制

1) 基本原理

SPWM(sinusoidal pulse width modulation) 将调制波与载波相结合，产生按正弦规律变化的脉冲信号来控制功率开关管的通断，在相对应的区域内，脉冲信号的电压面积与所期望的正弦波面积相等。与方波不同的是，SPWM 中的调制波为正弦波，可以通过改变该正弦波的频率和幅值来调节逆变输出电压的频率和幅值。双极性 SPWM 调制的单相全桥逆变器部分波形如图 4.12 所示。

图 4.12 中，u_c 和 u_g 分别代表载波和调制波；脉冲信号 $u_{gn}(n=1, 2, 3, 4)$ 的占空比不再是固定值，仍然有 $u_{g1} = u_{g3}(u_{g2} = u_{g4})$，上下桥臂互补；当开关管开通时，仍然有 $u_{o1} = u_d$ 或 $u_{o1} = -u_d$。

调制信号 u_g 为正弦波，可以表示为

$$u_g = U_g\sin(\omega t) \tag{4.13}$$

式中，U_g 为调制信号幅值；角频率 $\omega = 2\pi f_g$，f_g 为调制波频率。载波 u_c 的幅值为 U_c，可以得到调制比 m 为

$$m = \frac{U_g}{U_c} \tag{4.14}$$

还有一点值得注意，如果载波频率越高，一个周期内开关管通断的次数也会越多，可以定义频率比 K 为

$$K = \frac{f_c}{f_g} \tag{4.15}$$

式中，f_c 为载波的频率。

与方波类似，该调制波也是半波对称，结合式 (4.5) 和式 (4.7) 可以得到 a_0 和 a_k 分别为 0。单独考虑 b_k，利用式 (4.5) 和式 (4.7) 可以得到

$$u_{o1}^* = \sum_{k=1}^{\infty} [U_{ok}^* \sin(\omega_k t)], \quad k = 1, 3, 5, 7, \cdots \tag{4.16}$$

式中，交流侧输出电压的基波幅值为 U_{ok}^*，将图 4.12 中的交流侧电压第一个 1/4 周期的波形放大，如图 4.13 所示。

系数 b_k 为

$$b_k = \frac{2}{\pi} \int_0^{\pi} U_d \sin(\omega_k t)\mathrm{d}(wt) = \frac{4U_d}{\pi} \int_0^{\frac{\pi}{2}} \sin(\omega_k t)\mathrm{d}(wt) \tag{4.17}$$

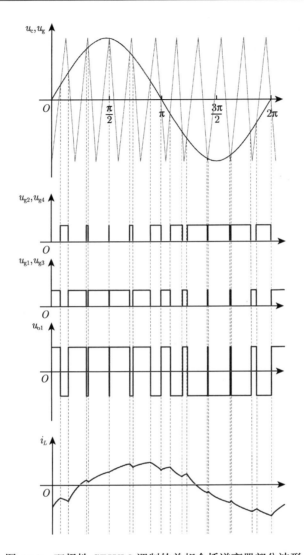

图 4.12 双极性 SPWM 调制的单相全桥逆变器部分波形

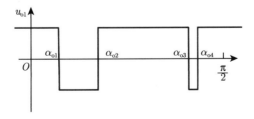

图 4.13 1/4 周期的波形放大图

由图 4.13 可以进一步推出

$$
\begin{aligned}
\frac{4U_\mathrm{d}}{\pi}\int_0^{\frac{\pi}{2}}\sin(\omega_k t)\mathrm{d}(wt) =& \frac{4U_\mathrm{d}}{\pi}\int_0^{\alpha_{\mathrm{o}1}}\sin(\omega_k t)\mathrm{d}(wt) - \frac{4U_\mathrm{d}}{\pi}\int_{\alpha_{\mathrm{o}1}}^{\alpha_{\mathrm{o}2}}\sin(\omega_k t)\mathrm{d}(wt) \\
&+ \frac{4U_\mathrm{d}}{\pi}\int_{\alpha_{\mathrm{o}2}}^{\alpha_{\mathrm{o}3}}\sin(\omega_k t)\mathrm{d}(wt) - \frac{4U_\mathrm{d}}{\pi}\int_{\alpha_{\mathrm{o}3}}^{\alpha_{\mathrm{o}4}}\sin(\omega_k t)\mathrm{d}(wt) \\
&+ \frac{4U_\mathrm{d}}{\pi}\int_{\alpha_{\mathrm{o}4}}^{\frac{\pi}{2}}\sin(\omega_k t)\mathrm{d}(wt)
\end{aligned}
\tag{4.18}
$$

由式 (4.18) 和式 (4.16) 可以得到

$$
U_{\mathrm{o}k}^* = b_k = \frac{4U_\mathrm{d}}{k\pi}\left[1 - 2\cos(\omega_k\alpha_{\mathrm{o}1}) + 2\cos(\omega_k\alpha_{\mathrm{o}2}) - 2\cos(\omega_k\alpha_{\mathrm{o}3}) + 2\cos(\omega_k\alpha_{\mathrm{o}4})\right]
\tag{4.19}
$$

进一步可以得到

$$
\begin{aligned}
u_{\mathrm{o}1}^* =& \sum_{k=1}^{\infty}\frac{4U_\mathrm{d}}{k\pi}[1 - 2\cos(\omega_k\alpha_{\mathrm{o}1}) + 2\cos(\omega_k\alpha_{\mathrm{o}2}) - 2\cos(\omega_k\alpha_{\mathrm{o}3}) \\
&+ 2\cos(\omega_k\alpha_{\mathrm{o}4})]\sin(\omega_k t), \quad k = 1,3,5,7,\cdots
\end{aligned}
\tag{4.20}
$$

将式 (4.6) 代入式 (4.20) 可得基波幅值

$$
\begin{aligned}
U_{\mathrm{o}1}^* =& \frac{4U_\mathrm{d}}{\pi}[1 - 2\cos(w\alpha_{\mathrm{o}1}) + 2\cos(w\alpha_{\mathrm{o}2}) - 2\cos(w\alpha_{\mathrm{o}3}) \\
&+ 2\cos(w\alpha_{\mathrm{o}4})]
\end{aligned}
\tag{4.21}
$$

由式 (4.21) 和式 (4.11) 可以看出

$$
U_{\mathrm{o}1}^* \leqslant U_{\mathrm{o}1}
\tag{4.22}
$$

可以看出,双极性 SPWM 调制情况下的基波幅值要小于方波情况下的基波幅值。

从式 (4.21) 可以看出,交流侧电压不但受直流侧电压影响,还受载波与调制波交叉点产生的开关角 α_o 的影响。有两种方式可以影响开关角:第一种是增加或减小载波频率,这样一个周期内功率开关管的通断次数也会随之增加或减小;第二种就是改变调制波的幅值,这同样也会改变调制比。一般来说,载波固定不变,只通过改变调制波的幅值来达到改变开关角的目的。

调制波幅值的改变意味着调制比的改变,计算调制比时需要得到不同的开关角,这样使得求解调制比变得过于复杂,为了计算方便,可以采用现阶段最常用的方式 —— 平均值模型分析法 (规则采样法),该方法只有在载波频率远大于调制波频率时才成立,此时可以将一个载波周期中调制波的平均值等效为瞬时值。

取一个载波周期的调制波和载波,载波和调制波的关系如图 4.14 所示。

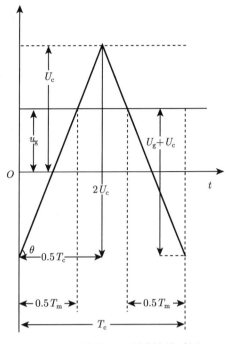

图 4.14 载波和调制波的关系图

图 4.14 中，T_c 为一个周期载波时间，T_m 为脉宽，θ 为夹角。因为 $f_c \gg f_g$，所以调制波在载波的一个周期内可以看成一条变化不大的直线，则交流侧输出电压平均值近似等于其基波瞬时值。

由图 4.14 和图 4.12 可以得到一个载波周期内，交流侧输出电压的平均值为

$$\bar{u}_{o1} = \frac{1}{T_c} \int_0^{T_c} u_{o1} \mathrm{d}t \tag{4.23}$$

进一步可以推出

$$\frac{1}{T_c} \int_0^{T_c} u_{o1} \mathrm{d}t = \frac{1}{T_c} \left(\int_0^{\frac{T_m}{2}} U_d \mathrm{d}t - \int_{\frac{T_m}{2}}^{T_c - \frac{T_m}{2}} U_d \mathrm{d}t + \int_{T_c - \frac{T_m}{2}}^{T_c} U_d \mathrm{d}t \right) = \frac{1}{T_c}(2T_m - T_c)U_d \tag{4.24}$$

占空比 D 为

$$D = \frac{T_m}{T_c} \tag{4.25}$$

将式 (4.25) 代入式 (4.23) 可以得到

$$\bar{u}_{o1} = (2D - 1)U_d \tag{4.26}$$

由式 (4.26) 可以看出，当直流电压恒定时，通过调节占空比就能决定交流侧输出电压的平均值，大大简化了计算，分析占空比前由图 4.14 可以得到一些函数关系，这些函数关系为

$$
\begin{aligned}
\frac{2U_c}{\Delta} &= \frac{U_c + u_g}{\Delta'} \\
\Delta &= \frac{0.5T_c}{\cos\theta} \\
\Delta' &= \frac{0.5T_m}{\cos\theta}
\end{aligned}
\tag{4.27}
$$

式中，Δ 和 Δ' 为中间变量，代表不同的载波斜面，该式可以推出

$$
\frac{U_c + u_g}{2U_c} = \frac{\Delta'}{\Delta} = \frac{T_m}{T_c} = D
\tag{4.28}
$$

将式 (4.28) 代入式 (4.26) 可以推出

$$
\bar{u}_{o1} = \frac{U_d}{U_c} u_g = \frac{U_d}{U_c} U_g \sin(\omega t)
\tag{4.29}
$$

由式 (4.29) 可以看出，交流侧电压平均值还与载波和调制波有关，也就相当于与调制比有关，在 $f_c \gg f_g$ 时考虑如下关系有

$$
\bar{u}_{o1} = mU_d \sin(\omega t) = U_{o1}^* \sin(\omega t)
\tag{4.30}
$$

即

$$
m = \frac{U_{o1}^*}{U_d}
\tag{4.31}
$$

式 (4.31) 也代表直流电压的利用率，且只有 $U_g \leqslant U_c$ 时才成立，此时随着调制比的线性变化，电压利用率随之线性变化，在该情况下的电压利用率要小于方波情况下的电压利用率。调制比大于 1 的情况将在三相逆变部分介绍。

2) 双极性 SPWM 调制的单相全桥逆变仿真实现

该方式的 Simulink 仿真模型与图 4.7 一样，唯一不同的就是脉冲信号发生模块，该模块的内部结构如图 4.15 所示。

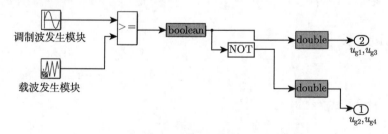

图 4.15　双极性 SPWM 脉冲信号发生模块

图 4.15 中，调制波发生模块和载波产生模块的参数均要做出相应调整，调制波发生模块中参数修改窗口如图 4.16 所示。

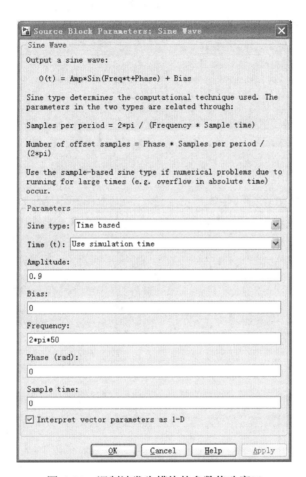

图 4.16 调制波发生模块的参数修改窗口

仿真中调制比为 0.9，因载波幅值为 1，所以图中 Amplitude 的值设置为 0.9；调制波的频率为 50Hz，设置 Frequency 为 100π。

载波产生模块中参数修改窗口如图 4.17 所示。

载波为三角波，载波频率为 10kHz，设置 Time values 可以得到不同频率的载波，一般设置为 $[0\ 1/F'/4\ 3/F'/4\ 1/F']$，其中 F' 代表载波频率，因需要 10kHz 的载波频率，得到 F'=10000Hz；Output values 代表三角波四个时间点的值，这里设置为 $[0\ -1\ 1\ 0]$。

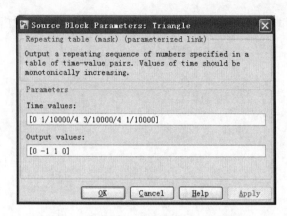

图 4.17 载波发生模块的参数修改窗口

单相全桥逆变仿真模型中的逆变交流侧输出电压和电感电流波形如图 4.18 所示。图中，单相逆变输出电压的 THD 约为 119.34%，电感电流的 THD 约为 1.14%。

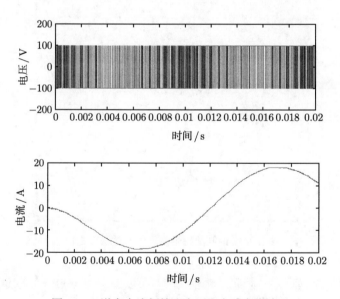

图 4.18 逆变交流侧输出电压和电感电流波形

载波频率 10kHz 远大于调制波频率，逆变交流侧输出电压经过 LC 滤波后，负载电压呈正弦波，如图 4.19 所示。

3) 双极性 SPWM 逆变的特点

(1) 逆变输出电压幅值可调。由式 (4.31) 可知，电压利用率由调制比决定，当

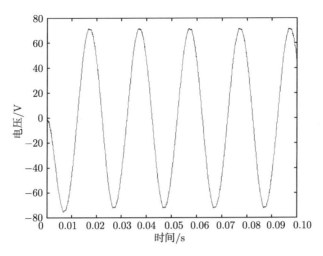

图 4.19　负载电压波形

直流电压确定时，改变调制比就能改变逆变输出电压幅值。但是该调制方式的直流电压利用率低于方波逆变的直流电压利用率。

(2) 负载电压的总谐波畸变率较低。负载电压总谐波畸变率低于方波逆变的总谐波畸变率，且载波频率越高，谐波含量越低。但是随着载波频率的提高，功率器件的开关损耗也会随之增加。

(3) 死区时间影响波形质量。为了防止互补的上下桥臂同时导通而短路，需要增加死区时间，这样会降低输出电压的质量。

3. 单极性 SPWM 调制

1) 基本原理

与双极性 SPWM 不同的是，单极性 SPWM 每半个周期只有单侧输出电压，只有零电压和与直流电压同方向或反方向等幅值的电压。单极性 SPWM 调制的单相全桥逆变器部分波形如图 4.20 所示。单极性 SPWM 逆变电路有两个功率开关管是半周期开关，其运行状态与双极性 SPWM 和方波的运行状态有所不同。

2) 运行状态分析

假设负载为恒定的阻性负载，电流从左向右为正，直流侧电压恒定，初始状态下所有储能元件的电能为零。同样分多种情况进行讨论。

情况 1：S_1 和 S_2 首先开通，S_3 和 S_4 关断，其电流回路图如图 4.21 所示。

图 4.21 中，逆变交流侧输出电压为零，因初始状态无电能储能，此时电感电流为零。

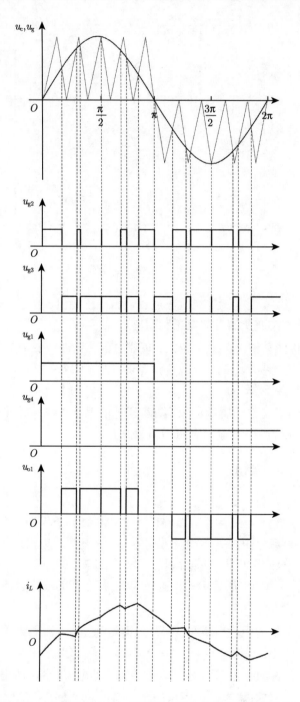

图 4.20　单极性 SPWM 调制的单相全桥逆变器部分波形

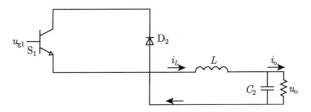

图 4.21　第 1 种情况下的电流回路

情况 2：S_1 和 S_3 开通，S_2 和 S_4 关断，其电流回路图如图 4.22 所示。

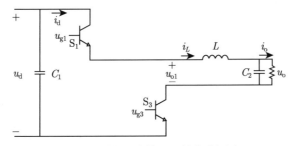

图 4.22　第 2 种情况下的电流回路

图 4.22 中，逆变交流侧输出电压 u_{o1} 为正，电感电流方向为正，忽略功率开关管的压降，可以得到

$$u_{o1} \approx u_d \tag{4.32}$$

情况 3：S_1 和 S_3 开通，S_2 和 S_4 关断。

该情况的电流回路与情况 1 相同，但此时存在电流，电流方向为正。

情况 4：交流侧输出电压为负时，S_3 和 S_4 开通，S_1 和 S_2 关断，其电流回路图如图 4.23 所示。

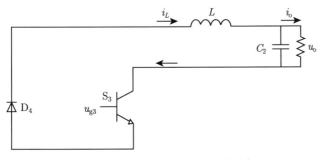

图 4.23　第 4 种情况下的电流回路

图 4.23 中, 交流侧输出电压为零, 电感电流为正。

情况 5: S_2 和 S_4 开通, S_1 和 S_3 关断, 其电流回路图如图 4.24 所示。

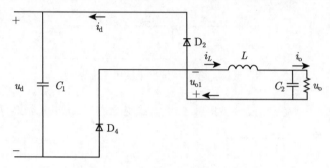

图 4.24　第 5 种情况下的电流回路

图 4.24 中, 逆变交流侧输出电压 u_{o1} 为负, 电感电流方向为正, 忽略功率开关管的压降, 可以得到

$$u_{o1} \approx -u_d \tag{4.33}$$

以上是电感电流非负时的几种运行状态, 当电感电流方向为负时, 也可用同样的方法进行分析。

3) 交流侧输出电压分析

交流侧输出电压与双极性类似, 不含偶次谐波, 采用常规方法对单极性 SPWM 逆变进行分析同样需要计算开关角, 这里直接采用平均值模型分析法分析交流侧输出电压。

同样有 $f_c \gg f_g$, 取一个载波周期的调制波和载波, 载波和调制波的关系如图 4.25 所示。

一个载波周期内, 交流侧输出电压的平均值为

$$\bar{u}_{o1} = \frac{1}{T_c} \int_0^{T_c} u_{o1} \mathrm{d}t \tag{4.34}$$

进一步可以推出

$$\frac{1}{T_c} \int_0^{T_c} u_{o1} \mathrm{d}t = \frac{1}{T_c} \left(\int_0^{\frac{T_m}{2}} U_d \mathrm{d}t + \int_{T_c - \frac{T_m}{2}}^{T_c} U_d \mathrm{d}t \right) = \frac{T_m}{T_c} U_d \tag{4.35}$$

可以得到

$$\bar{u}_{o1} = D U_d \tag{4.36}$$

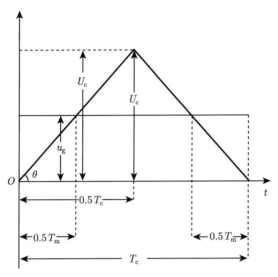

图 4.25 载波和调制波的关系图

分析图 4.25 可以得到一些三角关系，这些关系为

$$\frac{U_c}{\Delta} = \frac{U_g}{\Delta'}$$

$$\Delta = \frac{0.5T_c}{\cos\theta}$$

$$\Delta' = \frac{0.5T_m}{\cos\theta} \tag{4.37}$$

式中，Δ 和 Δ' 为中间变量，代表不同的载波斜面，该式可以推出

$$\frac{u_g}{U_c} = D \tag{4.38}$$

将式 (4.38) 代入式 (4.36) 可以推出

$$\bar{u}_{o1} = \frac{U_d}{U_c}u_g = \frac{U_d}{U_c}U_g\sin(\omega t) \tag{4.39}$$

式 (4.39) 与式 (4.29) 完全相同，即直流电压的利用率也等于调制比，即

$$m = \frac{U_{o1}^*}{U_d} \tag{4.40}$$

同样随着调制比的线性变化，电压利用率随之线性变化，电压利用率也要小于方波情况下的电压利用率。

4) 单极性 SPWM 调制的单相全桥逆变仿真实现

该方式的 Simulink 仿真模型与图 4.7 一样，参数与双极性 SPWM 参数相同，不同的是脉冲信号发生模块，该模块的内部结构如图 4.26 所示。

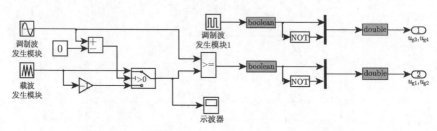

图 4.26　单极性 SPWM 脉冲信号发生模块

图 4.26 中，调制波发生模块为正弦波产生模块，其参数与双极性 SPWM 相同；载波为等腰三角载波产生模块，其频率与双极性 SPWM 相同；调制波发生模块 1 为方波产生模块，其频率为 50Hz。

单相全桥逆变仿真模型中的逆变交流侧输出电压和电感电流波形如图 4.27 所示。图中，单相逆变输出电压的 THD 约为 66.26%，电感电流的 THD 约为 1.02%，对比双极性 SPWM 调制可知，单极性 SPWM 调制的谐波性能优于双极性 SPWM 调制。

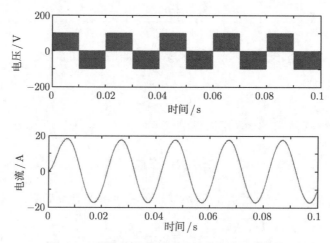

图 4.27　逆变交流侧输出电压和电感电流波形

同样，载波频率远大于调制波频率，经过 LC 滤波后，负载电压同样呈正弦波，如图 4.28 所示。

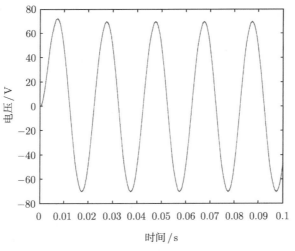

图 4.28 负载电压波形

5) 单极性 SPWM 逆变的特点

(1) 逆变输出电压幅值可调。与双极性 SPWM 相同，单极性 SPWM 的电压利用率也由调制比决定，当直流电压确定时，改变调制比就能改变逆变输出电压幅值。该调制方式的直流电压利用率同样也低于方波逆变的直流电压利用率。

(2) 负载电压的总谐波畸变率较低。单极性 SPWM 逆变电路的负载电压总谐波畸变率低于方波和双极性 SPWM 逆变电路的负载电压总谐波畸变率，同样载波频率越高，谐波含量越低。但是随着载波频率的提高，功率器件的开关损耗也会随之增加。因有两个功率开关管是半周期互补通断，所以单极性 SPWM 的开关损耗要低于双极性 SPWM。

(3) 死区时间影响波形质量。为了防止互补的上下桥臂同时导通而短路，增加了死区时间，降低了输出电压的质量。

4.3 电压型单相全桥逆变电路控制算法

4.3.1 PI 控制

PID 控制从出现至今依然是运用最为广泛的一种控制方式，在变流器控制中主要还是采用 PI 控制[3]，控制公式为

$$u_{\text{out}}(t) = K_{\text{p}}e(t) + K_{\text{i}}\int_0^t e(t)\mathrm{d}t \tag{4.41}$$

其中，$u_{\text{out}}(t)$ 为输出量；$e(t)$ 为输入量 (代表偏差)；K_{p} 和 K_{i} 分别为比例控制参数和积分控制参数。PI 控制为偏差控制，其目的是减小指令信号与反馈信号间的偏

差, 使反馈信号尽可能地接近指令信号。对式 (4.41) 进行拉氏变换得到

$$U_{\text{out}}(s) = K_{\text{p}}E(s) + K_{\text{i}}\frac{E(s)}{s} \tag{4.42}$$

进一步可以得到

$$\frac{U_{\text{out}}(s)}{E(s)} = \frac{K_{\text{p}}s + K_{\text{i}}}{s} \tag{4.43}$$

式中, 不同的控制参数决定了不同的零点位置, 为了具体分析 PI 控制, 给出多组参数并进行 Bode 图对比。

1. K_{p} 固定不变, K_{i} 变化

设 K_{p} 为 0.1, K_{i} 选取 1、100、200、300、400, 式 (4.43) 的 Bode 图如图 4.29 所示。

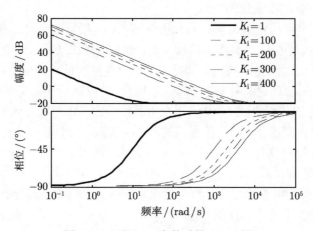

图 4.29　不同 K_{i} 参数时的 Bode 图

可以看出, 随着 K_{i} 参数的增大, 交界频率不断增大, 相位裕量也会不断增大 (增量逐渐减小), 提高了 PI 控制的稳定性。

2. K_{i} 固定不变, K_{p} 变化

设 K_{i} 为 100, K_{p} 选取 0.1、5、10、15、20, 式 (4.43) 的 Bode 图如图 4.30 所示。

可以看出, 当 $K_{\text{p}} = 5$ 时, 不存在交界频率点, 所以随着 K_{p} 的不断增大, PI 控制将变得不稳定。

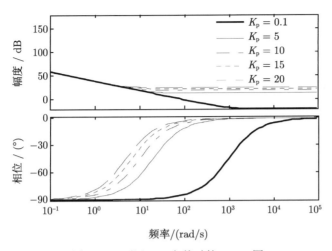

图 4.30 不同 K_p 参数时的 Bode 图

控制是在数字处理器中进行控制,所以需要将 PI 控制离散化,以适应数字处理器的编程,将式 (4.41) 离散化后可以得到

$$u_{\text{out}}(n) = K_p e(n) + K_i \sum_{i=0}^{n} e(i) \tag{4.44}$$

式中, n 为第 n 次计算,也是第 n 个采样。这种 PI 控制称为位置式 PI 控制,还有一种形式的控制称为增量式 PI 控制,由式 (4.44) 可以得到

$$u_{\text{out}}(n-1) = K_p e(n-1) + K_i \sum_{i=0}^{n-1} e(i) \tag{4.45}$$

将式 (4.44) 减去式 (4.45) 可以得到

$$\Delta u_{\text{out}}(n) = K_p[e(n) - e(n-1)] + K_i e(n) \tag{4.46}$$

进一步可以得到

$$u_{\text{out}}(n) = u_{\text{out}}(n-1) + \Delta u_{\text{out}}(n) \tag{4.47}$$

式 (4.45) 和式 (4.47) 可以直接编写成 C 程序,两种控制方式的伪 C 代码分别如下。

3. 位置式 PI 控制伪 C 代码

```
u0d_e=uq0_d-u0_d;      //得到误差信号
u0d_p=u0d_kp*u0d_e;    //P控制
```

```
u0d_i+=u0d_ki*u0d_e;  //I控制
if(u0d_i>u0d_i_lim)    //I控制输出限幅
{
u0d_i=u0d_i_lim;
}
if(u0d_i<-u0d_i_lim)
{
u0d_i=-u0d_i_lim;
}
iLd_piout=u0d_p+u0d_i;
if(u0d_piout>u0d_lim) //限幅
{
u0d_piout=u0d_lim;
}
if(u0d_i<-u0d_lim)
{
u0d_piout=-u0d_lim;
}
```

4. 增量式 PI 控制伪 C 代码

```
u0d_e=uq0_d-u0_d; //得到误差信号
u0d_p=u0d_kp*(u0d_e-u0d_e_1); //P控制
u0d_i=u0d_ki*u0d_e; //I控制
u0d_e_1=u0d_e;
u0d_piout+=u0d_p+u0d_i;
if(u0d_piout>u0d_lim) //限幅
{
u0d_piout=u0d_lim;
}
if(u0d_piout<-u0d_lim)
{
u0d_piout=-u0d_lim;
}
```

4.3.2 QPR 控制

谐振控制器基于内模理论，通过把用于系统的外部信号动力学模型植入控制器，以期构成高精度的反馈控制系统。正弦函数的拉氏变换为

$$F(s) = \frac{\omega_\mathrm{o}}{s^2 + \omega_\mathrm{o}^2} \tag{4.48}$$

式 (4.48) 在频率 ω_o 的增益为

$$A(\omega_\mathrm{o}) = \sqrt{\left(\frac{\omega_\mathrm{o}}{-\omega_\mathrm{o}^2 + \omega_\mathrm{o}^2}\right)^2} \tag{4.49}$$

可见，式 (4.49) 的增益为无穷大，同样对于余弦信号的增益也是无穷大，针对交流信号的跟踪问题，在控制器中增加正弦或余弦的数学模型，能够将误差信号放大很大的倍数，故可以实现无静差跟踪[4,5]。

比例谐振控制的公式为

$$G(s) = K_\mathrm{p} + \frac{K_\mathrm{r}s}{s^2 + \omega_\mathrm{o}^2} \tag{4.50}$$

式中，ω_o 为谐振点。实际上为了减小离散化后的频率偏移对控制的影响，一般采用准比例谐振 (quasi proportional resonant, QPR) 控制，其公式为

$$G(s) = K_\mathrm{p} + \frac{K_\mathrm{r}\omega_\mathrm{c}s}{s^2 + 2\omega_\mathrm{c}s + \omega_\mathrm{o}^2} \tag{4.51}$$

式中，ω_c 为阻尼带宽。不同的控制参数，决定了不同的零、极点位置，为了具体分析 QPR 控制，给出多组参数并进行 Bode 图对比。

1. ω_c 固定不变，K_r 变化

设 ω_c 为 0.5π，K_r 选取 1、10、30、60、90，式 (4.51) 中谐振控制部分的 Bode 图如图 4.31 所示。

可以看出，QPR 控制中只有接近谐振点附近的增益很大，其他频率处衰减较大。随着 K_r 取值的增大，谐振点的增益也会相应增大。

2. K_r 固定不变，ω_c 变化

设 K_r 为 30，ω_c 选取 0.5π、3.5π、6.5π、9.5π、12.5π，式 (4.51) 中谐振控制部分的 Bode 图如图 4.32 所示。

可以看出，随着 ω_c 取值的增大，谐振点的增益并不会改变，但是其增益带宽相应的增大，相位裕量也会不断减小，降低了控制稳定性。

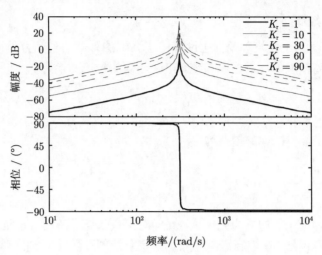

图 4.31　不同 K_r 参数时的 Bode 图

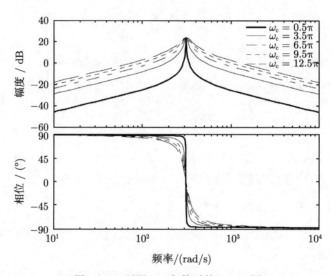

图 4.32　不同 ω_c 参数时的 Bode 图

3. ω_c 和 K_r 固定不变, K_p 变化

设 ω_c 为 0.5π, K_r 为 30, K_p 选取 0.1、5、10、15、20, 式 (4.51) 的 Bode 图如图 4.33 所示。

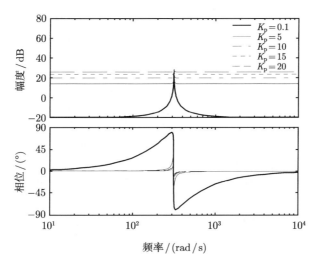

图 4.33 不同 K_{p} 参数时的 Bode 图

可以看出，$K_{\mathrm{p}} = 5$ 时，不存在交界频率点，所以随着 K_{p} 的不断增大，QPR 控制也将变得不稳定。

准比例谐振离散过程采用双线性变换法进行离散，双线性变换公式为

$$s = \frac{2(1 - z^{-1})}{T_{\mathrm{s}}(1 + z^{-1})} \tag{4.52}$$

式中，T_{s} 为采样周期，将式 (4.52) 代入式 (4.51) 中可以得到

$$G(z) = K_{\mathrm{p}} + \frac{2K_{\mathrm{r}}\omega_{\mathrm{c}}T_{\mathrm{s}}(1 - z^{-2})}{(w_{\mathrm{o}}^2 + 4 - 4\omega_{\mathrm{c}}T_{\mathrm{s}})z^{-2} + (2w_{\mathrm{o}}^2 - 8)z^{-1} + w_{\mathrm{o}}^2 + 4\omega_{\mathrm{c}}T_{\mathrm{s}} + 4} \tag{4.53}$$

其中

$$G(z) = \frac{U_{\mathrm{out}}(z)}{E(z)} = \frac{U_{\mathrm{pout}}(z)}{E(z)} + \frac{U_{\mathrm{rout}}(z)}{E(z)} \tag{4.54}$$

式中第一部分为比例控制部分，第二部分为谐振控制部分，将式 (4.54) 代入式 (4.53) 可以得到

$$U_{\mathrm{pout}}(z) = K_{\mathrm{p}}E(z) \tag{4.55}$$

$$(w_{\mathrm{o}}^2 + 4\omega_{\mathrm{c}}T_{\mathrm{s}} + 4)U_{\mathrm{rout}}(z) + (2w_{\mathrm{o}}^2 - 8)U_{\mathrm{rout}}(z - 1) + (w_{\mathrm{o}}^2 + 4 - 4\omega_{\mathrm{c}}T_{\mathrm{s}})U_{\mathrm{rout}}(z - 2)$$
$$= 2K_{\mathrm{r}}\omega_{\mathrm{c}}T_{\mathrm{s}}E(z) - 2K_{\mathrm{r}}\omega_{\mathrm{c}}T_{\mathrm{s}}E(z - 2) \tag{4.56}$$

式 (4.56) 进一步可以得到

$$U_{\text{rout}}(z) = -\frac{2w_{\text{o}}^2 - 8}{w_{\text{o}}^2 + 4\omega_{\text{c}}T_{\text{s}} + 4}U_{\text{rout}}(z-1) - \frac{w_{\text{o}}^2 + 4 - 4\omega_{\text{c}}T_{\text{s}}}{w_{\text{o}}^2 + 4\omega_{\text{c}}T_{\text{s}} + 4}U_{\text{rout}}(z-2)$$
$$+ \frac{2K_{\text{r}}\omega_{\text{c}}T_{\text{s}}E(z) - 2K_{\text{r}}\omega_{\text{c}}T_{\text{s}}E(z-2)}{w_{\text{o}}^2 + 4\omega_{\text{c}}T_{\text{s}} + 4} \tag{4.57}$$

结合式 (4.54)、式 (4.55) 和式 (4.57) 可以得到

$$U_{\text{out}}(z) = K_{\text{p}}E(z) - \frac{2w_{\text{o}}^2 - 8}{w_{\text{o}}^2 + 4\omega_{\text{c}}T_{\text{s}} + 4}U_{\text{rout}}(z-1) - \frac{w_{\text{o}}^2 + 4 - 4\omega_{\text{c}}T_{\text{s}}}{w_{\text{o}}^2 + 4\omega_{\text{c}}T_{\text{s}} + 4}U_{\text{rout}}(z-2)$$
$$+ \frac{2K_{\text{r}}\omega_{\text{c}}T_{\text{s}}E(z) - 2K_{\text{r}}\omega_{\text{c}}T_{\text{s}}E(z-2)}{w_{\text{o}}^2 + 4\omega_{\text{c}}T_{\text{s}} + 4} \tag{4.58}$$

4. QPR 控制伪 C 代码

只需知道控制参数，式 (4.58) 中的系数通过其他方式可以直接计算，QPR 控制的伪 C 代码如下。

```
et=u0_ref-u0;
mp=kp*et; //比例控制代码
mr=b1*et-b1*et_2+b2*mr_1-b3*mr_2; //谐振控制代码
if(mr>mr_lim) //限幅
{
mr=mr_lim;
}
if(mr<-mr_lim)
{
mr=-mr_lim;
}
u0d_piout=mp+mr;
if(u0d_piout>u0d_lim) //限幅
{
u0d_piout=u0d_lim;
}
if(u0d_piout<-u0d_lim)
{
u0d_piout=-u0d_lim;
}
et_2=et_1;
et_1=et;
mr_2=mr_1;
mr_1=mr;
```

4.4 MMPSO 的单相逆变离线优化系统

改进的粒子群优化示意图如图 4.34 所示,其中 iter 为当前的迭代次数,maxiter 为最大迭代次数。

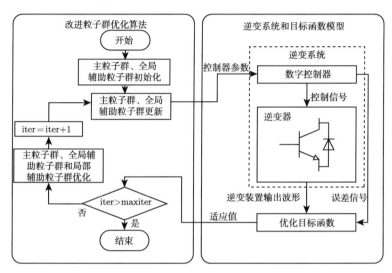

图 4.34 改进的粒子群优化示意图

由图 4.34 可知,MMPSO 通过输出控制参数给控制器,然后得到逆变系统目标函数的输出适应值,再将其输入给 MMPSO 进行判断,并进行优化。

4.4.1 PI 控制的单相逆变系统线性结构

图 4.34 中的逆变系统包括控制部分和逆变器部分,其中逆变器部分与图 4.1 相同,控制则为 PI 控制或 QPR 控制。

单相 PI 控制的逆变系统线性结构框图如图 4.35 所示。

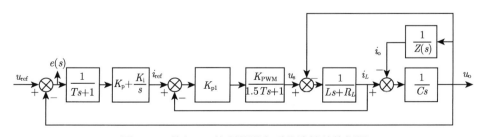

图 4.35 单相 PI 控制的逆变系统线性结构框图

图 4.35 中，u_{ref}、$e(s)$、u_s、i_{ref}、$Z(s)$ 和 i_o 分别为电压指令信号、指令信号与反馈信号的误差、交流侧输出电压、电流指令信号、交流侧负载和负载电流。

图 4.35 中的采样延时为[1]

$$d(s) = \frac{1}{Ts + 1} \tag{4.59}$$

PWM 控制的小惯性特性

$$p(s) = \frac{K_{\text{PWM}}}{0.5Ts + 1} \tag{4.60}$$

将式 (4.59) 和式 (4.60) 相乘可以得到

$$G_{dp}(s) = d(s)p(s) = \frac{K_{\text{PWM}}}{0.5(Ts)^2 + 1.5Ts + 1} \tag{4.61}$$

其中，K_{PWM} 为桥路 PWM 的等效增益；T 为采样周期。开关频率远大于基波频率，则式 (4.61) 可简化为[3]

$$G_{dp}(s) \approx \frac{K_{\text{PWM}}}{1.5Ts + 1} \tag{4.62}$$

本章考虑外环采样延时和内环采样延时近似相等。

系统总的开环传递函数简化后为 (忽略电感阻抗，略去系数值很小的部分)

$$G_{\text{open}}(s) \approx \frac{As + B}{C_d s^2 + Ds} \tag{4.63}$$

其中

$$\begin{aligned}
A &= K_{\text{PWM}} K_{\text{p1}} K_{\text{p}} Z \\
B &= K_{\text{PWM}} K_{\text{p1}} K_{\text{i}} Z \\
C_d &= K_{\text{PWM}} K_{\text{p1}} C Z + L + 2.5TZ + K_{\text{PWM}} K_{\text{p1}} T \\
D &= K_{\text{PWM}} K_{\text{p1}} + Z
\end{aligned} \tag{4.64}$$

式中，K_{p1} 为内环比例控制参数；K_{p} 和 K_{i} 分别为外环比例控制参数和积分控制参数，系统总的闭环传递函数为

$$G_{\text{close}}(s) \approx \frac{As + B}{C_d s^2 + (D + A)s + B} \tag{4.65}$$

4.4.2　QPR 控制的单相逆变系统线性结构

单相 QPR 控制的逆变系统线性结构框图如图 4.36 所示。

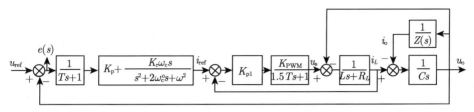

图 4.36 单相 QPR 控制的逆变系统线性结构框图

图 4.36 与图 4.35 不同的地方仅仅只是外环控制的传递函数不同,其中 K_p、K_i、ω_c 和 ω_o 分别为外环比例控制参数、谐振控制参数、阻尼带宽和谐振点,其他变量不变。

图 4.36 中的内环控制传递函数为

$$G_i(s) = \frac{K_{\mathrm{PWM}} K_{p1}}{1.5Ts + 1} \tag{4.66}$$

外环控制的传递函数为

$$G_o(s) \approx \frac{K_p s^2 + A's + \omega_o^2 K_p}{s^2 + 2\omega_c s + \omega_o^2} \tag{4.67}$$

其中

$$A' = 2\omega_c K_p + 2K_r \omega_c \tag{4.68}$$

内环与被控对象的传递函数为

$$G_{\mathrm{all}}(s) \approx \frac{B'}{C'_d s + D'} \tag{4.69}$$

其中

$$\begin{aligned}
B' &= K_{\mathrm{PWM}} K_{p1} Z \\
C'_d &= 1.5TZ + L + K_{\mathrm{PWM}} K_{p1} CZ \\
D' &= Z + K_{\mathrm{PWM}} K_{p1}
\end{aligned} \tag{4.70}$$

则总的闭环传递函数为

$$G_{\mathrm{close}}(s) \approx \frac{Es^2 + Fs + G}{C'_d s^3 + Hs^2 + Is + J} \tag{4.71}$$

其中

$$\begin{aligned}
E &= K_p B' \\
F &= A' B' \\
G &= \omega_o^2 K_p B' \\
H &= 2\omega_c C'_d + D' + E \\
I &= 2\omega_c D' + \omega_o^2 C'_d + F \\
J &= \omega_o^2 D' + G
\end{aligned} \tag{4.72}$$

4.4.3　优化目标函数

目标函数为 MMPSO 当前寻优区域好坏的唯一评价标准，一般情况下其输出适应值越大，寻优区域越差，反之寻优区域越好。MMPSO 主要以系统性能指标为优化目标，系统性能指标往往需综合考虑多个单性能指标，因各指标之间总是相互矛盾，所以让所有指标都达到最优一般难以实现。通过对多个目标进行权衡，协调好各性能指标之间的关系，就能保证各个指标均能满足决策者所期望的性能状态。

1. 优化目标函数的选取

以单相 PI 控制的逆变系统为例，由式 (4.63) 和式 (4.65) 可知

$$\frac{u_\mathrm{o}}{u_\mathrm{ref} - u_\mathrm{o}} = \frac{u_\mathrm{o}}{e(s)} = G_\mathrm{open}(s) \tag{4.73}$$

$$\frac{u_\mathrm{o}}{u_\mathrm{ref}} = G_\mathrm{close}(s) \tag{4.74}$$

由式 (4.73) 和式 (4.74) 可知，$e(s)$ 和 u_o 均与系统控制参数有关，且 u_o 不仅含有基波量，还含有谐波量。为了保证 $e(s)$ 的值和 u_o 的总谐波畸变率尽可能小，本章将总谐波畸变率 (total harmonic distortion, THD) 和误差绝对值积分 (integrated absolute error, IAE) 作为针对单相逆变系统的 MMPSO 的优化目标函数。

1) 总谐波畸变率

参考式 (4.10) 和式 (4.11)，THD 的定义为

$$\mathrm{THD} = \frac{\sqrt{\sum_{n=2}^{\infty} U_{zon}^2}}{U_{zo1}} \times 100\% \tag{4.75}$$

式中，U_{zo1} 和 U_{zon} 分别为负载输出电压基波幅值和各次谐波幅值。THD 反映了各次谐波所占比重之和的百分比，体现了交流输出电压谐波的含量，显然谐波含量越低，THD 越小，反之 THD 越高。

2) 误差绝对值积分

该函数主要是检测一段时间内的误差面积，了解交流反馈信号在一段时间内接近指令信号的情况，误差面积越小，代表反馈信号的跟踪性能越好，IAE 公式为

$$\mathrm{IAE} = \int_0^{T_\mathrm{a}} |e(t)| \mathrm{d}t \tag{4.76}$$

式中，T_a 代表逆变系统运行时间。

2. 优化目标函数的建立

为了能够同时知道负载输出电压谐波畸变率和误差值大小，将式 (4.75) 和式 (4.76) 加上不同的权系数，并进行组合，该组合公式为

$$F = a \int_0^{T_a} |e(t)|\,\mathrm{d}t + b\frac{\sqrt{\sum_{n=2}^{\infty} U_{zon}^2}}{U_{zo1}} \times 100\% \tag{4.77}$$

式中，a、b 为常系数。通过式 (4.77) 可知，MMPSO 的优化目的是：保证负载反馈电压能很好地跟踪指令电压，同时也保证该反馈电压波形的质量和稳定性较好。

4.4.4 系统优化模型建立及参数选取

基于 MMPSO 的单相逆变系统离线优化模型如图 4.37 所示 (单相 PI 控制和 QPR 控制的离线优化模型相同)。

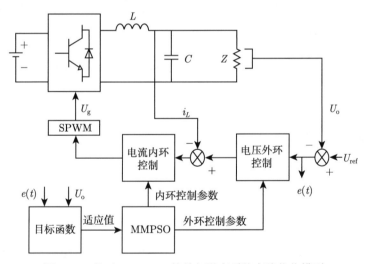

图 4.37 基于 MMPSO 的单相逆变系统离线优化模型

图 4.37 中，U_{ref} 为 311V，L 为 3mH，C 为 50μF，Z 为 48.4Ω，直流母线电压为 400V，采样频率为 10kHz，死区时间设置为 3μs。

当控制方式为 PI 控制时，K_p 的优化区间为 [0.08,1500]，K_i 的优化区间为 [1, 10000]，K_{p1} 的优化区间为 [1, 1000]；当控制方式为 QPR 控制时，K_p 的优化区间为 [0.08, 1500]，谐振参数 R 的优化区间为 [10, 10000]，带宽参数 w_c 的优化区间为 [1, 5]，K_{p1} 的优化区间为 [1, 1000]。

文献 [5]~[8] 对粒子群的收敛性和参数进行了分析，参照上述文献并通过多次实验分析可得 MMPSO 相关参数：c_1、c_2、c_3、c_4 和 m_k 分别为 2、2、2.05、2.05 和

5；w_s、w_e 和 maxiter 分别为 0.9、0.4 和 30；单相 PI 控制和单相 QPR 控制模型中优化目标函数的权系数相同，且 a 和 b 分别取 0.1 和 0.9。计算机主频为 2.8GHz，内存为 4GB，MMPSO 的离线优化时间约为 20min。

4.5　单相逆变仿真实验及数据对比分析

为验证 MMPSO 的优化性能，将其与 PSO、基于压缩因子的 PSO(PSO-CF) 和 EPSOWP(enhanced particle swarm optimizer in corporating a weighted particle)[9] 进行优化对比，其中 EPSOWP 参数与原文献相同。

4.5.1　多种优化方式数据对比

1. PSO 仿真实验数据

负载不变时 (后面负载状态与此相同)，PSO 分别优化 4.4 节中两种离线模型各 30 次，其中优化单相 PI 控制的逆变系统的统计结果如表 4.1 所示，优化单相 QPR 控制的逆变系统的统计结果如表 4.2 所示。

表 4.1　PSO 优化单相 PI 控制的逆变系统的统计结果

优化对象	最大适应值	最小适应值	平均适应值	方差
PI 控制参数	13.113	0.06	7.261	27.47

表 4.2　PSO 优化单相 QPR 控制的逆变系统的统计结果

优化对象	最大适应值	最小适应值	平均适应值	方差
QPR 控制参数	23.625	2.185	8.34	71.507

2. PSO-CF 仿真实验数据

PSO-CF 分别优化两种离线模型各 30 次，其中优化单相 PI 控制的逆变系统的统计结果如表 4.3 所示，优化单相 QPR 控制的逆变系统的统计结果如表 4.4 所示。

表 4.3　PSO-CF 优化单相 PI 控制的逆变系统的统计结果

优化对象	最大适应值	最小适应值	平均适应值	方差
PI 控制参数	11.437	0.062	6.558	28.97

表 4.4　PSO-CF 优化单相 QPR 控制的逆变系统的统计结果

优化对象	最大适应值	最小适应值	平均适应值	方差
QPR 控制参数	23.625	2.411	8.3621	65.984

3. EPSOWP 仿真实验数据

EPSOWP 分别优化两种离线模型各 30 次, 其中优化单相 PI 控制的逆变系统的统计结果如表 4.5 所示, 优化单相 QPR 控制的逆变系统的统计结果如表 4.6 所示。

表 4.5 EPSOWP 优化单相 PI 控制的逆变系统的统计结果

优化对象	最大适应值	最小适应值	平均适应值	方差
PI 控制参数	0.537	0.069	0.19	0.0224

表 4.6 EPSOWP 优化单相 QPR 控制的逆变系统的统计结果

优化对象	最大适应值	最小适应值	平均适应值	方差
QPR 控制参数	0.293	0.069	0.166	0.008

由表 4.1~表 4.6 可以看出, PSO 和 PSO-CF 的优化平均效果差, 大多数情况下优化更容易陷入局部最优区域 (适应值大于 0.15); 相比 PSO 和 PSO-CF, EPSOWP 的优化效果更好。EPSOWP 是基于 PSO 的改进优化方法, 其优化结果的波动较小, 优化陷入局部最优区域的概率小于前两种优化方式。

4. MMPSO 仿真实验数据

为了与前三种优化方式进行对比, MMPSO 同样分别优化两种离线模型各 30 次, 其中优化单相 PI 控制的逆变系统的统计结果如表 4.7 所示, 优化单相 QPR 控制的逆变系统的统计结果如表 4.8 所示。

表 4.7 MMPSO 优化单相 PI 控制的逆变系统的统计结果

优化对象	最大适应值	最小适应值	平均适应值	方差
PI 控制参数	0.097	0.058	0.0751	1.133×10^{-4}

表 4.8 MMPSO 优化单相 QPR 控制的逆变系统的统计结果

优化对象	最大适应值	最小适应值	平均适应值	方差
QPR 控制参数	0.077	0.062	0.0722	1.407×10^{-5}

与前三种优化方式相比, MMPSO 的优化性能最优, 且 30 次优化均无陷入局部最优区域的情况。

MMPSO 中两个粒子群优化区域的不同, 主粒子群也存在差粒子变异, 这些都有助于提高粒子群的多样性; 主粒子群和辅助粒子群的多种不同速度更新方式均加入了随机扰动量, 可以有效避免粒子群陷入局部最优区域而无法跳出的情况出现。不同控制的单相逆变系统阶数不同, 系统复杂程度也不相同, 针对不同系统，MMPSO 在优化迭代初期搜索范围大，在优化迭代后期仍能保证粒子群和优化趋势的多样性，因此能获得较好的优化性能。

4.5.2　多种优化方式初始全局最优值和最终全局最优值对比

为了观察上述四种优化方式的初始状态对最终状态的影响，分别从 4.5.1 节的四种优化方式 30 次优化中各随机抽取 10 组优化进行对比 (单相 PI 控制和单相 QPR 控制各抽取 5 组)。四种优化方法优化单相 PI 控制的逆变系统的数据对比如表 4.9 所示。

表 4.9　四种优化方法优化单相 PI 控制的逆变系统的数据对比

优化方式	初始全局最优值	最终全局最优值
	18.107	0.471
	20.697	12.464
PSO	18.81	11.397
	17.093	0.479
	0.54	0.451
	13.453	0.474
	20.697	11.437
PSO-CF	12.915	11.397
	0.504	0.459
	18.107	0.468
	1.005	0.124
	1.005	0.448
EPSOWP	1.005	0.508
	0.357	0.092
	0.537	0.537
	14.358	0.0743
	0.674	0.058
MMPSO	12.368	0.062
	1.064	0.065
	14.358	0.07

四种优化方法优化单相 QPR 控制的逆变系统的数据对比如表 4.10 所示。

从表 4.9 和表 4.10 可以看出，PSO、PSO-CF 和 EPSOWP 在初始最优位置不同时，均有陷入局部最优区域的可能；相比前三种优化方式，MMPSO 不管初始最优位置如何，均能找到全局最优位置。优化的最终效果受初始状态的影响较小，是粒子群及其改进粒子群最主要的特点。

表 4.10 四种优化方法优化单相 QPR 控制的逆变系统的数据对比

优化方式	初始全局最优值	最终全局最优值
PSO	23.625	3.524
	5.363	4.021
	16.641	3.94
	23.611	4.02
	13.152	2.655
PSO-CF	23.625	4.909
	6.368	3.526
	5.915	3.526
	13.866	2.662
	3.199	2.411
EPSOWP	0.293	0.284
	0.095	0.08
	0.293	0.293
	0.548	0.097
	0.135	0.082
MMPSO	23.625	0.075
	3.348	0.062
	0.673	0.073
	23.61	0.068
	5.229	0.074

4.5.3 MMPSO 优化不同控制的单相逆变系统控制参数及仿真波形

针对单相 PI 控制的逆变系统, 从表 4.7 的 30 次优化中随机抽取两组优化, 其优化的控制参数如表 4.11 所示 (积分值已经与采样时间相乘, 后面章节相同)。

表 4.11 两组单相 PI 控制参数

序号	K_p	K_i	K_{p1}
第 1 组	0.08	0.0214	11
第 2 组	0.1	0.0299	14.3

表 4.11 中两组控制参数的逆变系统负载电压和负载电流波形如图 4.38 所示。

由图 4.38 可以看出, 两组参数负载电压波形好, THD 均小于 1%。表 4.11 中两组参数的单相逆变系统开环传递函数的 Bode 图如图 4.39 所示。

图 4.39(a) 中增益裕量为无穷大, 相位裕量为 72.1°, 相位交界频率为无穷小, 增益交界频率为 1493.3rad/s; 图 4.39(b) 中增益裕量为无穷大, 相位裕量为 127.1°, 相位交界频率为无穷小, 增益交界频率为 711.6rad/s。两组参数均能保证基于 PI 控制的单相逆变系统稳定。

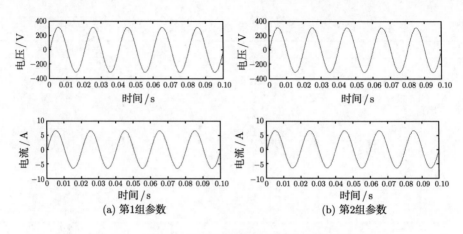

(a) 第1组参数　　　　　　　　　　(b) 第2组参数

图 4.38　不同 PI 控制参数的负载电压和负载电流波形

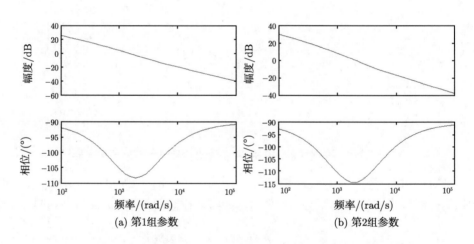

(a) 第1组参数　　　　　　　　　　(b) 第2组参数

图 4.39　PI 控制的单相逆变系统开环传递函数 Bode 图

　　针对单相 QPR 控制的逆变系统, 从表 4.8 的 30 次优化中随机抽取两组优化, 其优化的控制参数如表 4.12 所示。

表 4.12　两组单相 QPR 控制参数

序号	K_p	K_r	ω_c	K_{p1}
第 1 组	0.08	43.84	1.22	14
第 2 组	0.099	23.25	1.01	13

　　表 4.12 中两组控制参数的逆变系统负载电压和负载电流波形如图 4.40 所示。

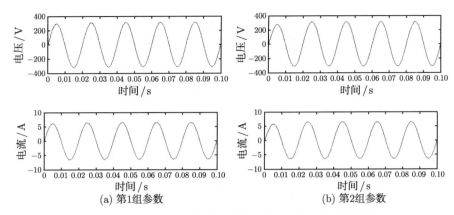

图 4.40 不同 QPR 控制参数的负载电压和负载电流波形

同样，两组参数负载电压波形好，THD 均小于 1%。表 4.12 中两组参数的单相逆变系统开环传递函数的 Bode 图如图 4.41 所示。

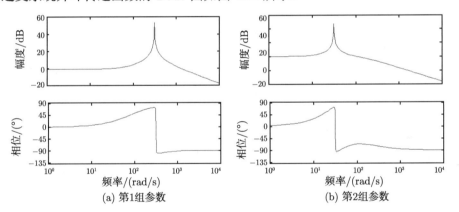

图 4.41 QPR 控制的单相逆变系统开环传递函数 Bode 图

图 4.41(a) 中增益裕量为无穷大，相位裕量为 89.8°，相位交界频率为无穷小，增益交界频率为 1235.7rad/s；图 4.41(b) 中增益裕量为无穷大，相位裕量为 113.4°，相位交界频率为无穷小，增益交界频率为 991.3rad/s。两组参数均能保证基于 QPR 控制的单相逆变系统稳定。

4.6 单相逆变实物实验及数据分析

为验证优化算法及仿真结果的正确性，搭建一个实验样机平台 (电路参数与仿真参数一样)，如图 4.42 所示。其中控制芯片为 TMS320F2812，功率开关管采用 IPM 器件，示波器型号为 DL850 (Yokogawa)。

图 4.42　单相逆变实验环境与实验样机图

4.5 节中 MMPSO 优化的对象为负载不变时的单相逆变系统，为了进一步验证 MMPSO 的性能，本节在单相逆变系统动态变化的情况下 (负载先增后减) 进行优化。MMPSO 优化得到的 PI 控制参数：外环 K_p 为 0.08，外环 K_i 为 0.0172，内环 K_{p1} 为 18；优化的 QPR 控制参数：外环 K_p 为 0.08，外环 R 为 38.7，带宽 w_c 为 1.58，内环 K_{p1} 为 17.9。

4.6.1　MMPSO 单相逆变 PI 控制实物实验波形

图 4.43(a) 和 (b) 分别为负载突加和负载突减时 (功率变化一半)，单相逆变负载电压和电感电流波形。从图中可以看出，在负载突变时，电压能平滑过渡，并没有出现振荡；对该控制参数下的稳定输出电压进行快速傅里叶分析 (FFT)，其各次谐波含量均低于 0.6%，THD 约为 0.98%，输出电压基波幅值约为 313.4V。

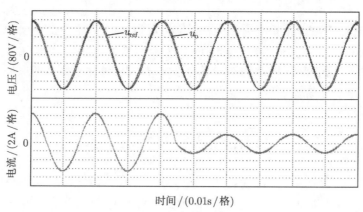

时间 /(0.01s / 格)

(a) 负载突加波形图

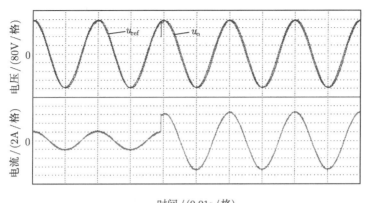

时间 / (0.01s / 格)

(b) 负载突减波形图

图 4.43   负载突变时 PI 控制的逆变输出波形

图 4.44 为指令电压跌落时 (电压减小一半)，单相逆变负载电压和电感电流波形。从图中可以看出，在电压跌落后，负载电压并没有出现振荡，并在很短时间内 (四分之一个周期内) 就能恢复。

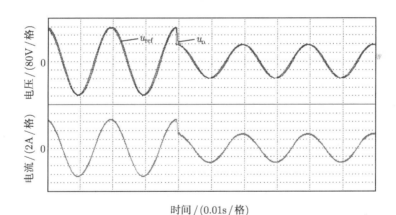

时间 / (0.01s / 格)

图 4.44   电压跌落时 PI 控制的逆变输出波形

图 4.45 为空载时，单相逆变负载电压和电感电流波形。可见，空载情况下负载电压波形同样好。

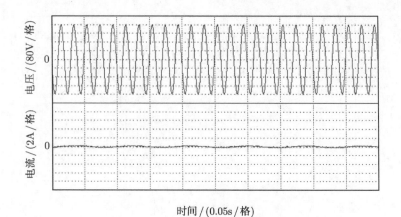

时间 / (0.05s / 格)

图 4.45　空载时 PI 控制的逆变输出波形

4.6.2　MMPSO 单相逆变 QPR 控制实物实验波形

图 4.46(a) 和 (b) 分别为负载突加和负载突减时 (功率变化一半)，单相逆变负载电压和电感电流波形。从图中可以看出，在负载突变时，电压能平滑过渡，并没有出现振荡；对该控制参数下的稳定输出电压进行快速傅里叶分析，其各次谐波含量均低于 0.7%，THD 约为 0.86%，输出电压基波幅值约为 310.4V。

图 4.47 为指令电压跌落时 (电压减小一半)，单相逆变负载电压和电感电流波形。从图中可以看出，在电压跌落后，负载电压的振荡较小，并且能在很短时间内 (四分之一个周期内) 恢复。

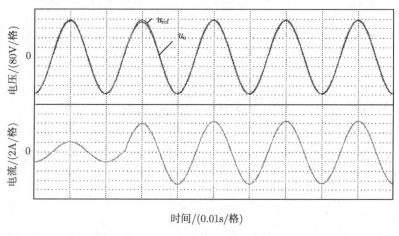

时间/(0.01s/格)

(a) 负载突加波形图

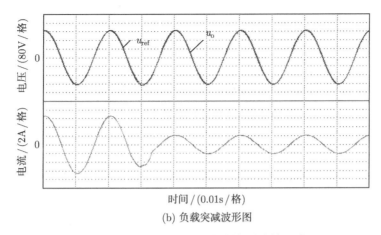

(b) 负载突减波形图

图 4.46 负载突变时 QPR 控制的逆变输出波形

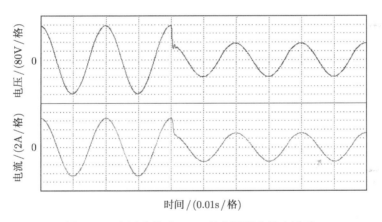

图 4.47 电压跌落时 QPR 控制的逆变输出波形

图 4.48 为空载时，单相逆变负载电压和电感电流波形。可见，空载情况下负载电压波形同样较好。

通过实验可知，MMPSO 优化的控制参数性能较优。在电压等级不同和负载变化时，其输出电压波形质量较好 (THD 小于 1%)，电压稳定时偏差小于 2%，动态变化时电压不会产生较大振荡，且能快速恢复到稳定状态。

MMPSO 包含三个粒子群和三种不同更新速度：三个粒子群分别为主粒子群、全局辅助粒子群和局部辅助粒子群。主粒子群的速度更新方式中权值采用含随机量的非线性衰减方式；辅助粒子群速度更新方式增加了自适应调整模块，其中在一定迭代次数后该群体中的差粒子则采用随机速度更新方式。各群体相互独立更新，主粒子群仅仅是获取辅助粒子群中出现的更优信息，而不会影响辅助粒子群的优化。

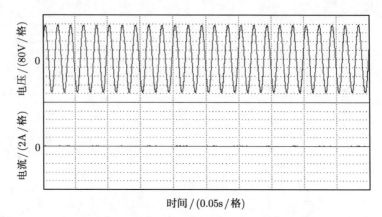

图 4.48　空载时 QPR 控制的单相逆变输出波形

多粒子群多种速度更新方式使得粒子群的优化方式多样化,不同部分的共同作用有效避免了改进粒子群陷入局部最优值,增强了粒子群的优化能力。仿真实验对比了 PSO、PSO-CF、EPSOWP 与本书所提 MMPSO 在基于 PI 控制和 QPR 控制的单相逆变系统中的优化效果,结果表明,MMPSO 的优化结果更为稳定,收敛性和优化效果更好;实物实验验证了 MMPSO 的正确性。

参 考 文 献

[1]　张兴, 张崇巍. PWM 整流器及其控制[M]. 北京: 机械工业出版社, 2012.

[2]　孙孝峰, 顾和荣, 王立乔, 等. 高频开关型逆变器及其并联并网技术[M]. 北京: 机械工业出版社, 2011.

[3]　林渭勋. 现代电力电子技术[M]. 北京: 机械工业出版社, 2005.

[4]　安芳. PID 控制器参数整定及其在逆变控制上的应用[D]. 南昌: 南昌航空大学, 2013.

[5]　Fernández-Martínez J L, García-Gonzalo E. Stochastic stability analysis of the linear continuous and discrete PSO models[J]. IEEE Transactions on Evolutionary Computation, 2011, 15(3): 405-123.

[6]　张玮, 王华奎. 粒子群算法稳定性的参数选择策略分析[J]. 系统仿真学报, 2009, 21(14): 4339-4344, 4350.

[7]　金欣磊, 马龙华, 吴铁军, 等. 基于随机过程的 PSO 收敛性分析[J]. 自动化学报, 2007, 33(12): 1263-1268.

[8]　潘峰, 周倩, 李位星, 等. 标准粒子群优化算法的马尔可夫链分析[J]. 自动化学报, 2013, 39(4): 381-389.

[9]　Li N J, Wang W J, Hsu J C C, et al. Enhanced particle swarm optimizer incorporating a weighted particle[J]. Neurocomputing, 2013, 124(2): 218-227.

第5章　改进粒子群优化算法在三相逆变器中的应用

5.1　引　　言

单相逆变电源容量有限，为使逆变电源有较高的容量，可采用三相逆变电路。通常三相逆变由三个在相位上相互差 $120°$ 的单相半桥逆变组成，按直流侧的性质分为电流型逆变器和电压型逆变器，本章介绍最为常见的电压型逆变器。

三相逆变器的调制方式同样也有直接给占空比的方波调制和 PWM 调制，其中 PWM 调制则有 SPWM 调制和 SVPWM 调制。

三相逆变器的控制策略与单相逆变器的控制策略基本相同，同样也适用于 PI 控制和 QPR 等控制方式。

本章首先介绍三相逆变器的组成、调制原理、控制策略和优化目标函数，然后建立离线优化模型，采用第 3 章所给的 MMPSO 进行实验验证，并与 PSO、PSO-CF 和 EPSOWP 进行实验对比。

5.2　电压型三相逆变器的组成及多种调制原理

5.2.1　电压型三相逆变器的组成与运行状态分析

电压型三相逆变器的电路如图 5.1 所示。

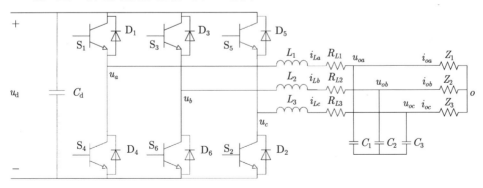

图 5.1　电压型三相逆变器的电路结构图

图中，C_d、$C_n(n = 1,2,3)$、$L_n(n = 1,2,3)$、$R_{Ln}(n = 1,2,3)$ 和 $Z_n(n = 1,2,3)$ 分别代表直流侧电容、交流滤波电容、交流滤波电感、电感阻抗和负载；$S_n(n =$

$1, 2, 3, 4, 5, 6$) 和 $D_n (n = 1, 2, 3, 4, 5, 6)$ 分别代表功率开关管和续流二极管；u_d、i_{Lk} $(k = a, b, c)$、$u_{ok}(k = a, b, c)$、$i_{ok}(k = a, b, c)$ 和 $u_k(k = a, b, c)$ 分别为直流侧电压、三相电感电流、三相负载电压、三相负载电流和三相相电压 (节点到负载中点间的电压)。直流侧电容与单相逆变相同，同样可以抑制电压纹波，为交流侧提供无功电流的流通回路。LC 滤波可以滤除截止频率后的高次谐波。输出电流 i_o 由输出电压和负载特性共同决定。为了防止上下同时导通而短路，S_1 和 S_4(S_3 和 S_6、S_5 和 S_2) 不能同时导通，一般情况下其导通时间互补。

　　三相逆变比单相逆变多出两相，任一时刻总会有任意三个功率开关管 (互补的功率开关管不能同时导通) 同时接受开通的控制脉冲信号。假设负载为恒定的阻性负载，电流从左向右为正，直流侧电压恒定，初始状态下所有储能元件的电能为零。下面分多种情况进行讨论。

　　情况 1：S_1、S_3 和 S_2 首先导通，S_4、S_6 和 S_5 关断，其电流回路图如图 5.2 所示。

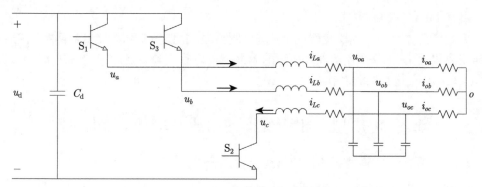

图 5.2　第 1 种情况下的电流回路

　　为了方便观察，将部分标识省略。由图 5.2 可知，电感电流 i_{La} 和 i_{Lb} 为正值，i_{Lc} 为负值；相电压 u_a 和 u_b 为正值，u_c 为负值 (忽略电感的分压作用，负载电压方向与节点电压方向基本相同)，其值分别为

$$u_a = \frac{u_d}{3}$$
$$u_b = \frac{u_d}{3} \tag{5.1}$$
$$u_c = -\frac{2u_d}{3}$$

　　情况 2：S_4、S_3 和 S_2 开通，S_1、S_6 和 S_5 关断，此时电感中储存着电能，S_4 无法立刻导通，其电流回路图如图 5.3 所示。

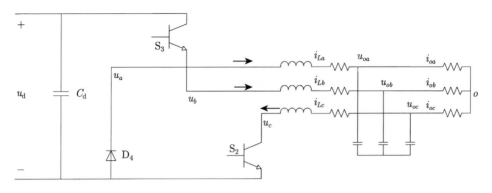

图 5.3 第 2 种情况下的电流回路

由图 5.3 可知，三相电感电流方向仍然不变；此时相电压 u_b 为正值，u_a 和 u_c 为负值，其值分别为

$$
\begin{aligned}
u_a &= -\frac{u_\mathrm{d}}{3} \\
u_b &= \frac{2u_\mathrm{d}}{3} \\
u_c &= -\frac{u_\mathrm{d}}{3}
\end{aligned}
\tag{5.2}
$$

情况 3：S_4、S_3 和 S_2 开通，S_1、S_6 和 S_5 关断，S_4 导通，其电流回路图如图 5.4 所示。

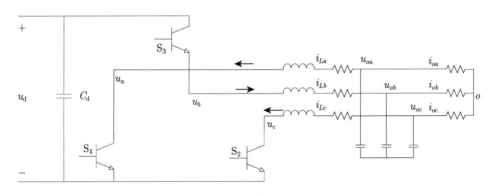

图 5.4 第 3 种情况下的电流回路

此时电感电流 i_{Lb} 为正值，i_{La} 和 i_{Lc} 为负值；相电压方向不变。

情况 4：S_4、S_3 和 S_5 开通，S_1、S_6 和 S_2 关断，电感中储存着电能，S_5 无法立刻导通，其电流回路图如图 5.5 所示。

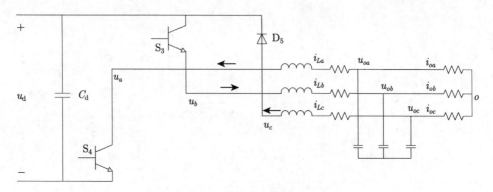

图 5.5　第 4 种情况下的电流回路

由图 5.5 可知，三相电感电流方向不变；此时相电压 u_b 和 u_c 为正值，u_a 为负值，其值分别为

$$
\begin{aligned}
u_a &= -\frac{2u_\mathrm{d}}{3} \\
u_b &= \frac{u_\mathrm{d}}{3} \\
u_c &= \frac{u_\mathrm{d}}{3}
\end{aligned}
\tag{5.3}
$$

情况 5：S_4、S_3 和 S_5 开通，S_1、S_6 和 S_2 关断，S_5 导通，其电流回路图如图 5.6 所示。

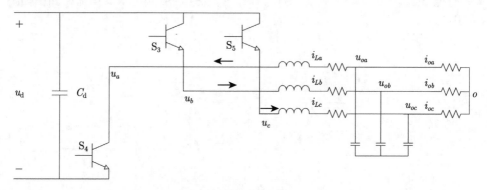

图 5.6　第 5 种情况下的电流回路

电感电流 i_{Lb} 和 i_{Lc} 为正值，i_{La} 为负值；相电压方向不变。其他情况可以按照前面的内容依次类推，这里不做叙述。

5.2.2　电压型三相逆变器调制方式介绍

单相逆变中的调制方法同样可以运用到三相逆变中，接下来将详细介绍运用在三相逆变中的基本调制方式。

1. 方波

1) 基本原理

假设三相逆变为理想情况 (功率器件无内阻, 可立刻导通和关断, 直流电源恒定, 初始状态储能器件无储能), 三相全桥逆变器的部分波形如图 5.7 所示。

图 5.7 中周期为 2π, 每个开关管脉冲信号的占空比 $D = 0.5$(脉宽为 π), $u_{gn}(n = 1, 2, 3)$ 相对应 $S_n(n = 1, 2, 3)$ 的开通, 脉冲信号为高电平时开关管开通, 同一侧的上下桥臂对应的脉冲信号互补; 相电压 u_a、u_b 和 u_c 相互差 $2\pi/3$; 线电压 u_{ab} 由相电压 u_a 和 u_b 合成, 存在三种电平, 分别为 u_d、0 和 $-u_d$; 时刻 t_3 对应的是 5.2.1 节中的情况 1(S_1、S_3 和 S_2 开通, S_4、S_6 和 S_5 关断), t_4 对应情况 2(S_4、S_3 和 S_2 开通, S_1、S_6 和 S_5 关断) 和情况 3(S_4、S_3 和 S_2 导通, S_1、S_6 和 S_5 关断), t_5 对应情况 4(S_4、S_3 和 S_5 开通, S_1、S_6 和 S_2 关断) 和情况 5(S_4、S_3 和 S_5 开通, S_1、S_6 和 S_2 关断), 其他时刻可以自行推导出来, 这里不做叙述。

根据相电压的对称性, 这里只考虑相电压 u_a(其他相电压类似, 只是相位不同), 设直流电压 u_d 的幅值为 U_d, 结合式 (4.5)~式 (4.7) 的系数计算公式可以得到 a_0 和 a_k 分别为

$$a_0 = \frac{1}{\pi}\int_0^{\frac{\pi}{3}}\frac{U_d}{3}\mathrm{d}x + \frac{1}{2\pi}\int_{\frac{\pi}{3}}^{\frac{2\pi}{3}}\frac{2U_d}{3}\mathrm{d}x + \frac{1}{\pi}\int_{\pi}^{\frac{4\pi}{3}}\left(-\frac{U_d}{3}\right)\mathrm{d}x + \frac{1}{2\pi}\int_{\frac{4\pi}{3}}^{\frac{5\pi}{3}}\left(-\frac{2U_d}{3}\right)\mathrm{d}x = 0 \tag{5.4}$$

$$\begin{aligned}
a_k ={}& \frac{1}{\pi}\int_0^{\frac{\pi}{3}}\frac{U_d}{3}\cos(\omega_k x)\mathrm{d}x + \frac{1}{\pi}\int_{\frac{\pi}{3}}^{\frac{2\pi}{3}}\frac{2U_d}{3}\cos(\omega_k x)\mathrm{d}x + \frac{1}{\pi}\int_{\frac{2\pi}{3}}^{\pi}\frac{U_d}{3}\cos(\omega_k x)\mathrm{d}x \\
&+ \frac{1}{\pi}\int_{\pi}^{\frac{4\pi}{3}}\left(-\frac{U_d}{3}\right)\cos(\omega_k x)\mathrm{d}x + \frac{1}{\pi}\int_{\frac{4\pi}{3}}^{\frac{5\pi}{3}}\left(-\frac{2U_d}{3}\right)\cos(\omega_k x)\mathrm{d}x \\
&+ \frac{1}{\pi}\int_{\frac{5\pi}{3}}^{2\pi}\left(-\frac{U_d}{3}\right)\cos(\omega_k x)\mathrm{d}x = 0
\end{aligned} \tag{5.5}$$

$$\begin{aligned}
b_k ={}& \frac{1}{\pi}\int_0^{\frac{\pi}{3}}\frac{U_d}{3}\sin(\omega_k x)\mathrm{d}x + \frac{1}{\pi}\int_{\frac{\pi}{3}}^{\frac{2\pi}{3}}\frac{2U_d}{3}\sin(\omega_k x)\mathrm{d}x \\
&+ \frac{1}{\pi}\int_{\frac{2\pi}{3}}^{\pi}\frac{U_d}{3}\sin(\omega_k x)\mathrm{d}x \\
&+ \frac{1}{\pi}\int_{\pi}^{\frac{4\pi}{3}}\left(-\frac{U_d}{3}\right)\sin(\omega_k x)\mathrm{d}x + \frac{1}{\pi}\int_{\frac{4\pi}{3}}^{\frac{5\pi}{3}}\left(-\frac{2U_d}{3}\right)\sin(\omega_k x)\mathrm{d}x \\
&+ \frac{1}{\pi}\int_{\frac{5\pi}{3}}^{2\pi}\left(-\frac{U_d}{3}\right)\sin(\omega_k x)\mathrm{d}x
\end{aligned} \tag{5.6}$$

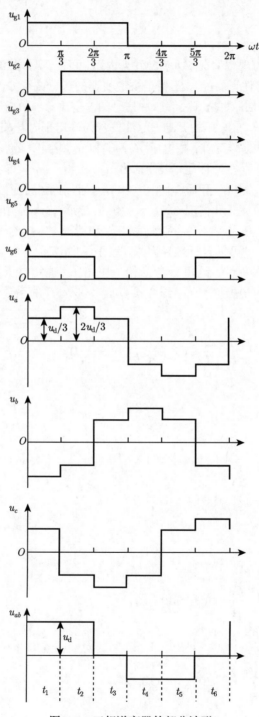

图 5.7　三相逆变器的部分波形

将式 (5.6) 拆成两个部分，可以得到

$$b_{k1} = \frac{1}{\pi}\int_0^{\frac{\pi}{3}} \frac{U_\mathrm{d}}{3}\sin(\omega_k x)\mathrm{d}x + \frac{1}{\pi}\int_{\frac{\pi}{3}}^{\frac{2\pi}{3}} \frac{2U_\mathrm{d}}{3}\sin(\omega_k x)\mathrm{d}x + \frac{1}{\pi}\int_{\frac{2\pi}{3}}^{\pi} \frac{U_\mathrm{d}}{3}\sin(\omega_k x)\mathrm{d}x \quad (5.7)$$

$$b_{k2} = \frac{1}{\pi}\int_{\pi}^{\frac{4\pi}{3}} \left(-\frac{U_\mathrm{d}}{3}\right)\sin(\omega_k x)\mathrm{d}x + \frac{1}{\pi}\int_{\frac{4\pi}{3}}^{\frac{5\pi}{3}} \left(-\frac{2U_\mathrm{d}}{3}\right)\sin(\omega_k x)\mathrm{d}x$$

$$+ \frac{1}{\pi}\int_{\frac{5\pi}{3}}^{2\pi} \left(-\frac{U_\mathrm{d}}{3}\right)\sin(\omega_k x)\mathrm{d}x \quad (5.8)$$

由式 (5.7) 和式 (5.8) 进一步可以得到

$$\begin{cases} b_{k1} = \begin{cases} \dfrac{U_\mathrm{d}}{k\pi}, & k = 1, 5, 7, \cdots \\ 0, & k = 2, 3, 4, \cdots \end{cases} \\ b_{k2} = \begin{cases} \dfrac{U_\mathrm{d}}{k\pi}, & k = 1, 5, 7, \cdots \\ 0, & k = 2, 3, 4, \cdots \end{cases} \end{cases} \quad (5.9)$$

由式 (5.9) 可以得到

$$b_k = b_{k1} + b_{k2} = \begin{cases} \dfrac{2U_\mathrm{d}}{k\pi}, & k = 1, 5, 7 \cdots \\ 0, & k = 2, 3, 4, \cdots \end{cases} \quad (5.10)$$

将式 (5.10) 代入式 (4.5)，可得相电压 u_a 为

$$u_a = \sum_{k=1}^{\infty} \left[\frac{2U_\mathrm{d}}{k\pi}\sin(\omega_k x)\right], \quad k = 1, 5, 7, 11 \quad (5.11)$$

设逆变器输出电压的基波幅值为 U_{a1}，U_{a1r} 为有效值，$U_{ak}(k = 5, 7, 11, 13, \cdots)$ 为其他次幅值，可以得到

$$\begin{aligned} U_{a1} &= \frac{2U_\mathrm{d}}{\pi} \\ U_{a1r} &= \frac{2U_\mathrm{d}}{\sqrt{2}\pi} \\ U_{ak} &= \frac{2U_\mathrm{d}}{k\pi}, \quad k = 5, 7, 11, \cdots \end{aligned} \quad (5.12)$$

线电压 u_{ab} 可以表示为

$$u_{ab} = u_a - u_b \quad (5.13)$$

设线电压基波幅值为 U_{ab1}，可以得到

$$U_{ab1} = \sqrt{3}U_{a1} = \sqrt{3}U_{b1} = \frac{2\sqrt{3}U_d}{\pi} \tag{5.14}$$

线电压有效值 U_{ab1r} 为

$$U_{ab1r} = \frac{U_{ab1}}{\sqrt{2}} = \frac{\sqrt{6}U_d}{\pi} \tag{5.15}$$

相电感电流可以视为相电压施加在滤波器和负载上的结果，与滤波参数、负载大小和负载性质有关，以 A 相电流为例，由图 5.1 可以得到方程

$$u_a = L_1 \frac{\mathrm{d}i_{La}}{\mathrm{d}t} + \frac{\int i_{ca}\mathrm{d}t}{C_1} + i_{oa}z_1 \tag{5.16}$$

式中，i_{ca} 为 A 相电容电流。可以看出，在相电压不变的情况下，负载电流、电容电流、滤波电感等参数决定了电感电流的相位和波形，所以实际电感电流波形需要考虑实际的滤波器和负载情况。

2) 方波情况下三相逆变的仿真实现

三相方波逆变在 MATLAB 中建立的 Simulink 仿真模型如图 5.8 所示。

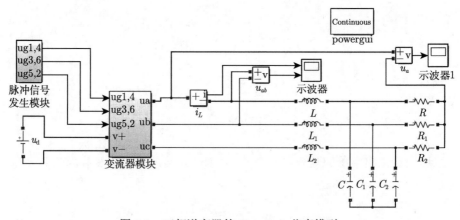

图 5.8　三相逆变器的 Simulink 仿真模型

图 5.8 中，为了保证该模型能够正常运行，同样需要添加 powergui 模块；$u_d = 100\mathrm{V}$，$L = L_1 = L_2 = 10\mathrm{mH}$，$C = C_1 = C_2 = 6\mathrm{\mu F}$，$R = R_1 = R_2 = 4\Omega$。该三相逆变仿真模型包括了直流电源部分、脉冲信号发生模块、三相变流器模块、电压和电流检测模块、示波器、三相 LC 滤波部分和三相负载 R。

图 5.8 中的脉冲信号发生模块和变流器模块内部结构如图 5.9(a) 和 (b) 所示。

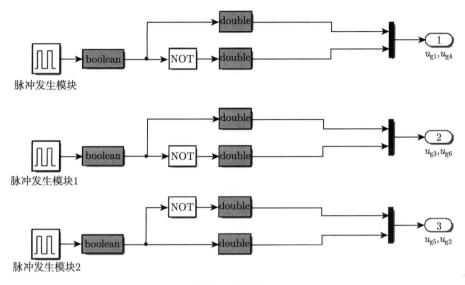

(a) 脉冲信号发生模块

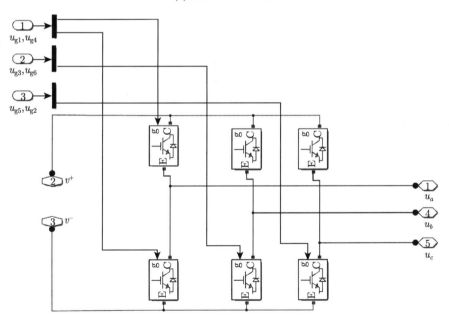

(b) 三相变流器模块

图 5.9 模块内部结构

图 5.9(a) 中, 脉冲发生模块的脉冲信号占空比 $D = 0.5$, 方波频率为 50Hz, 因此需要对该模块中的部分参数进行修改, 参数修改窗口如图 5.10 所示。

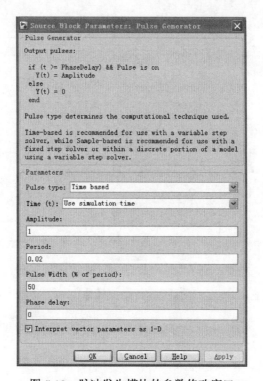

图 5.10　脉冲发生模块的参数修改窗口

　　可以看出，图 5.10 与图 4.9 参数设置相同，不同的地方是三相需要三个不同相位的脉冲发生模块，通过修改 Phase delay 可以得到不同相位，脉冲发生模块 1 设置为 0.00667，脉冲发生模块 2 模块设置为 0.00333。

　　三相逆变仿真模型中的线电压 u_{ab}、相电压 u_a 和电感电流 i_{La}(某一相) 输出波形如图 5.11 所示。

　　由图 5.11 可以看出，电压波形与理论部分波形相同；因为滤波电感的存在，电感电流的过零点要滞后于相电压，滞后时间由电感大小决定。

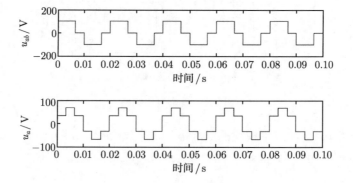

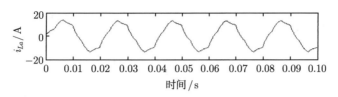

图 5.11　三相逆变部分输出波形

3) 三相方波逆变的特点

(1) 单侧输出电压不可调。由式 (5.12) 可以看出，三相电压的各相相电压有效值只与直流侧电压有关，线电压为相电压的合成，同样也只与直流侧电压有关。

(2) 负载电压谐波高。三相逆变的相电压均为方波，其 THD 约为 31.01%，线电压同样也为方波，THD 约为 31.14%，因此总谐波畸变率高，低通滤波电路只能滤除掉高次谐波，无法消除低次谐波的影响。

(3) 直流电压利用率低。由式 (5.12) 可以得到，相电压增益为

$$\frac{U_{a1}}{U_{\mathrm{d}}} = \frac{2}{\pi} = 0.63662 \tag{5.17}$$

可以看出，直流电压利用率约为 63%，利用率低；对比式 (4.12)，单相逆变器的直流电压利用率高于三相逆变器的直流电压利用率。

(4) 死区时间降低谐波质量。因为实际的功率器件开通关断需要时间，如果上下桥臂脉冲信号互补，在换流时会出现上下桥臂同时导通的情况而发生短路，因此需要添加死区时间防止上下桥臂同时导通，而增加死区时间会降低波形质量。

2. 三相 SPWM 调制

1) 基本原理

三相 SPWM 的控制脉冲并不固定，这是与方波的一个区别。与单相 SPWM 调制相同，三相 SPWM 中的调制波为正弦波，可以通过改变该正弦波的频率和幅值来调节逆变输出电压的频率和幅值，载波同样为三角波。三相 SPWM 调制的三相逆变器部分波形如图 5.12 所示。

图中，$u_{ng}(n = a, b, c)$ 和 u_{c} 分别为三相调制信号和载波；脉冲信号 $u_{\mathrm{g}n}(n = 1, 2, 3, 4, 5, 6)$ 的占空比不再是固定值，上下桥臂仍然互补。

调制信号 u_{ng} 为正弦波，可以表示为

$$u_{ng} = U_{ng} \sin(\omega_n t) \tag{5.18}$$

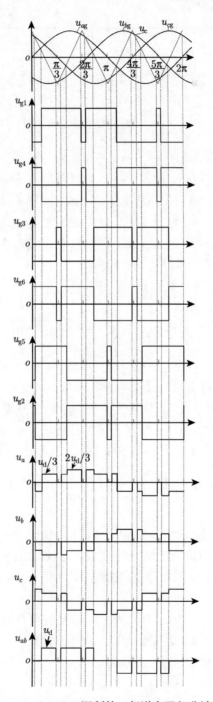

图 5.12　SPWM 调制的三相逆变器部分波形

载波 u_c 的幅值为 U_c，可以得到调制比 m 为

$$m = \frac{U_{ng}}{U_c} \tag{5.19}$$

与单相逆变相同，载波频率越高，一个周期内开关管通断的次数也会越多，可以定义频率比 K 为

$$K = \frac{f_c}{f_{ng}} \tag{5.20}$$

式中，f_c 为载波的频率，一般情况下三相对称，所以 K 相同。

由式 (5.18) 可以得到线电压 u_{ab} 为

$$u_{ab} = \sqrt{3} U_a^* \sin(\omega_a t) \tag{5.21}$$

式中，U_a^* 为 a 相相电压幅值，角频率 $\omega_a = 2\pi f_a$。设 u_{ab} 的幅值为 U_{ab}^*，则存在如下关系：

$$U_{ab}^* = \sqrt{3} U_a^* \tag{5.22}$$

同样考虑对称性，结合式 (4.5) 和式 (4.7) 可以得到线电压 u_{ab} 为

$$u_{ab} = \sum_{k=1}^{\infty} [U_{ab}^* \sin(\omega_k x)], \quad k = 1, 5, 7, 11, \cdots \tag{5.23}$$

式中，线电压的基波幅值为 U_{ab}^*。将图 5.12 中线电压的某个 1/2 周期的波形放大，如图 5.13 所示。

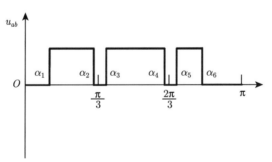

图 5.13　1/2 周期的波形放大图

图中，$\alpha_n (n = 1, 2, 3, 4, 5, 6)$ 为开关角，系数 b_k 为

$$b_k = \frac{2}{\pi} \int_0^\pi U_d \sin(\omega_k x) \mathrm{d}x = \frac{4U_d}{\pi} \int_0^{\frac{\pi}{2}} \sin(\omega_k x) \mathrm{d}x \tag{5.24}$$

结合图 5.13 可以进一步推出

$$\frac{4U_d}{\pi} \int_0^{\frac{\pi}{2}} \sin(\omega_k x) \mathrm{d}x = \frac{4U_d}{\pi} \int_{\alpha_1}^{\alpha_2} \sin(\omega_k x) \mathrm{d}x - \frac{4U_d}{\pi} \int_{\alpha_3}^{\frac{\pi}{2}} \sin(\omega_k x) \mathrm{d}x \tag{5.25}$$

由式 (5.25) 和式 (4.16) 可以得到

$$U_{abk}^* = b_k = \frac{4U_d}{k\pi}[\cos(\omega_k\alpha_1) - \cos(\omega_k\alpha_2) + 2\cos(\omega_k\alpha_3)] \tag{5.26}$$

进一步可以得到

$$u_{ab} = \frac{4U_d}{\pi}\sum_{k=1}^{\infty}[\cos(\omega_k\alpha_1) - \cos(\omega_k\alpha_2) + 2\cos(\omega_k\alpha_3)], \quad k = 1, 5, 7, 11, \cdots \tag{5.27}$$

将式 (4.6) 代入 (5.27) 可得

$$u_{ab} = \frac{4U_d}{\pi}\sum_{k=1}^{\infty}[\cos(k\alpha_1) - \cos(k\alpha_2) + 2\cos(k\alpha_3)], \quad k = 1, 5, 7, 11, \cdots \tag{5.28}$$

由式 (5.28) 可以看出，线电压 u_{ab} 和单相逆变情况相似，其幅值 U_{ab}^* 由多个开关角共同决定。有两种方式可以影响开关角：第一种是增加或减小载波频率；第二种是改变调制波的幅值，这同样也会改变调制比。

设三相逆变直流侧电压的虚拟中点为 N，三相电压型逆变器的拓扑结构如图 5.14 所示。

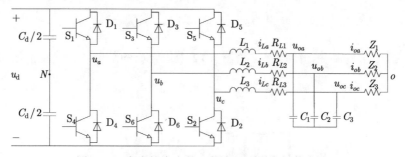

图 5.14　有虚拟中点的三相电压型逆变拓扑电路

可以看出，当上半桥臂导通时，存在如下关系：

$$u_{aN} = u_{bN} = u_{cN} = \frac{u_d}{2} \tag{5.29}$$

当下半桥臂导通时，存在如下关系：

$$u_{aN} = u_{bN} = u_{cN} = \frac{u_d}{2} \tag{5.30}$$

进一步可以得到如下关系：

$$U_{a1}^* = U_{aN} = \frac{U_d}{2} \tag{5.31}$$

式中，U_{aN} 为电压 u_{aN} 的基波幅值；U_d 为直流侧电压幅值。当 $f_c \gg f_g$ 时，可以参考第 4 章的平均值模型法，考虑式 (4.29) 和式 (4.30) 可以得到相电压在一个载

波周期中的平均值为

$$\bar{u}_a = m\frac{U_d}{2}\sin(\omega t) = U_a^*\sin(\omega t) \tag{5.32}$$

即

$$\frac{m}{2} = \frac{U_a^*}{U_d} \tag{5.33}$$

由式 (5.22) 可知

$$U_{ab}^* = \sqrt{3}U_a^* \tag{5.34}$$

可以得到

$$U_{ab}^* = \frac{\sqrt{3}mU_d}{2k} \tag{5.35}$$

其基波有效值为

$$U_{ab1r}^* = \frac{\sqrt{3}mU_d}{2\sqrt{2}} \tag{5.36}$$

参考文献 [1]，可以画出三相 SPWM 的调压特性，如图 5.15 所示。

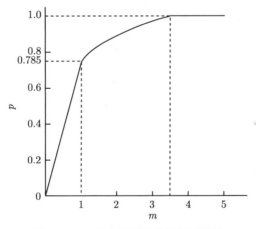

图 5.15　三相电压型逆变的调压特性

图中，p 为标幺值，结合式 (5.15) 和式 (5.36)，存在如下关系式：

$$p = \frac{U_{ab1}^*}{U_{ab1}} = 0.785 \tag{5.37}$$

电压利用率为

$$A_u = \frac{U_{a1}^*}{U_d} = 0.5m \tag{5.38}$$

图 5.15 中的调压特性随着调制比 m 的改变而改变，在 $m < 1$ 时，p 和 m 为线性关系，电压利用率也是线性变化；当 $m > 1$ 时分两种情况，第一种是 p 和 m 的非线性关系变化区域，此时电压增益也非线性增加；第二种是 p 已经达到最大

值 1，此时不管 m 怎么变化，电压利用率不变。

2) SPWM 调制的三相逆变仿真实现

该方式的 Simulink 仿真模型与图 5.8 一样，不同之处是脉冲信号发生模块，该模块的内部结构如图 5.16 所示。

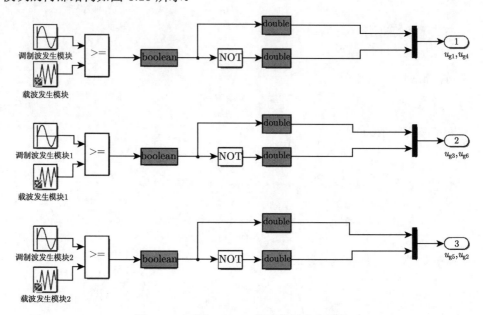

图 5.16　三相 SPWM 脉冲信号产生模块

图中调制波发生模块的参数与图 4.16 设置相同，调制波发生模块 1 和调制波发生模块 2 仅相位不同，三个相调制信号相互差 120°，所以需要修改模块中的 Phase，调制信号发生模块 1 和调制信号发生模块 2 中的 Phase 参数分别为 240 和 120。载波发生模块的参数设置与图 4.17 相同。

三相逆变仿真模型中的线电压 u_{ab}、相电压 u_a 和电感电流 i_{La}(某一相) 输出波形如图 5.17 所示。

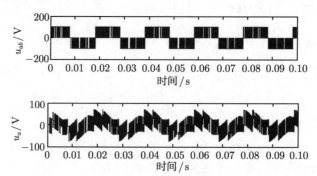

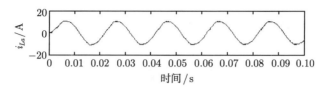

图 5.17 三相 SPWM 调制的部分输出波形

三相负载线电压波形如图 5.18 所示。

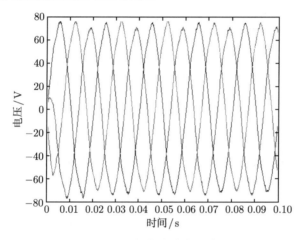

图 5.18 三相负载线电压波形

由图 5.17 和图 5.18 可以看出,三相负载的线电压波形均为正弦波,电感电流也为正弦波。

3) 三相 SPWM 逆变的特点

(1) 逆变输出电压幅值可调。由式 (5.38) 可知,电压利用率由调制比决定,当直流电压确定时,改变调制比就能改变逆变输出电压幅值。但是该调制方式的直流电压利用率不高。

(2) 负载电压的总谐波畸变率较低。与单相逆变相同,负载电压总谐波畸变率低于方波逆变的总谐波畸变率,且载波频率越高,谐波含量越低。但是随着载波频率的提高,功率器件的开关损耗也会随之增加。

(3) 死区时间影响波形质量。为了防止互补的上下桥臂同时导通而短路,需要增加死区时间,这样会降低输出电压的质量。

3. 三相 SVPWM 调制

SVPWM 是利用空间矢量叠加而得到磁链轨迹,其目的是使电动机获得理想的圆形磁链轨迹,从而使得电动机电流接近正弦[2~7]。该方法同样也可以应用在变流器的控制当中。

1) 基本原理

SVPWM 基于平均值等效原理: 在一个开关周期内通过对基本电压矢量加以组合, 使得其平均值与给定电压矢量相等。在任一时刻, 电压矢量处于某一区域时, 电压矢量都可以由该区域的两个相邻非零矢量和零矢量按一定方式组合, 这些矢量表示不同情况的功率开关管的开关状态, 利用这些开关状态就可以使实际磁通去逼近理想磁通。

电动机的三相定子绕组轴线如图 5.19 所示。

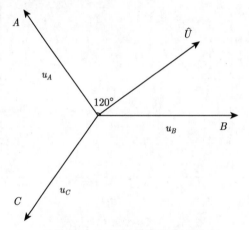

图 5.19   三相负载线电压波形

图中, A、B、C 代表三相绕组, 该定子绕组由三相正弦电源供电, 该三相电压等幅值, 相位相互差 $120°$, 分别是 u_A、u_B、u_C。设 U_m 为幅值, 频率为 f, 有如下公式:

$$
\begin{aligned}
u_A &= U_\mathrm{m}\cos(\omega t)\\
u_B &= U_\mathrm{m}\cos\left(\omega t + \frac{4\pi}{3}\right)\\
u_C &= U_\mathrm{m}\cos\left(\omega t + \frac{2\pi}{3}\right)
\end{aligned}
\tag{5.39}
$$

其中, $\omega = 2\pi f$。

三相电压合成得到的空间矢量 $\hat{U}$ 为

$$
\hat{U} = \frac{2}{3}\left(u_A + u_B \mathrm{e}^{\mathrm{j}\frac{2\pi}{3}} + u_C \mathrm{e}^{\mathrm{j}\frac{4\pi}{3}}\right) = U_\mathrm{m}\mathrm{e}^{\mathrm{j}\omega}
\tag{5.40}
$$

式 (5.40) 表示空间矢量 $\hat{U}$ 幅值不变, 并以一定角频率 ω 旋转, 设逆时针旋转方向为正, 当 ω 恒定时, 空间矢量 $\hat{U}$ 以正方向匀速旋转, 其在 A、B、C 三相上的投影就是三相正弦量。

三相电压型逆变器有六个功率开关管，每个桥臂不同的开关组合构建了逆变器输出的空间电压矢量，设开关函数 $s_n(n = A, B, C)$ 为

$$s_n = \begin{cases} 1 \\ 0 \end{cases} \tag{5.41}$$

当 $s_n = 1$ 时，代表上半桥臂 S_1、S_3、S_5 开通，当 $s_n = 0$ 时，代表下半桥臂 S_2、S_6、S_4 开通。在除去导致上下桥臂短路的开关状态后，可以得到 8 种基本的工作状态，其中非零工作状态有：001、010、011、100、101、110；零工作状态为：000、111。$\hat{U}_1 \sim \hat{U}_6$ 为非零矢量，代表了六个非零工作状态；$\hat{U}_0$ 和 $\hat{U}_7$ 为零矢量，代表零工作状态。开关状态与相电压幅值的关系如表 5.1 所示。

表 5.1　开关状态与相电压幅值的关系表

s_A	s_B	s_C	U_{ak}^*	U_{bk}^*	U_{ck}^*
0	0	0	0	0	0
0	0	1	$-\dfrac{U_d}{3}$	$-\dfrac{U_d}{3}$	$\dfrac{2U_d}{3}$
0	1	0	$-\dfrac{U_d}{3}$	$\dfrac{2U_d}{3}$	$-\dfrac{U_d}{3}$
0	1	1	$-\dfrac{2U_d}{3}$	$\dfrac{U_d}{3}$	$\dfrac{U_d}{3}$
1	0	0	$\dfrac{2U_d}{3}$	$-\dfrac{U_d}{3}$	$-\dfrac{U_d}{3}$
1	0	1	$\dfrac{U_d}{3}$	$-\dfrac{2U_d}{3}$	$\dfrac{U_d}{3}$
1	1	0	$\dfrac{U_d}{3}$	$\dfrac{U_d}{3}$	$-\dfrac{2U_d}{3}$
1	1	1	0	0	0

图 5.20 为 SVPWM 的八个基本空间矢量的分布图。

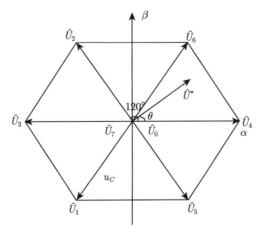

图 5.20　SVPWM 的八个基本空间矢量的分布图

结合图 5.20, 每一个扇区的任意电压合成方式如下:

$$\int_0^T \hat{U}^* dt = \int_0^{T_a} \hat{U}_a dt + \int_{T_a}^{T_a+T_b} \hat{U}_b dt + \int_{T_a+T_b}^T \hat{U}_0 dt \tag{5.42}$$

式中, T 为采样周期; T_a 和 T_b 为非零电压矢量的作用时间; $\hat{U}_a$ 和 $\hat{U}_b$ 为某一扇区的两个相邻非零电压矢量; $\hat{U}_0$ 为零电压矢量。

由式 (5.42) 进一步可以得到

$$\hat{U}^* T = \hat{U}_a T_a + \hat{U}_b T_b + \hat{U}_0 T_0 \tag{5.43}$$

其中, 零电压矢量的作用时间 T_0 为

$$T_0 = T - (T_a + T_b) \tag{5.44}$$

通过不同的作用时间, 可以得到一个电压空间向量平面上旋转的给定电压空间向量, 从而达到了空间向量脉宽调制的目的。

2) SVPWM 推导

将图 5.20 分成六个扇区, 其中 $\hat{U}_4$ 和 $\hat{U}_6$ 为 Ⅰ 扇区, $\hat{U}_6$ 和 $\hat{U}_2$ 为 Ⅱ 扇区, $\hat{U}_2$ 和 $\hat{U}_3$ 为 Ⅲ 扇区, $\hat{U}_3$ 和 $\hat{U}_1$ 为 Ⅳ 扇区, $\hat{U}_1$ 和 $\hat{U}_5$ 为 Ⅴ 扇区, $\hat{U}_5$ 和 $\hat{U}_4$ 为 Ⅵ 扇区。假设合成电压矢量的角速度为 $\omega = 2\pi f$; $T_1 \sim T_6$ 对应的是非零电压矢量 $\hat{U}_1 \sim \hat{U}_6$ 的作用时间; T_0 和 T_7 对应的是零电压矢量 $\hat{U}_0$ 和 $\hat{U}_7$ 的作用时间 $(T_0 = T_7)$。

以扇区 Ⅰ 为例, 从图 5.20 中取出扇区 Ⅰ 区域, 如图 5.21 所示。

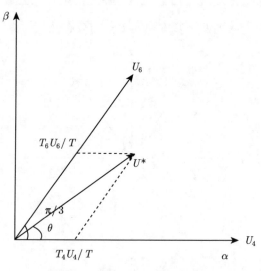

图 5.21　扇区 Ⅰ 电压矢量合成图

图中，$\theta(0 < \theta < \pi/3)$ 为非零矢量 U_4 与 U^* 的夹角，计算时为了方便，不考虑方向问题。结合图 5.21 和式 (5.43)，并根据正弦定理可以得到

$$\frac{U^*}{\sin \dfrac{2\pi}{3}} = \frac{U_4 T_4}{T \sin \left(\dfrac{\pi}{3} - \theta\right)} = \frac{U_6 T_6}{T \sin \theta} \tag{5.45}$$

非零电压矢量与直流电压关系如下：

$$U_4 = U_6 = \frac{2U_{\mathrm{d}}}{3} \tag{5.46}$$

将式 (5.46) 代入式 (5.45) 可以得到

$$U^* = \frac{T_4 U_{\mathrm{d}}}{\sqrt{3} T \sin \left(\dfrac{\pi}{3} - \theta\right)}$$
$$U^* = \frac{T_6 U_{\mathrm{d}}}{\sqrt{3} T \sin \theta} \tag{5.47}$$

定义调制比 m^* 为

$$m^* = \frac{\sqrt{3} U^*}{U_{\mathrm{d}}} \tag{5.48}$$

对比式 (5.33) 和式 (5.48) 可知，传统的三相 SPWM 逆变，其直流电压利用率最大为 0.5，而 SVPWM 最高的直流电压利用率为 0.577，提高了 15% 左右。

将式 (5.48) 代入式 (5.47) 可以得到

$$T_4 = m^* T \sin \left(\frac{\pi}{3} - \theta\right)$$
$$T_6 = m^* T \sin \theta \tag{5.49}$$

如果 T_4 和 T_6 之和小于 T，需要插入零矢量来补充，可以得到

$$T_0 + T_7 = T - (T_4 + T_6) \tag{5.50}$$

其中

$$T_0 = k(T - T_4 - T_6)$$
$$T_7 = (1 - k)(T - T_4 - T_6) \tag{5.51}$$

式中，k 的取值范围为 $[0, 1]$，零矢量的加入能够有效地减小开关次数，这样便最大限度地减小开关损耗。一般都需要引入零矢量来减小开关次数，而式 (5.51) 中两个零矢量的作用时间一般都设置为相同的时间，因此有 $k - 0.5$。

在不同的扇区，需要不同的非零电压矢量和零电压矢量共同作用，并以某种形式 (不同的开关顺序间切换) 组合成对称的输出波形，SVPWM 的开关顺序组合有很多种，这里介绍常见的一种方式，不同扇区的开关切换顺序如表 5.2 所示。

表 5.2　U^* 所在扇区与开关切换顺序

U^* 所在扇区	开关切换顺序
扇区 I	0, 4, 6, 7, 6, 4, 0
扇区 II	0, 2, 6, 7, 6, 2, 0
扇区 III	0, 2, 3, 7, 3, 2, 0
扇区 IV	0, 1, 3, 7, 3, 1, 0
扇区 V	0, 1, 5, 7, 5, 1, 0
扇区 VI	0, 4, 5, 7, 5, 4, 0

为了更加直观地表示出不同的开关顺序，绘制表 5.2 中六个扇区的开关波形如图 5.22 所示。

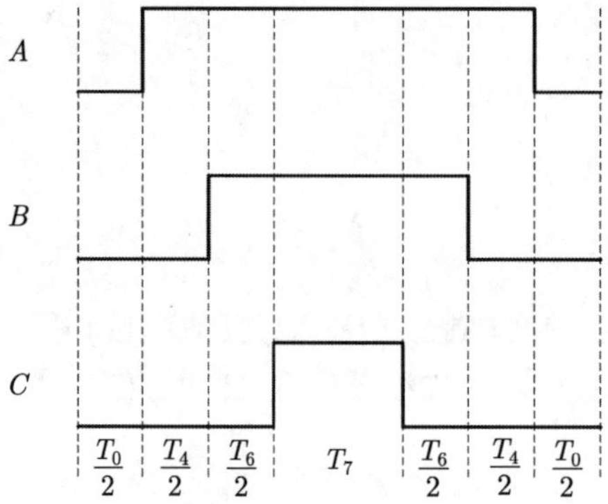

(a) 扇区 I

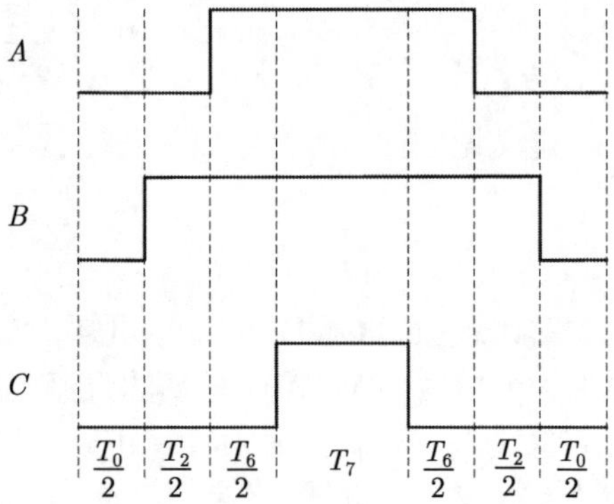

(b) 扇区 II

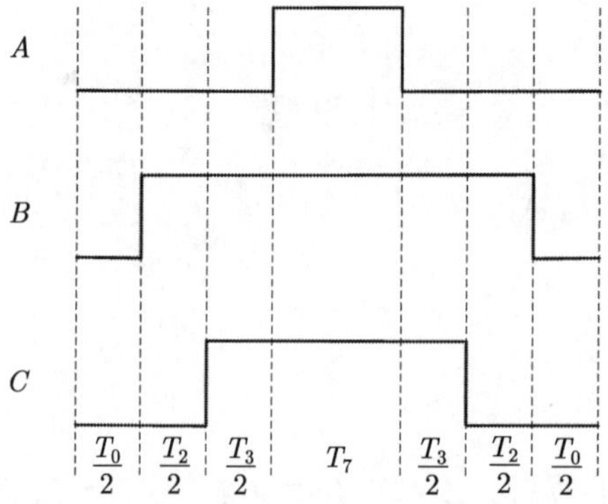

(c) 扇区 III

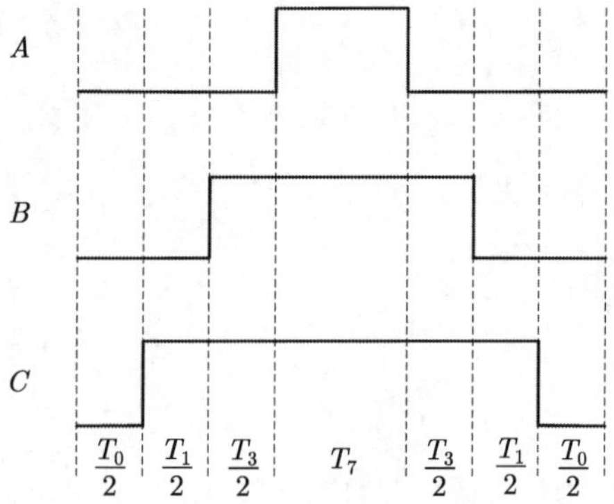

(d) 扇区 IV

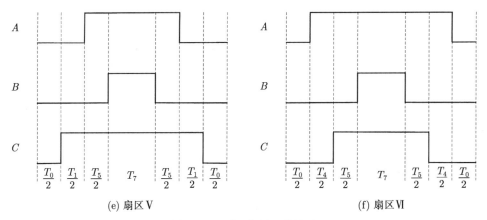

(e) 扇区 V   (f) 扇区 VI

图 5.22   不同扇区开关波形

在输出 SVPWM 调制波之前，还需要判断合成电压所在扇区。判断扇区位置的方式很多，由图 5.20 可知，可以利用 $\alpha\beta$ 坐标系判断合成电压所在扇区的方法，这种扇区判断方法比较普遍，也很简单。令

$$\begin{aligned} S_A &= U_\beta \\ S_B &= \sqrt{3}U_\alpha - U_\beta \\ S_C &= -\sqrt{3}U_\alpha - U_\beta \end{aligned} \qquad (5.52)$$

指令信号经过坐标变换后，通过式 (5.52) 就可以判断出在哪个扇区。S_A、S_B 和 S_C 有六种组合，通过判断其正负和大小情况可以得到六个扇区，扇区和 S_A、S_B、S_C 变量的关系如表 5.3 所示。

表 5.3   扇区和 S_A、S_B、S_C 变量的关系表

S_A	S_B	S_C	所在扇区
$S_A > 0$	$S_B > 0$	$S_C < 0$	扇区 I
$S_A > 0$	$S_B < 0$	$S_C > 0$	扇区 II
$S_A > 0$	$S_B < 0$	$S_C < 0$	扇区III
$S_A < 0$	$S_B > 0$	$S_C > 0$	扇区IV
$S_A < 0$	$S_B > 0$	$S_C > 0$	扇区 V
$S_A < 0$	$S_B > 0$	$S_C > 0$	扇区VI

判断扇区后，就可以利用式 (5.45) 来合成矢量电压，但是由于夹角的存在，需要时刻计算这个值，会使计算变得非常麻烦。可以将矢量电压投影到静态 $\alpha\beta$ 坐标系上，这样能够简化计算，新公式为

$$\left[\begin{array}{c} U_\alpha \\ U_\beta \end{array}\right] T = U^* \left[\begin{array}{c} \cos\theta \\ \sin\theta \end{array}\right] T = U_4 \left[\begin{array}{c} T_4 \\ 0 \end{array}\right] + U_6 \left[\begin{array}{c} T_6 \cos\dfrac{\pi}{3} \\ T_6 \sin\dfrac{\pi}{3} \end{array}\right] \qquad (5.53)$$

由式 (5.53) 可以推出

$$U_{\alpha}T = U_4T_4 + \frac{1}{2}U_6T_6$$
$$U_{\beta}T = \frac{\sqrt{3}}{2}U_6T_6 \tag{5.54}$$

由式 (5.54) 可以推出

$$T_4 = \frac{\sqrt{3}U_{\alpha}T - U_{\beta}T}{\sqrt{3}U_4}$$
$$T_6 = \frac{2U_{\beta}T}{\sqrt{3}U_6} \tag{5.55}$$

将式 (5.46) 代入式 (5.55),可以得到

$$T_4 = \frac{\sqrt{3}T}{2U_{\mathrm{d}}}(\sqrt{3}U_{\alpha} - U_{\beta})$$
$$T_6 = \frac{\sqrt{3}TU_{\beta}}{U_{\mathrm{d}}} \tag{5.56}$$

零序矢量作用时间的计算方式不变,其他扇区的作用时间计算方式同样可以参照该计算方式得到。参考式 (5.56) 和式 (5.52) 可知,在计算合成矢量电压所在扇区时,也能同时计算该扇区各个非零矢量和零矢量的作用时间。

如果两个非零矢量之和大于 T,则需要将其缩小,以第 I 扇区为例,得到新的作用时间 T_4' 和 T_6' 分别为

$$T_4' = \frac{T_4}{T_4 + T_6}T$$
$$T_6' = \frac{T_6}{T_4 + T_6}T \tag{5.57}$$
$$T_0' = T_7' = T - T_4' - T_6'$$

许多文献给出了 SPWM 与 SVPWM 的本质联系,SVPWM 实际上相当于 SPWM 的一种特殊情况[8~12]。

3) SVPWM 调制的三相逆变仿真实现

该方式的 Simulink 仿真模型同样与图 5.8 相同,不同之处是调制方式,脉冲信号发生模块的内部结构如图 5.23 所示。

图中调制波产生部分与 SPWM 仿真相同,仍然是三个相互差 120° 的正弦波形;采样周期为 0.0001s,图中的常数模块 1 中为该值;直流电压则根据电源电压判断,因为仿真中电源电压恒定,所以直接给出电源电压值。

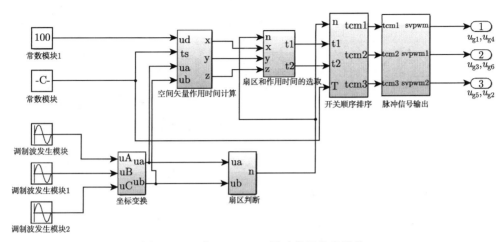

图 5.23 三相 SVPWM 脉冲信号发生模块

下面分别介绍 SVPWM 中各个子模块。

(1) 三相 abc 转静止 $\alpha\beta$ 坐标系模块如图 5.24 所示。

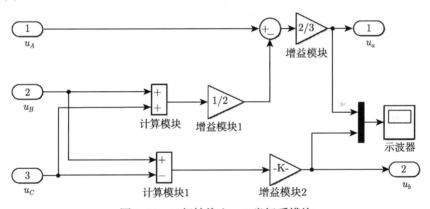

图 5.24 三相转静止 $\alpha\beta$ 坐标系模块

图中增益增块 2 的值为 0.5773, 利用的公式为

$$
\begin{bmatrix} u_\alpha \\ u_\beta \\ u_0 \end{bmatrix} = \frac{3}{2} \begin{bmatrix} 1 & -\dfrac{1}{2} & -\dfrac{1}{2} \\ 0 & \dfrac{\sqrt{3}}{2} & -\dfrac{\sqrt{3}}{2} \\ \dfrac{1}{2} & \dfrac{1}{2} & \dfrac{1}{2} \end{bmatrix} \begin{bmatrix} u_a \\ u_b \\ u_c \end{bmatrix} \tag{5.58}
$$

在三相对称情况下, 式 (5.58) 中 $u_a + u_b + u_c = 0$。

(2) 扇区判断模块如图 5.25 所示。

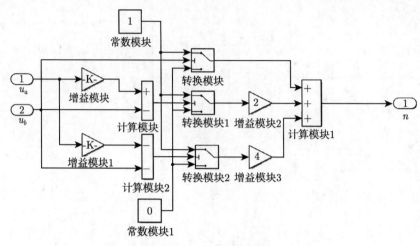

图 5.25　扇区判断模块

图中的扇区可以由式 (5.52) 判断, 其中增益模块与增益模块 1 均为 1.732。可以定义, 当 $S_A > 0$ 时, $A = 1$, 否则 $A = 0$; $S_B > 0$ 时, $B = 1$, 否则 $B = 0$; $S_C > 0$ 时, $C = 1$, 否则 $C = 0$。可以得到扇区判断公式为

$$n = 4C + 2B + A \tag{5.59}$$

(3) 空间矢量作用时间计算模块如图 5.26 所示。

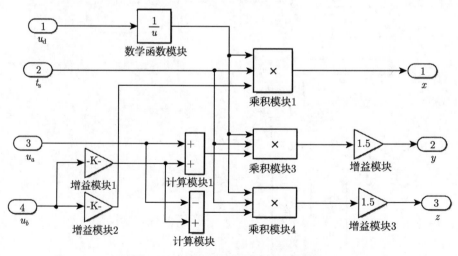

图 5.26　空间矢量作用时间计算模块

图中的计算公式可以参考式 (5.54)~式 (5.56), 其中增益模块 1 为 0.577, 增益模块 2 为 1.732。

(4) 扇区和作用时间的选取模块如图 5.27 所示。

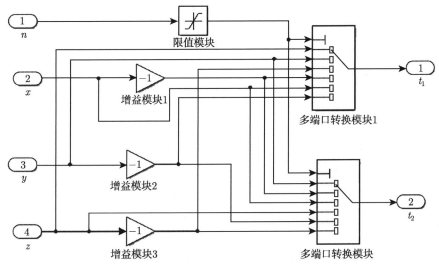

图 5.27 扇区和作用时间的选取模块

图中将不同扇区和矢量作用时间组成到了一起。

(5) 开关顺序排序模块如图 5.28 所示。

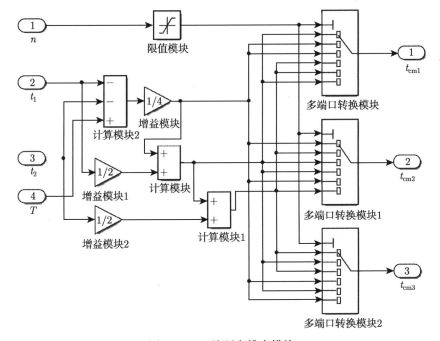

图 5.28 开关顺序排序模块

针对不同的扇区，对不同的矢量作用时间进行排序。可以参考表 5.2 和图 5.22。

(6) 脉冲信号输出模块如图 5.29 所示。

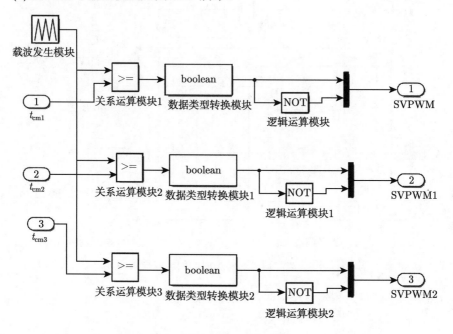

图 5.29　脉冲信号输出模块

图中载波为三角波，其参数设置如图 5.30 所示。

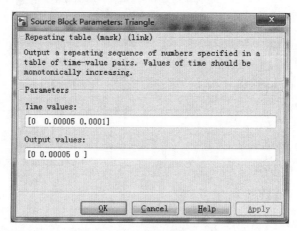

图 5.30　三角波参数设置

图中时间的参数设置为 $[0 \quad T/2 \quad T]$，输出值的参数设置为 $[0 \quad T/2 \quad 0]$，其中 T 为采样周期。

三相 SVPWM 逆变仿真模型中的线电压 u_{ab}、相电压 u_a 和电感电流 i_{La}(某一相) 输出波形如图 5.31 所示。

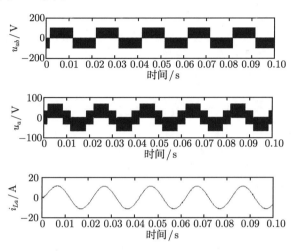

图 5.31 三相 SVPWM 调制的部分输出波形

三相负载线电压波形如图 5.32 所示。

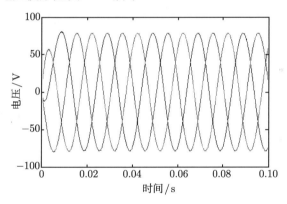

图 5.32 三相负载线电压波形

由图 5.31 和图 5.32 可以看出，与三相 SPWM 逆变类似，SVPWM 调制的三相负载的线电压波形同样为正弦波，电感电流也为正弦波。

4) 三相 SVPWM 逆变的特点

(1) 逆变输出电压幅值可调。由式 (5.38) 可知，电压利用率由调制比决定，当直流电压确定时，改变调制比就能改变逆变输出电压幅值。该调制方式的直流电压利用率要高于 SPWM 调制的直流利用率。

(2) 负载电压的总谐波畸变率较低。与单相逆变相同，负载电压总谐波畸变率低于方波逆变的总谐波畸变率，且载波频率越高，谐波含量越低。相比 SPWM 调制的负载波形，SVPWM 调制的逆变输出波形效果更好，开关损耗因有零矢量的加入而相比 SPWM 调制方式更少。

(3) 死区时间影响波形质量。为了防止互补的上下桥臂同时导通而短路，需要增加死区时间，这样会降低输出电压的质量。

5.3　MMPSO 的三相逆变离线优化系统

三相逆变系统的离线优化示意图与图 4.34 相似，仍然采用 MMPSO 优化方式。三相逆变控制与单相逆变控制不同之处在于，三相逆变控制需要坐标转换，且控制器数量要多于单相逆变。

5.3.1　PI 控制的三相逆变系统线性结构

PI 控制需要将三相电转换成旋转 dq 坐标系，其转换方式如下：

$$\begin{bmatrix} u_d \\ u_q \\ u_0 \end{bmatrix} = \frac{2}{3} \begin{bmatrix} \cos(\omega t) & \cos\left(\omega t - \frac{2\pi}{3}\right) & \cos\left(\omega t + \frac{2\pi}{3}\right) \\ \sin(\omega t) & \sin\left(\omega t - \frac{2\pi}{3}\right) & \sin\left(\omega t + \frac{2\pi}{3}\right) \\ \frac{1}{2} & \frac{1}{2} & \frac{1}{2} \end{bmatrix} \begin{bmatrix} u_a \\ u_b \\ u_c \end{bmatrix} \tag{5.60}$$

经过坐标变换，dq 轴间的耦合影响较小，可以看成是具有对称性的控制，因此只需要单独考虑一个轴。以 d 轴为例，PI 控制的三相逆变系统线性结构框图如图 5.33 所示。

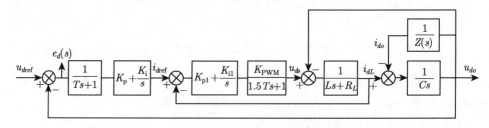

图 5.33　PI 控制的三相逆变系统线性结构框图

图 5.33 中，u_{dref}、$e_d(s)$、u_{ds}、i_{dref}、$Z(s)$、i_{do} 和 u_{do} 分别为电压指令信号、指令信号与反馈信号的误差、交流侧输出电压、电流指令信号、交流侧负载、负载电流和负载电压。

内环控制传递函数等效为

$$G_d(s) = \frac{K_{\mathrm{PWM}}K_{\mathrm{p1}}s + K_{\mathrm{PWM}}K_{\mathrm{i1}}}{1.5Ts^2 + s} \tag{5.61}$$

式中，K_{p1} 为内环 P 参数；K_{i1} 为内环 I 参数 (后面与此相同)，该三相逆变总的开环传递函数简化后为

$$G_{\mathrm{open}}(s) \approx \frac{A's^2 + B'S + C'_d}{D's^3 + Es^2 + Fs} \tag{5.62}$$

式中的系数分别为

$$
\begin{aligned}
A' &= K_{\mathrm{PWM}}K_{\mathrm{p1}}K_{\mathrm{p}}Z \\
B' &= K_{\mathrm{PWM}}K_{\mathrm{i1}}K_{\mathrm{p}}Z + K_{\mathrm{PWM}}K_{\mathrm{p1}}K_{\mathrm{i}}Z \\
C'_d &= K_{\mathrm{PWM}}K_{\mathrm{i1}}K_{\mathrm{i}}Z \\
D' &= K_{\mathrm{PWM}}K_{\mathrm{p1}}CZ + 1.5TZ \\
E &= K_{\mathrm{PWM}}K_{\mathrm{p1}} + K_{\mathrm{PWM}}K_{\mathrm{i1}}CZ + Z + K_{\mathrm{PWM}}K_{\mathrm{i1}}T \\
F &= K_{\mathrm{PWM}}K_{\mathrm{i1}}
\end{aligned}
\tag{5.63}
$$

其中，K_{p} 为外环 P 参数；K_{i} 为外环 I 参数 (后面与此相同)，总的闭环传递函数为

$$G_{\mathrm{close}}(s) \approx \frac{A's^2 + B'S + C'_d}{D's^3 + (E + A')s^2 + (F + B')s + C'_d} \tag{5.64}$$

5.3.2 QPR 控制的三相逆变系统线性结构

QPR 控制的三相逆变系统线性结构框图如图 5.34 所示。

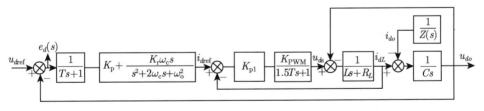

图 5.34 QPR 控制的三相逆变系统线性结构框图

其开环传递函数和闭环传递函数与式 (4.71) 相同。

5.3.3 优化目标函数

与第 4 章相同，选取目标函数有利于 MMPSO 针对三相逆变系统，优化出较好的控制参数。

1. 优化目标函数的选取

以三相 PI 控制的逆变系统为例，由式 (5.62) 和式 (5.64) 可知

$$\frac{u_{do}}{u_{dref} - u_{do}} = \frac{u_{do}}{e_d(s)} = G_{\text{open}}(s) \tag{5.65}$$

$$\frac{u_{do}}{u_{dref}} = G_{\text{close}}(s) \tag{5.66}$$

由式 (5.65) 和式 (5.66) 可知，$e_d(s)$ 和 u_{do} 均与系统控制参数有关，且 u_{do} 不仅含有基波量，还含有谐波量。三相旋转坐标系下的控制为直流量控制，为了保证 $e_d(s)$ 的值和 u_{do} 的总谐波畸变率都尽可能小，本章将总谐波畸变率 (THD) 和时间乘以误差绝对值积分 (integrated time absolute error, ITAE) 作为三相 PI 控制的逆变系统优化目标函数。三相静止坐标系下的控制为交流量控制，本章将总谐波畸变率和误差绝对值积分作为针对三相 QPR 控制的逆变系统的优化目标函数。

1) 总谐波畸变率

THD 公式与式 (4.75) 相同。

2) 误差绝对值积分

IAE 公式与式 (4.76) 相同。

3) 时间乘以误差绝对值积分

该函数可以表明直流反馈信号收敛时间的快慢，误差可以体现与期望信号的接近程度：时间越短的同时误差越小，表明系统收敛越快，且跟踪性能越好。ITAE 公式为

$$\text{ITAE} = \int_0^T t\,|e(t)|\,\mathrm{d}t \tag{5.67}$$

式中，t 代表时间；T 代表逆变系统运行时间。

2. 优化目标函数的建立

针对三相 PI 控制的逆变系统，为了能够同时让负载输出电压谐波畸变率较小，且反馈电压能快速跟踪指令电压，并且误差值较小，将式 (4.75) 和式 (4.67) 加上不同的权系数，并进行组合，该组合公式为

$$F = a' \int_0^T t\,|e(t)|\,\mathrm{d}t + b' \frac{\sqrt{\sum_{n=2}^{\infty} U_{zon}^2}}{U_{zo1}} \times 100\% \tag{5.68}$$

针对三相 QPR 控制的逆变系统，为了能够同时让负载输出电压谐波畸变率较小，且交流误差值较小，将式 (4.75) 和式 (4.76) 加上不同的权系数，并进行组合，

该组合公式为

$$F = a'' \int_0^T |e(t)|\,\mathrm{d}t + b'' \frac{\sqrt{\displaystyle\sum_{n=2}^{\infty} U_{zon}^2}}{U_{zo1}} \times 100\% \tag{5.69}$$

式 (5.68) 和式 (5.69) 中的 a'、b'、a'' 和 b'' 均为常系数 (代表权系数), 存在如下关系:

$$\begin{aligned} a' + b' &= 1 \\ a'' + b'' &= 1 \end{aligned} \tag{5.70}$$

针对三相逆变系统, MMPSO 的优化目的是: 保证负载反馈电压能很好地跟踪指令电压, 同时也保证该反馈电压波形的质量和稳定性较好。

5.3.4 系统优化模型建立及参数选取

基于 MMPSO 的三相逆变系统离线优化模型如图 5.35 所示。PI 控制和 QPR 控制的不同在于坐标变换方式的不同, PI 控制将三相电信号转换成旋转坐标系, QPR 控制则转换成静止坐标系。

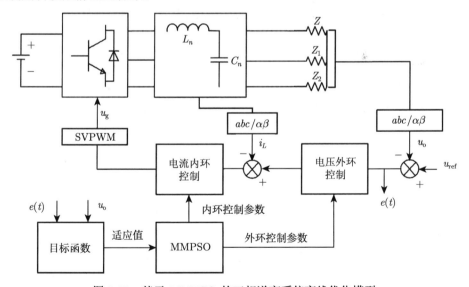

图 5.35　基于 MMPSO 的三相逆变系统离线优化模型

图 5.35 中, 滤波电感 $L_n(n=1,2,3)$ 均为 5mH; 滤波电容 $C_n(n=1,2,3)$ 均为 24μF; 带阻性负载时 Z_n $(n=1,2,3)$ 为 101Ω, 带感性负载时 Z 代表电机负载; 直流母线电压为 600V; 死区时间设置为 3μs; 调制方式为 SVPWM 调制。

基于 PI 控制的三相电压型逆变系统中，K_p 的优化区间为 $[0.09,1500]$，K_i 的优化区间为 $[10,10000]$；K_{p1} 的优化区间为 $[1,1000]$，K_{i1} 的优化区间为 $[10,20000]$。

基于 QPR 控制的三相电压型逆变系统中，K_p 的优化区间为 $[0.1,1500]$，K_r 的优化区间为 $[1,8000]$，w_c 的优化区间为 $[1,5]$；K_{p1} 的优化区间为 $[1,1000]$。

针对三相逆变系统的 MMPSO，其优化参数与第 4 章优化参数相同。优化目标函数中的加权系数取值为

$$a' = a'' = 0.1$$
$$b' = b'' = 0.9 \tag{5.71}$$

5.4　三相逆变仿真实验及数据对比分析

为验证 MMPSO 的优化性能，将其与 PSO、基于压缩因子的 PSO(PSO-CF) 和 EPSOWP(参见第 4 章) 进行优化对比。

5.4.1　多种优化方式数据对比

1. PSO 仿真实验数据

负载不变时 (后面负载状态与此相同)，PSO 分别优化 5.3 节中两种离线模型各 30 次，其中优化三相 PI 控制的逆变系统的统计结果如表 5.4 所示，优化三相 QPR 控制的逆变系统的统计结果如表 5.5 所示。

表 5.4　PSO 优化三相 PI 控制的逆变系统的统计结果

优化对象	最大适应值	最小适应值	平均适应值	方差
PI 控制参数	1.3547	0.0031	1.1031	0.0881

表 5.5　PSO 优化三相 QPR 控制的逆变系统的统计结果

优化对象	最大适应值	最小适应值	平均适应值	方差
QPR 控制参数	3.232	0.0371	2.6308	0.3476

2. PSO-CF 仿真实验数据

PSO-CF 分别优化两种离线模型各 30 次，其中优化三相 PI 控制的逆变系统的统计结果如表 5.6 所示，优化三相 QPR 控制的逆变系统的统计结果如表 5.7 所示。

表 5.6　PSO-CF 优化三相 PI 控制的逆变系统的统计结果

优化对象	最大适应值	最小适应值	平均适应值	方差
PI 控制参数	1.3571	0.3607	1.0652	0.1032

表 5.7 PSO-CF 优化三相 QPR 控制的逆变系统的统计结果

优化对象	最大适应值	最小适应值	平均适应值	方差
QPR 控制参数	2.9812	0.2045	2.4706	0.5133

3. EPSOWP 仿真实验数据

EPSOWP 分别优化两种离线模型各 30 次，其中优化三相 PI 控制的逆变系统的统计结果如表 5.8 所示，优化三相 QPR 控制的逆变系统的统计结果如表 5.9 所示。

表 5.8 EPSOWP 优化三相 PI 控制的逆变系统的统计结果

优化对象	最大适应值	最小适应值	平均适应值	方差
PI 控制参数	0.0194	0.0028	0.0069	2.3606×10^{-5}

表 5.9 EPSOWP 优化三相 QPR 控制的逆变系统的统计结果

优化对象	最大适应值	最小适应值	平均适应值	方差
QPR 控制参数	0.1034	0.027	0.0531	8.626×10^{-4}

由表 5.4~表 5.9 可以看出，PSO 和 PSO-CF 的优化平均效果很差，大多数情况下优化更容易陷入局部最优区域 (适应值大于 0.1)；相比 PSO 和 PSO-CF，EPSOWP 的优化效果更好，优化陷入局部最优区域的概率远小于前两种优化方法。

4. MMPSO 仿真实验数据

为了与前三种优化方式进行对比，MMPSO 同样分别优化两种离线模型各 30 次，其中优化三相 PI 控制的逆变系统的统计结果如表 5.10 所示，优化三相 QPR 控制的逆变系统的统计结果如表 5.11 所示。

表 5.10 MMPSO 优化三相 PI 控制的逆变系统的统计结果

优化对象	最大适应值	最小适应值	平均适应值	方差
PI 控制参数	0.011	0.0026	0.0035	2.257×10^{-6}

表 5.11 MMPSO 优化三相 QPR 控制的逆变系统的统计结果

优化对象	最大适应值	最小适应值	平均适应值	方差
QPR 控制参数	0.0909	0.023	0.0307	1.4173×10^{-4}

与前三种优化方式相比，EPSOWP 的优化效果较为接近 MMPSO，但 MMPSO 的优化性能仍然最优，30 次优化均无陷入局部最优区域的情况。

MMPSO 中两个粒子群优化区域的不同，主粒子群也存在差粒子变异，这些都有助于提高粒子群的多样性；主粒子群和辅助粒子群的多种不同速度更新方式均加入了随机扰动量，可以有效避免粒子群陷入局部最优区域而无法跳出的情况出现。不同控制的单相逆变系统阶数不同，系统复杂程度也不相同，针对不同系统，MMPSO 在优化迭代初期搜索范围大，在优化迭代后期仍能保证粒子群和优化趋势的多样性，因此能获得较好的优化性能。

5.4.2　多种优化方式初始全局最优值和最终全局最优值对比

为了观察上述四种优化方式的初始状态对最终状态的影响，分别从 5.4.1 节的四种优化方式 30 次优化中各随机抽取 10 组优化进行对比(三相 PI 控制和三相 QPR 控制各抽取 5 组)。四种优化方法优化三相 PI 控制的逆变系统的数据对比如表 5.12 所示。

表 5.12　四种优化方法优化三相 PI 控制的逆变系统的数据对比

优化方式	初始全局最优值	最终全局最优值
	1.7546	1.1138
	0.643	0.3901
PSO	1.435	1.2948
	1.5135	1.1946
	1.3506	0.0031
	1.5387	1.1564
	0.5259	0.3607
PSO-CF	1.4874	1.1195
	1.9349	1.1249
	1.3693	1.2099
	0.0147	0.013
	0.0397	0.0123
EPSOWP	0.0398	0.0119
	0.0397	0.0078
	0.0403	0.0029
	1.425	0.0039
	0.0397	0.0029
MMPSO	0.9732	0.0031
	1.6941	0.0028
	1.3894	0.0032

四种优化方法优化三相 QPR 控制的逆变系统的数据对比如表 5.13 所示。

表 5.13 四种优化方法优化三相 QPR 控制的逆变系统的数据对比

优化方式	初始全局最优值	最终全局最优值
PSO	2.9812	2.9812
	2.9812	2.0966
	2.4841	0.0371
	2.9721	2.3903
	2.4841	2.4841
PSO-CF	2.2927	2.2923
	2.9721	2.0873
	2.4841	0.2046
	2.9812	2.9812
	2.1733	1.8091
EPSOWP	0.3355	0.0937
	0.3355	0.1034
	0.0581	0.0333
	0.2561	0.0335
	0.3354	0.1007
MMPSO	2.5136	0.023
	0.3157	0.0377
	2.9812	0.0268
	2.0375	0.0263
	1.8663	0.0266

从表 5.12 和表 5.13 可以看出，PSO 和 PSO-CF 针对三相逆变系统，在初始最优位置不同时，一样会有很大概率陷入局部最优区域，因此优化不受初值影响；EPSOWP 相比前两种优化，优化效果大大提升 (陷入局部最优区域的概率较小)，同样优化效果不受初值影响；相比前三种优化方式，MMPSO 不管初始最优位置如何，均能找到全局最优位置。上述四种优化方法，其优化的最终结果受初始状态的影响较小，这是粒子群及其改进粒子群最主要的特点。

5.4.3 MMPSO 优化不同控制的三相逆变系统控制参数及仿真波形

针对三相 PI 控制的逆变系统，从表 5.10 的 30 次优化中随机抽取两组优化，其优化的控制参数如表 5.14 所示。

表 5.14 两组三相 PI 控制参数

序号	K_p	K_i	K_{p1}	K_{i1}
第 1 组	0.09	0.0054	8.04	0.0011
第 2 组	0.1	0.0042	7.3	0.0015

表 5.14 中两组控制参数的三相逆变系统中某一相负载电压和负载电流波形如图 5.36 所示。

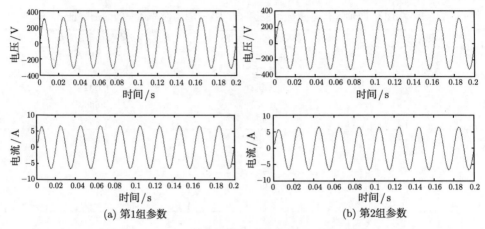

图 5.36   不同 PI 参数的负载电压和负载电流波形

两组控制参数的三相逆变系统中三相相电压和电感电流波形如图 5.37 所示。

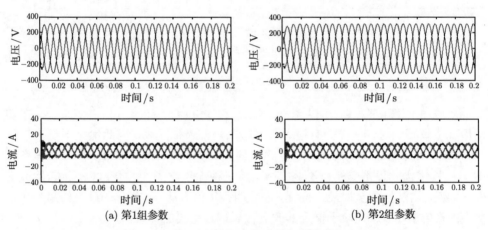

图 5.37   不同 PI 参数的三相相电压和电感电流波形

两组 PI 控制参数的电压波形较好，THD 均小于 1%。表 5.14 中两组参数的三相逆变系统闭环传递函数的 Bode 图如图 5.38 所示。

图 5.38(a) 中增益裕量为无穷大，相位裕量为 176.7°，相位交界频率为无穷小，增益交界频率为 20.9rad/s；图 5.38(b) 中增益裕量为无穷大，相位裕量为 175.4°，相位交界频率为无穷小，增益交界频率为 21.2rad/s。两组参数均能保证基于 PI 控制的三相逆变系统稳定。

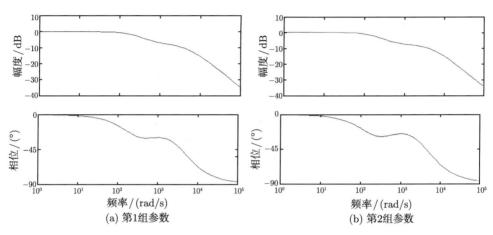

图 5.38 PI 控制的三相逆变系统闭环传递函数 Bode 图

针对三相 QPR 控制的逆变系统，从表 5.11 的 30 次优化中随机抽取两组优化，其优化的控制参数如表 5.15 所示。

表 5.15 两组三相 QPR 控制参数

序号	K_p	K_r	ω_c	K_{p1}
第 1 组	0.11	35.13	1.01	8.02
第 2 组	0.12	43.65	1.56	9.25

表 5.15 中两组控制参数的三相逆变系统中某一相负载电压和负载电流波形如图 5.39 所示。

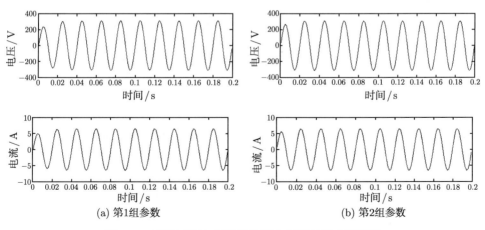

图 5.39 不同 QPR 参数的负载电压和负载电流波形

两组控制参数的三相逆变系统中三相相电压和电感电流波形如图 5.40 所示。

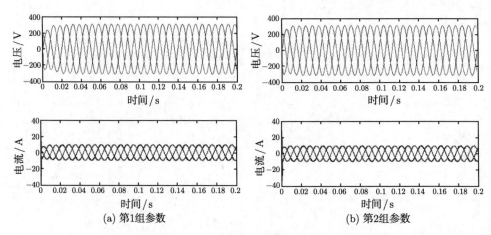

图 5.40　不同 QPR 参数的三相相电压和电感电流波形

两组 QPR 控制参数的电压波形较好，THD 均小于 1%。表 5.15 中两组参数的三相逆变系统开环传递函数的 Bode 图如图 5.41 所示。

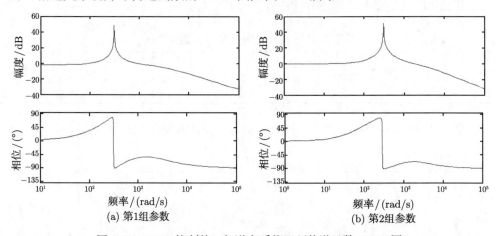

图 5.41　QPR 控制的三相逆变系统开环传递函数 Bode 图

图 5.41(a) 中增益裕量为无穷大，相位裕量为 122.8°，相位交界频率为无穷小，增益交界频率为 906.0rad/s；图 5.41(b) 中增益裕量为无穷大，相位裕量为 112.1°，相位交界频率为无穷小，增益交界频率为 1791.3rad/s。两组参数同样能保证基于 QPR 控制的三相逆变系统稳定。

从波形图可以看出，三相逆变的两种控制方式，控制的方式不同 (旋转坐标下的控制是直流信号控制，静止坐标下的控制是交流信号控制)，但控制参数经优化其输出波形效果均较好。

5.5 三相逆变实物实验及数据分析

为验证仿真的正确性, 搭建一个实验样机平台 (电路参数与仿真参数一样), 如图 5.42 所示。其中控制芯片为 TMS320F2812, 功率开关管采用 IPM 器件, 示波器型号为 DL850 (Yokogawa)。

图 5.42 三相逆变实验环境与实验样机图

为了进一步验证 MMPSO 的性能, 本节在三相逆变系统动态变化的情况下 (负载先增后减) 进行优化。MMPSO 的优化得到的 PI 控制参数: 外环 K_p 为 0.121, 外环 K_i 为 0.00809, 内环 K_{p1} 为 8.3, 内环 K_{i1} 为 0.005105; 优化的 QPR 控制参数: 外环 K_p 为 0.1, 外环 R 为 18.61, 带宽 ω_c 为 1.56, 内环 K_{p1} 为 6.6。

5.5.1 MMPSO 三相逆变 PI 控制实物实验波形

图 5.43(a) 和 (b) 分别为负载突减和负载突加时 (空载和满载切换), 三相逆变负载线电压和负载电流波形。

图中 $u_n(n = a, b, c)$ 为线电压, $i_n(n = a, b, c)$ 为负载电流。可以看出, 在负载突变时, 三相电能平滑过渡, 没有出现振荡; 对该控制参数下的稳定输出电压进行快速傅里叶分析, 其各次谐波含量均低于 0.8%, THD 约为 1.2%, 输出线电压基波幅值约为 540.7V。

图 5.44 为空载时, 三相逆变负载线电压和负载电流波形。

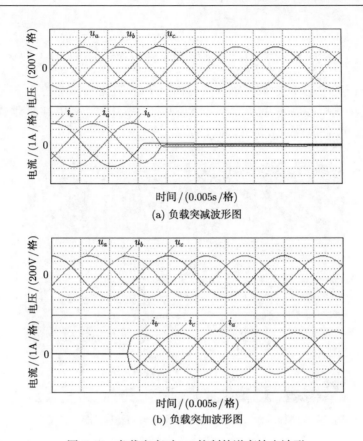

(a) 负载突减波形图

(b) 负载突加波形图

图 5.43   负载突变时 PI 控制的逆变输出波形

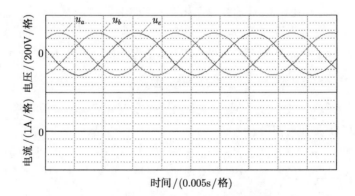

图 5.44   空载时 PI 控制的逆变输出波形

空载时，三相负载线电压波形较好。图 5.45 为带感性负载时 (异步电机)，三相逆变负载线电压某一相电压波形和负载电流波形。

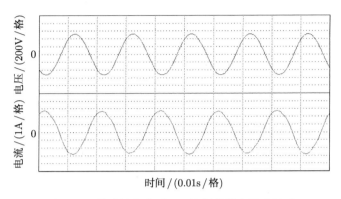

图 5.45　带感性负载时 PI 控制的逆变输出波形

5.5.2　MMPSO 三相逆变 QPR 控制实物实验波形

图 5.46(a) 和 (b) 分别为负载突减和负载突加时 (空载和满载切换)，三相逆变负载电压和电感电流波形。

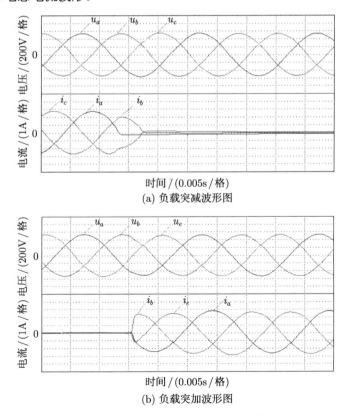

图 5.46　负载突变时 QPR 控制的逆变输出波形

　　在负载突变时，三相电能平滑过渡，没有出现振荡；对三相逆变的稳定输出电压进行快速傅里叶分析，其各次谐波含量均低于 0.8%，THD 约为 1.24%，输出线电压基波幅值约为 536.5V。

　　图 5.47 为空载时，三相逆变负载线电压和负载电流波形。

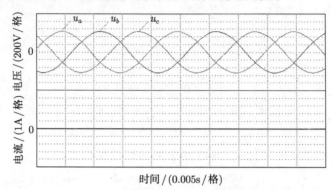

图 5.47　空载时 QPR 控制的逆变输出波形

　　通过实验可知，MMPSO 优化的控制参数性能较优。在负载性质不同和负载变化时，其输出电压波形质量较好 (THD 小于 5%)，电压稳定时偏差小于 2%，动态变化时电压不会产生较大振荡，且能快速恢复到稳定状态。

　　本章同样通过仿真实验对比了 PSO、PSO-CF、EPSOWP 与本书所提 MMPSO 在基于 PI 控制和 QPR 控制的三相逆变系统中的优化效果，结果表明，MMPSO 的优化结果更为稳定，收敛性和优化效果更好；通过实物实验验证了 MMPSO 的正确性与有效性。

参 考 文 献

[1]　张兴, 张崇巍. PWM 整流器及其控制[M]. 北京: 机械工业出版社, 2012.

[2]　孙孝峰, 顾和荣, 王立乔, 等. 高频开关型逆变器及其并联并网技术[M]. 北京: 机械工业出版社, 2011.

[3]　林渭勋. 现代电力电子技术[M]. 北京: 机械工业出版社, 2005.

[4]　陆海峰, 瞿文龙, 张磊, 等. 基于调制函数的 SVPWM 算法[J]. 电工技术学报, 2008, 23(2): 37-43.

[5]　郑昕昕, 肖岚, 田洋天, 等. SVPWM 控制三相并网逆变器 AFD 孤岛检测方法[J]. 中国电机工程学报, 2013, 33(18): 11-17, 20.

[6]　王翠. 级联多电平逆变器 SVPWM 技术的算法研究与实现[D]. 长沙: 湖南大学, 2011.

[7]　王琦. 基于 DSP 的 SVPWM 变频电源的研究[D]. 武汉: 华中科技大学, 2007.

[8] 李宁, 王跃, 雷万钧, 等. 三电平 NPC 变流器 SVPWM 策略与 SPWM 策略的等效关系研究[J]. 电网技术, 2014, 38(5): 1283-1290.

[9] 周卫平, 吴正国, 唐劲松, 等. SVPWM 的等效算法及 SVPWM 与 SPWM 的本质联系[J]. 中国电机工程学报, 2006, 26(2): 133-137.

[10] 宋文胜, 冯晓云. 一种单相三电平 SVPWM 调制与载波 SPWM 内在联系[J]. 电工技术学报, 2012, 27(6): 131-138.

[11] 陈瑶, 金新民, 童亦斌. 三相四线系统中 SPWM 与 SVPWM 的归一化研究[J]. 电工技术学报, 2007, 22(12): 122-127.

[12] 康伟, 张丽霞, 康忠健. 电流型双向 PWM 整流器 SPWM 与 SVPWM 控制输出特性比较[J]. 电工技术学报, 2011, 26(11): 39-44.

第6章 改进粒子群优化算法在三相整流器中的应用

6.1 引　　言

与三相逆变器不同的是，三相整流器是将交流转换成直流的一种变换装置，整流器的发展先后经历了不控整流、相控整流到 PWM 整流 (PWM 整流可以双向运行，本章介绍 AC/DC 过程)[1,2]。

三相 PWM 整流器同样分为电压型 PWM 整流和电流型 PWM 整流，无论电压型还是电流型，均要对网侧电流和相位进行控制，控制方式同样可以采用最为普遍的 PI 控制。

本章首先介绍三相电压型整流器的组成、调制方式、控制策略和优化目标函数，然后建立离线优化模型，采用第 3 章所给的 MMPSO 进行实验验证，并与 PSO、PSO-CF 和 EPSOWP 进行实验对比。

6.2 电压型三相整流器的组成及多种调制原理

6.2.1 电压型三相整流器的组成与运行状态分析

电压型三相整流器的电路如图 6.1 所示。

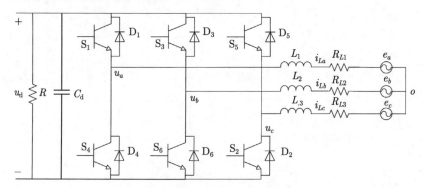

图 6.1　电压三相整流器的电路结构图

图中，C_d、$L_n(n=1, 2, 3)$、$R_{Ln}(n=1, 2, 3)$ 和 R 分别代表直流侧电容、交流滤波电感、电感阻抗和直流负载；$S_n(n=1, 2, 3, 4, 5, 6)$ 和 $D_n(n=1, 2, 3, 4, 5, 6)$ 分别代表功率开关管和续流二极管；u_d、$i_{Lk}(k = a, b, c)$、$e_k(k = a, b, c)$ 和 $u_k(k = a, b,$

c) 分别为直流侧电压、三相网侧电流、三相电网电压和三相相电压 (节点到负载中点间的电压)。直流侧电容可以有效抑制直流电压纹波，同时也为交流侧提供无功电流的流通回路。滤波电感主要是滤除电流谐波。输出电流 i_o 由输出电压和负载特性共同决定。为了防止上下同时导通而短路，S_1 和 S_4 (S_3 和 S_6、S_5 和 S_2) 不能同时导通，一般情况下其导通时间互补。

三相整流与三相逆变相似，任一时刻总会有任意三个功率开关管 (互补的功率开关管不能同时导通) 同时接受开通的控制脉冲信号。假设负载为恒定的阻性负载，电流从右向左为正，电网电压稳定，初始状态下所有储能元件的电能为零。下面分多种情况进行讨论。

情况 1：S_4、S_6 和 S_2 开通，S_1、S_3 和 S_5 关断，此时电网电压 $e_a > 0$，$e_c > 0$，$e_b < 0$，其电流回路图如图 6.2 所示。

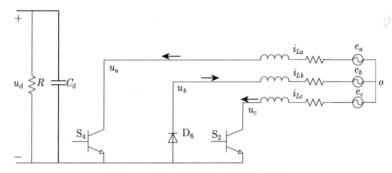

图 6.2   第 1 种情况下的电流回路

为了方便观察，将部分标识省略。由图 6.2 可知，整流器分成两个部分，第一部分是直流侧电容和负载部分，初始状态下由于直流侧无储能，此时直流侧无电流流通；第二部分是功率开关管和电网部分，当下半桥臂同时开通时，受电网电压的影响，当电网电压为正时，功率开关导通，当电网电压为负时，二极管导通，因此电感电流 i_{La} 和 i_{Lc} 为正值，i_{Lb} 为负值；相电压 u_a、u_b 和 u_c 均为零。

情况 2：S_4、S_6 和 S_5 开通，S_1、S_3 和 S_2 关断，此时电网电压 $e_a > 0$，$e_c > 0$，$e_b < 0$，其电流回路图如图 6.3 所示。

由图 6.3 可知，此时需要保持前一状态电感电流的运行状态，但电感电流方向一直没有改变，上桥臂二极管导通；电感电流 i_{La} 和 i_{Lc} 仍然为正值，i_{Lb} 为负值；相电压 u_a 与 u_b 和负值，u_c 为正值，其值为

$$
\begin{aligned}
u_a &= -\frac{u_d}{3} \\
u_b &= -\frac{u_d}{3} \\
u_c &= \frac{2u_d}{3}
\end{aligned}
\tag{6.1}
$$

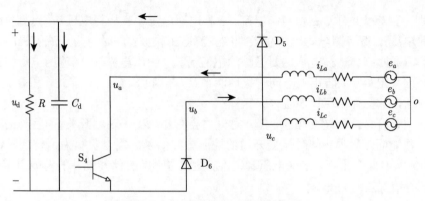

图 6.3　第 2 种情况下的电流回路

情况 3：S_4、S_6 和 S_5 开通，S_1、S_3 和 S_2 关断，此时电网电压 $e_a > 0$，$e_c > 0$，$e_b < 0$，其电流回路图如图 6.4 所示。

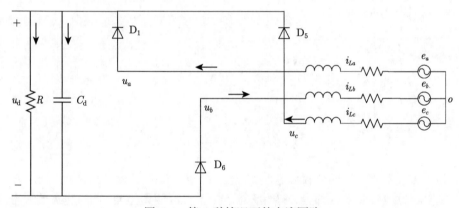

图 6.4　第 3 种情况下的电流回路

由图 6.4 可知，电感电流方向一直没有改变，上桥臂两个二极管同时导通；电感电流 i_{La} 和 i_{Lc} 仍然为正值，i_{Lb} 为负值；相电压 u_b 为负值，u_a 和 u_c 为正值，其值为

$$u_a = \frac{u_d}{3}$$
$$u_b = -\frac{2u_d}{3} \tag{6.2}$$
$$u_c = \frac{u_d}{3}$$

情况 4：S_1、S_3 和 S_5 开通，S_4、S_6 和 S_2 关断，此时电网电压 $e_a > 0$，$e_c < 0$，$e_b < 0$，其电流回路图如图 6.5 所示。

该情况下，电网电压 e_c 改变方向，电感电流方向也发生改变，上桥臂两个功率开关管同时导通；与情况 1 相似，整流器分成两个部分，第一部分是直流侧电容

和负载部分, 此时直流侧电容给负载供电; 第二部分是功率开关管和电网部分, 因
电网电压的改变, 此时有电感电流 i_{La} 为正值, i_{Lb} 和 i_{Lc} 为负值; 相电压 u_b、u_a
和 u_c 均为零。

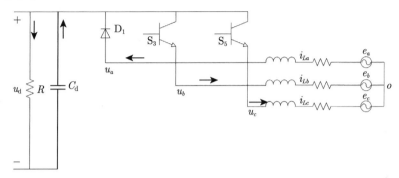

图 6.5 第 4 种情况下的电流回路

情况 5: S_1、S_6 和 S_5 开通, S_4、S_3 和 S_2 关断, 此时电网电压 $e_a > 0$, $e_c <$
0, $e_b < 0$, 其电流回路图如图 6.6 所示。

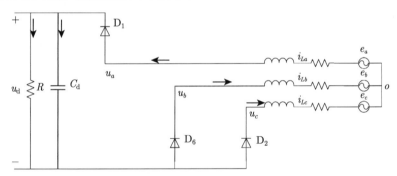

图 6.6 第 5 种情况下的电流回路

由图 6.6 可知, 此时需要保持前一状态电感电流的运行状态, 电感电流方向一
直没有改变 (电网电压方向没有改变), 下桥臂两个二极管导通; 电感电流 i_{La} 为正
值, i_{Lb} 和 i_{Lc} 仍然为负值; 相电压 u_b 和 u_c 为负值, u_a 为正值, 其值为

$$
\begin{aligned}
u_a &= \frac{2u_d}{3} \\
u_b &= -\frac{u_d}{3} \\
u_c &= -\frac{u_d}{3}
\end{aligned}
\tag{6.3}
$$

这里只介绍了四分之一个周期的整流器运行状况, 其余周期的运行状况可以
参考以上几种情况得到。

6.2.2　电压型三相整流器调制方式介绍

为了进行对比,本节首先介绍不控整流,并将仿真结果与 SPWM 和 SVPWM 调制方式进行对比。

1. 不控整流

1) 基本原理

不控整流器由六个二极管组成 (二极管属于不可控器件),其组成结构与 PWM 整流相似,通过与电网相连接便可以得到直流电压。电压型三相整流器的电路如图 6.7 所示。

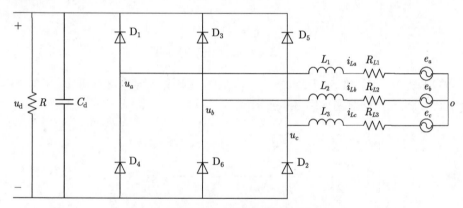

图 6.7　电压三相不控整流器的电路结构图

图中与 PWM 整流不同的是,不控整流没有可控的功率开关管;在有些情况下,为了能够减小直流电压纹波,还需要增加直流电抗器。

2) 不控整流的仿真实现

不控整流在 MATLAB 中建立的 Simulink 仿真模型如图 6.8 所示。

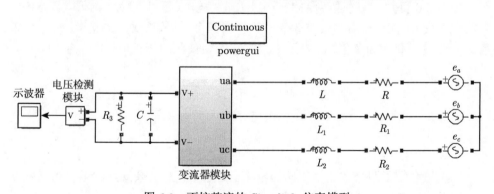

图 6.8　不控整流的 Simulink 仿真模型

图 6.8 中的不控整流仿真模型包括了直流负载部分、三相整流器模块、电压检测模块、示波器、三相 L 滤波部分和三相电网部分；其中 e_a 的幅值大小为 $100\sin(\omega t)$，e_b 的幅值大小为 $100\sin(\omega t+4\pi/3)$，e_c 的幅值大小为 $100\sin(\omega t+2\pi/3)$，$L=L_1=L_2=$10mH(滤波电感)，C=1100μF(直流电容)，$R=R_1=R_2$=0.1Ω(滤波电感阻抗)，R_3=10Ω(直流负载)。

图 6.8 中的整流器模块内部结构如图 6.9 所示。

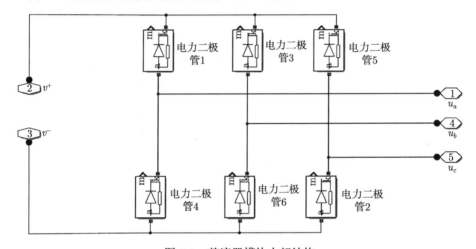

图 6.9 整流器模块内部结构

三相整流仿真模型中的三相电感电流 $i_{Ln}(n=a,b,c)$ 输出波形如图 6.10 所示。从图中可以看出，不控整流情况下，电感电流波形较差，其 THD 约为 8.9%。

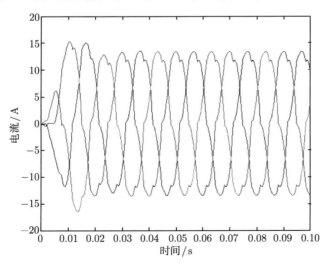

图 6.10 三相电感电流波形图

三相整流仿真模型中的 a 相电网电压和电感电流 i_{La} 输出波形如图 6.11 所示。从图中可以看出，在不控整流情况下，电网电压与电感电流 (网侧电流等于电感电流) 相位相差很大。

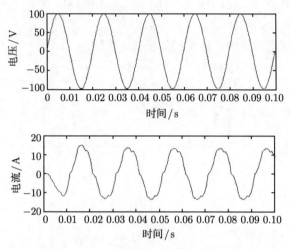

图 6.11　a 相电网电压与电感电流波形图

三相整流仿真模型中的直流电压输出波形如图 6.12 所示。从图中可以看出，稳定后直流电压波动不大。

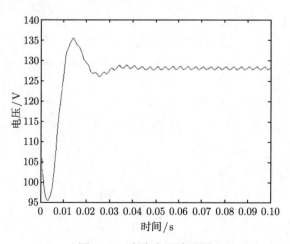

图 6.12　直流电压波形图

3) 不控整流的特点

(1) 直流电压不可调。不控整流没有功率开关管的占空比调节，只受电网电压的影响。

(2) 网侧电流谐波高。由于直流侧电容容量大, 不控整流中的二极管断开到导通会产生冲击电流, 从而使网侧电流畸变, 而滤波电感无法消除网侧电流中低次谐波的影响。

2. 三相 SPWM 调制

1) 基本原理

调制方式与三相逆变的类似, 为了保证直流侧电压可控, 并且减小电网电压与网侧电流之间的相位差, 采用双闭环 PI 控制, 其中外环为直流电压控制, 内环为电感电流控制, SPWM 调制的三相整流器部分波形如图 6.13 所示。

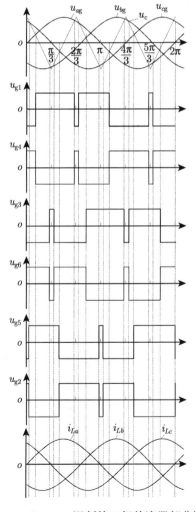

图 6.13   SPWM 调制的三相整流器部分波形

因为锁相环的存在，可以锁定电网的相位；加上双闭环 PI 控制，使得反馈信号可以很好地跟踪指令信号，图中电感电流与调制信号的相位差较小，因调制信号经锁相，其相位与电网电压相位相同，这也意味着电感电流与电网电压相位差较小。

2) SPWM 调制的三相整流仿真实现

与不控整流不同的是，SPWM 调制可以通过调节占空比来控制直流电压大小，增加双闭环控制主要是为了减小电网电压与电感电流之间的相位差，因此三相整流增加了调制脉冲信号发生模块，同时也在二极管的基础上增加了全控型功率开关管。

SPWM 调制的三相整流在 MATLAB 中建立的 Simulink 仿真模型如图 6.14 所示。

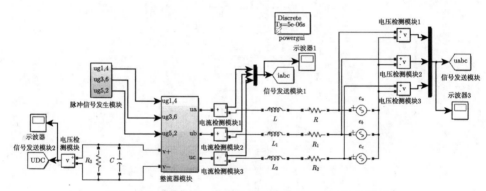

图 6.14　三相 SPWM 整流控制的 Simulink 仿真模型

图中，电流检测模块 1~3 为电流环控制提供反馈电流信号；电压检测模块为外环控制提供直流电压信号，电压检测模块 1~3 为锁相控制提供电网电压信号。

图 6.14 中的整流器模块内部结构如图 6.15 所示。

脉冲信号发生模块由两部分组成，第一部分为 PI 双闭环控制部分，第二部分为调制部分，其中 PI 双闭环控制部分如图 6.16 所示。

图中，增益模块 2 和增益模块 3 为解耦系数 (需要根据滤波器参数大小取值)，增益模块 1 和增益模块 4 为标幺的参考系数 (需要根据实际的电网电压大小选取合适的参数)；双闭环控制部分包括 PI 控制部分和锁相部分，双闭环控制为外环直流电压控制，内环电感电流控制，内环电流控制需要坐标变换，采用 PI 控制时需要将三相转换成两相旋转坐标系；锁相环为坐标系变换提供了电网的相位信息。

SPWM 的调制部分如图 6.17 所示。可以看出，三相整流的 SPWM 调制和三相逆变的 SPWM 调制相同。

仿真中的三相电感电流输出波形如图 6.18 所示。

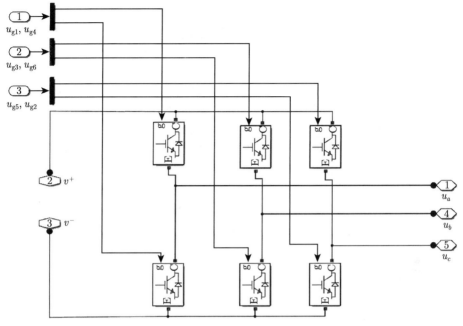

图 6.15 整流器模块内部结构

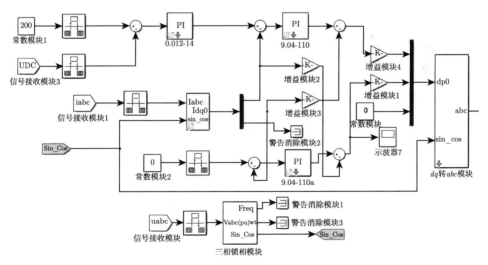

图 6.16 PI 双闭环控制部分

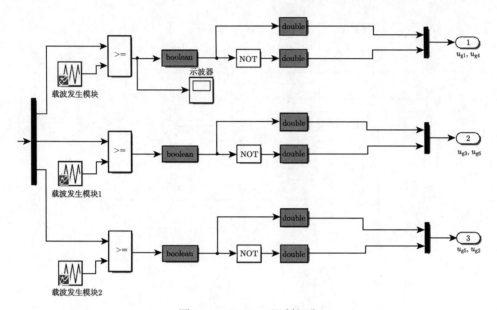

图 6.17　SPWM 调制部分

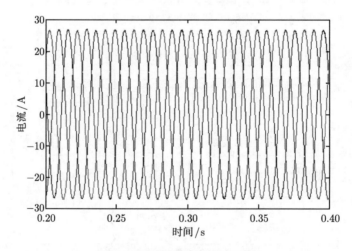

图 6.18　三相电感电流波形图

可以看出, 电感电流波形要远远好于不控整流时的电感电流, 此时电感电流的 THD 约为 0.9%。

三相整流仿真模型中的 a 相电网电压和电感电流 i_{La} 输出波形如图 6.19 所示。可以看出, SPWM 整流的电网电压与电感电流相位相差不大。

仿真中的直流电压输出波形如图 6.20 所示。

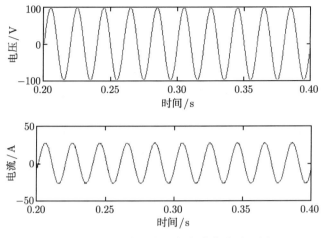

图 6.19 a 相电网电压与电感电流波形图

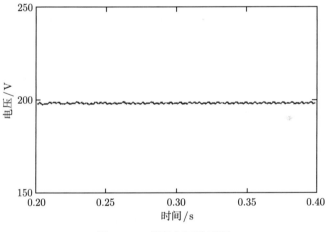

图 6.20 直流电压波形图

可以看出,与不控整流相比,SPWM 整流的直流电压纹波较小。

3) SPWM 调制的三相整流的特点

(1) 直流电压可调。在电网电压一定的情况下,相比不控整流直流侧电压的不可调,SPWM 整流可以通过功率开关管得到一定范围内任意大小的直流电压。直流电压不但受电网电压的影响,同时还受占空比的影响。

(2) 网侧电流谐波低。不控整流的网侧电流谐波畸变率较高,而 SPWM 整流的网侧电流总谐波畸变率较低,通过提高载波频率就可以有效降低电感电流谐波,但是载波频率的增加,同时也增加了功率开关管的损耗。

(3) 死区时间影响波形质量。为了防止互补的上下桥臂同时导通而短路，需要增加死区时间，这样会降低网侧电流的质量。

3. 三相 SVPWM 调制

三相整流中所运用的 SVPWM 原理和第 5 章中三相逆变所介绍的原理相同，这里不再做介绍。下面直接分析仿真波形。

SVPWM 三相整流和 SPWM 三相整流的仿真模型唯一的不同之处就是调制部分，只需要将 SPWM 调制部分改为 SVPWM 调制即可，SVPWM 调制仿真模型与图 5.23~图 5.29 相同。

1) SVPWM 调制的三相整流仿真实现

仿真中的三相电感电流输出波形如图 6.21 所示。

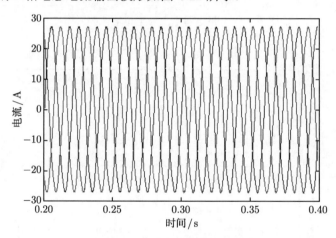

图 6.21　三相电感电流波形图

三相整流仿真模型中的 a 相电网电压和电感电流 i_{La} 输出波形如图 6.22 所示。

仿真中的直流电压输出波形如图 6.23 所示。

2) SVPWM 调制的三相整流的特点

(1) 直流电压可调。SVPWM 整流与 SPWM 整流类似，可以通过功率开关管在一定范围内得到任意大小的直流电压，直流电压不但受电网电压的影响，同时还受占空比的影响。但是相比 SPWM 整流，因 SVPWM 的电压利用率提高了 15%，所以该调制方式得到的电压可调范围更大。

(2) 网侧电流谐波低。SVPWM 整流的网侧电流总谐波畸变率较低 (与 SPWM 调制方式的网侧电流质量相差不大)，同样可以通过提高载波频率来有效降低电感电流的谐波，但是载波频率的增加，也增加了功率开关管的损耗。相比 SPWM 调

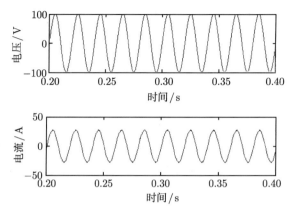

图 6.22 a 相电网电压与电感电流波形图

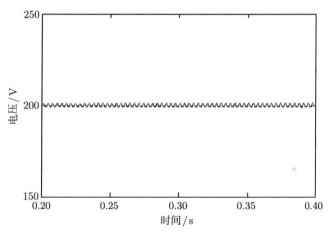

图 6.23 直流电压波形图

制方式，SVPWM 调制方式因零矢量的加入，相对来说能减少功率开关管的损耗。

(3) 死区时间影响波形质量。同样为了防止互补的上下桥臂同时导通而短路，需要增加死区时间，这样会降低网侧电流的质量。

6.3 MMPSO 的三相整流离线优化系统

三相整流系统的离线优化示意图与图 4.34 相似，仍然采用 MMPSO 进行优化。三相整流控制与三相逆变控制同样都是直流信号的控制，电流环同样需要经过坐标转换。

6.3.1　PI 控制的三相整流系统线性结构

内环电流经过坐标变换后，dq 轴间的耦合影响同样较小，可以看成是具有对称性的控制，因此只需要单独考虑一个轴。以 d 轴为例，PI 控制的三相整流系统线性结构框图如图 6.24 所示 (d 轴控制有外环直流电压控制，q 轴则没有，其指令电流为给定值)。

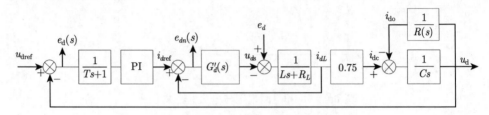

图 6.24　PI 控制的三相整流系统线性结构框图

图 6.24 中，u_{dref}、$e_{\text{d}}(s)$、$e_{dn}(s)$、u_{ds}、i_{dref}、$R(s)$、i_{do} 和 u_{d} 分别为直流电压指令信号、外环指令电压信号与反馈电压信号的误差、内环指令电流信号与反馈电流信号的误差、交流侧输出电压、电流指令信号、直流侧负载、直流侧负载电流和直流侧负载电压。

设三相电流为

$$\begin{cases} i_{La} \approx I_L \sin(\omega t) \\ i_{Lb} \approx I_L \sin(\omega t - 120°) \\ i_{Lc} \approx I_L \sin(\omega t + 120°) \end{cases} \tag{6.4}$$

式中，I_L 为电流的基波幅值；ω 为基频；t 为时间。参考文献 [1]，仅考虑开关函数 $s_r\,(r = a, b, c)$ 的低频分量 (上桥臂导通，下桥臂断开时，$s_r{=}1$；相反情况时，$s_r{=}0$)。

可以得到

$$\begin{cases} s_a \approx 0.5m \sin(\omega t + \delta) + 0.5 \\ s_b \approx 0.5m \sin(\omega t + \delta - 120°) + 0.5 \\ s_c \approx 0.5m \sin(\omega t + \delta + 120°) + 0.5 \end{cases} \tag{6.5}$$

式中，δ 为开关函数的初始相位；m 则为 PWM 的调制比。

三相电流存在如下关系：

$$\begin{aligned} i_{La} + i_{Lb} + i_{Lc} &= 0 \\ i_{\text{dc}} &= i_{La}s_a + i_{Lb}s_b + i_{Lc}s_c \end{aligned} \tag{6.6}$$

将式 (6.4) 和式 (6.5) 代入式 (6.6) 中可得

$$i_{\text{dc}} \approx 0.75mI_L \cos \delta \tag{6.7}$$

因为 $m \leqslant 1$，可以推出 $i_{dc} < 0.75I_L$(考虑最大增益情况)。忽略电网电压的干扰，电流内环的总传递函数为

$$G_d''(s) = \frac{0.75G_d'(s)}{Ls + G_d'(s)} \tag{6.8}$$

其中

$$G_d'(s) = \frac{K_{PWM}(K_p s + K_i)}{1.5Ts^2 + s} \tag{6.9}$$

该三相整流总的开环传递函数为

$$G_{open}(s) \approx \frac{A''s^2 + B''s + C_d''}{D''s^3 + E's^2 + F's} \tag{6.10}$$

其中

$$
\begin{aligned}
A'' &= 0.75K_{PWM}K_{p1}K_pR \\
B'' &= 0.75K_{PWM}K_{i1}K_pR + 0.75K_{PWM}K_{p1}K_iR \\
C_d'' &= 0.75K_{PWM}K_{i1}K_iR \\
D'' &= K_{PWM}K_{p1}RC \\
E' &= K_{PWM}K_{i1}RC + K_{PWM}K_{p1} \\
F' &= K_{PWM}K_i
\end{aligned} \tag{6.11}
$$

总的闭环传递函数为

$$G_{close}(s) \approx \frac{A''s^2 + B''s + C_d''}{D''s^3 + (E' + A'')s^2 + (F' + B'')s + C_d''} \tag{6.12}$$

6.3.2 优化目标函数

与第 4 章和第 5 章相同，选取目标函数有利于 MMPSO 针对三相整流系统，优化出较好的控制参数。

1. 优化目标函数的选取

由式 (6.10) 和式 (6.12) 可知

$$\frac{u_d}{u_{dref} - u_d} = \frac{u_d}{e_d(s)} = G_{open}(s) \tag{6.13}$$

$$\frac{u_d}{i_{dref} - i_{dL}} = \frac{u_d}{e_{dn}(s)} = G_{open}'(s) \tag{6.14}$$

$$\frac{u_d}{u_{dref}} = G_{close}(s) \tag{6.15}$$

由式 (6.13) 和式 (6.14) 可知，$e_d(s)$、$e_{dn}(s)$ 和 u_d 均与系统控制参数有关，且 u_d 不是直流量，同样含有多次谐波。三相旋转坐标系下的控制为直流量控制，为

了保证 $e_d(s)$ 和 $e_{dn}(s)$ 的值, 以及 i_{dL} 的总谐波畸变率都尽可能小, 本章将总谐波畸变率 (THD) 和时间乘以误差绝对值积分 (ITAE) 作为三相 PI 控制的整流系统优化目标函数。

1) 总谐波畸变率

THD 公式与式 (4.75) 类似, 其公式为

$$\text{THD} = \frac{\sqrt{\sum_{n=2}^{\infty} I_{zon}^2}}{I_{zo1}} \times 100\% \tag{6.16}$$

式中, I_{zo1} 和 I_{zon} 分别为网侧电流的基波幅值及其各次谐波幅值。THD 反映了各次谐波所占比重之和的百分比, 体现了交流电流的谐波含量, 显然, 谐波含量越低, THD 越小, 反之 THD 越高。

2) 时间乘以误差绝对值积分

ITAE 公式与式 (5.67) 相同。

2. 优化目标函数的建立

针对三相 PI 控制的整流系统, 为了能够同时让直流侧负载输出电压纹波较小, 反馈直流电压能快速跟踪指令电压, 并且网侧电流波形质量较好, 将式 (4.75) 和式 (5.67) 加上不同的权系数, 并进行组合, 该组合公式为

$$F = a''' \int_0^{T_a} t|e(t)|\text{d}t + b''' \frac{\sqrt{\sum_{n=2}^{\infty} I_{zon}^2}}{I_{zo1}} \times 100\% \tag{6.17}$$

式中, a''' 和 b''' 为常系数 (代表权系数)。误差由两部分组成: 第一部分为直流电压指令信号与反馈电压信号的误差; 第二部分为 dq 轴指令电流信号与反馈电流信号的误差。根据图 6.24, 可以将式 (6.16) 拆分为

$$F = a_1''' \int_0^{T_a} t|e_d(t)|\text{d}t + a_2''' \int_0^{T_a} t|e_{dn}(t)|\text{d}t + b''' \frac{\sqrt{\sum_{n=2}^{\infty} I_{zon}^2}}{I_{zo1}} \times 100\% \tag{6.18}$$

式中, a_1''' 和 a_2''' 同样也为常系数, 三个常系数存在如下关系:

$$a_1''' + a_2''' + b''' = 1 \tag{6.19}$$

针对三相整流系统, MMPSO 的优化目的是: 保证直流侧负载反馈电压能很好地跟踪直流指令电压, 减小直流侧电压纹波, 同时也需要保证网侧电流波形的质量和稳定性均较好。

6.3.3 系统优化模型建立及参数选取

基于 MMPSO 的三相整流系统离线优化模型如图 6.25 所示。

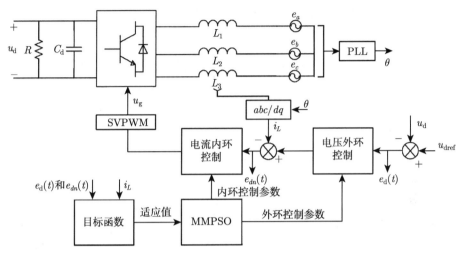

图 6.25 基于 MMPSO 的三相整流系统离线优化模型

图 6.25 中，交流侧滤波仅采用滤波电感，其值 $L_n(n=1,2,3)$ 均为 10mH；滤波电容 C_d 为 1100μF；直流负载为阻性负载，其值 $R = 189\Omega$；死区时间设置为 3μs。电网电压通过锁相可以得到相位角，用于内环的坐标变换；调制方式采用 SVPWM 调制；d 轴有外环控制，q 轴无外环控制 (电流指令给定为 0)。

基于 PI 双闭环控制的三相整流系统中，外环直流电压控制的 K_p 的优化区间为 $[0.01,1500]$，K_i 的优化区间为 $[10,10000]$；内环电流控制的 K_{p1} 的优化区间为 $[1,1000]$，K_{i1} 的优化区间为 $[10,60000]$。

针对三相整流系统所采用的 MMPSO，其优化参数与第 4 章所给优化参数完全相同；优化目标函数有三个输入量：外环电压误差输入量、内环电流误差输入量和网侧电流总谐波畸变率输入量；结合式 (6.18) 可以得到权系数 a_1'''、a_2''' 和 b''' 的值分别为

$$
\begin{aligned}
a_1''' &= 0.2 \\
a_2''' &= 0.1 \\
b''' &= 0.7
\end{aligned}
\tag{6.20}
$$

6.4 三相整流仿真实验及数据对比分析

为验证 MMPSO 的优化性能，将其与 PSO、基于压缩因子的 PSO(PSO-CF) 和 EPSOWP(参见第 4 章) 进行优化对比。

6.4.1 多种优化方式数据对比

1. PSO 仿真实验数据

负载不变时 (后面负载状态与此相同)，PSO 分别优化 6.3 节中整流系统离线模型 30 次，优化三相 PI 控制的整流系统的统计结果如表 6.1 所示。

表 6.1　PSO 优化三相 PI 控制的整流系统的统计结果

优化对象	最大适应值	最小适应值	平均适应值	方差
PI 控制参数	0.2834	0.0301	0.271	0.002

2. PSO-CF 仿真实验数据

PSO-CF 分别优化整流系统离线模型 30 次，优化三相 PI 控制的整流系统的统计结果如表 6.2 所示。

表 6.2　PSO-CF 优化三相 PI 控制的整流系统的统计结果

优化对象	最大适应值	最小适应值	平均适应值	方差
PI 控制参数	0.2826	0.0367	0.2705	0.0019

3. EPSOWP 仿真实验数据

EPSOWP 分别优化整流系统离线模型各 30 次，优化三相 PI 控制的整流系统的统计结果如表 6.3 所示。

表 6.3　EPSOWP 优化三相 PI 控制的整流系统的统计结果

优化对象	最大适应值	最小适应值	平均适应值	方差
PI 控制参数	0.0295	0.0174	0.0185	4.3578×10^{-6}

由表 6.1~表 6.3 可以看出，针对三相整流系统，PSO 和 PSO-CF 的优化平均效果很差，大多数情况下优化都会陷入局部最优区域 (适应值大于 0.1)；而相比 PSO 和 PSO-CF，EPSOWP 的优化效果更优，与前两章的优化性能不同的是，针对三相整流系统，30 次优化均没有陷入局部最优区域，可见 EPSOWP 针对三相整流系统的优化性能好，其出现较差效果的概率远小于前两种优化方法。

4. MMPSO 仿真实验数据

为了与前三种优化方式进行对比，MMPSO 同样分别优化整流系统离线模型各 30 次，优化三相 PI 控制的整流系统的统计结果如表 6.4 所示。

与前三种优化方式相比，只有 EPSOWP 的优化效果与 MMPSO 的优化效果相近。针对三相整流系统，MMPSO 的优化效果同样较优，在 30 次优化中，无一陷入局部最优区域的情况。

表 6.4 MMPSO 优化三相 PI 控制的整流系统的统计结果

优化对象	最大适应值	最小适应值	平均适应值	方差
PI 控制参数	0.0308	0.0128	0.0181	7.0541×10^{-6}

MMPSO 中两个粒子群优化区域不相同,主粒子群也存在差粒子的变异,这些都有助于提高粒子群的多样性;主粒子群和辅助粒子群的多种不同速度更新方式均加入了随机扰动量,可以有效避免粒子群陷入局部最优区域而无法跳出的情况出现。针对三相整流系统,MMPSO 在优化迭代初期搜索范围大,在优化迭代后期仍能保证粒子群和优化趋势的多样性,因此能获得较好的优化性能。

6.4.2 多种优化方式初始全局最优值和最终全局最优值对比

为了观察上述四种优化方式的初始状态对最终状态的影响,分别从 6.4.1 节的四种优化方式的 30 次优化中各随机抽取 10 组优化进行对比。四种优化方法优化三相 PI 控制的整流系统的数据对比如表 6.5 所示。

从表 6.5 可以看出,PSO 和 PSO-CF 针对三相整流系统,在初始最优位置不同时,一样会有很大概率陷入局部最优区域,因此优化不受初值影响;EPSOWP 相比前两种优化,优化效果大大提升 (陷入局部最优区域的概率很小),同样优化效

表 6.5 四种优化方法优化三相 PI 控制的整流系统的数据对比

优化方式	初始全局最优值	最终全局最优值
PSO	0.2861	0.2756
	0.2883	0.2783
	0.2902	0.2789
	0.2878	0.2771
	0.2943	0.2834
	0.2869	0.2790
	0.2733	0.2733
	0.2808	0.2808
	0.2828	0.2828
	0.2830	0.2795
PSO-CF	0.2842	0.2826
	0.2759	0.2759
	0.2858	0.2745
	0.2899	0.2764
	0.2870	0.2784
	0.2886	0.2799
	0.2830	0.2790
	0.2863	0.2770
	0.2831	0.2786
	0.2841	0.2802

续表

优化方式	初始全局最优值	最终全局最优值
	0.0661	0.1748
	0.0469	0.0188
	0.0469	0.0184
	0.0232	0.0180
EPSOWP	0.0469	0.0182
	0.0661	0.0178
	0.0661	0.0181
	0.0662	0.0295
	0.0663	0.0191
	0.0661	0.0182
	0.2837	0.0181
	0.2839	0.0128
	0.2867	0.0178
	0.2835	0.0184
MMPSO	0.2884	0.0177
	0.2825	0.0179
	0.2874	0.0308
	0.2820	0.0178
	0.2836	0.0183
	0.2845	0.0179

果不受初值影响；相比 PSO 和 PSO-CF，MMPSO 优化性能与 EPSOWP 相差不大，同样是不管初始最优位置如何，均能找到全局最优位置。上述四种优化方法，其优化的最终结果受初始状态的影响较小，这是粒子群及其改进粒子群最主要的特点。

6.4.3 MMPSO 优化不同控制的三相整流系统参数及仿真波形

针对三相 PI 控制的整流系统，从表 6.4 的 30 次优化中随机抽取两组优化得到的控制参数，如表 6.6 所示。

表 6.6 两组三相 PI 控制参数

序号	K_p	K_i	K_{p1}	K_{i1}
第 1 组	0.01	0.023	9.04	0.0025
第 2 组	0.012	0.03	8.6	0.01

表 6.6 中，两组 PI 控制参数的三相整流系统中某一相电网电压和电感电流波形如图 6.26 所示。

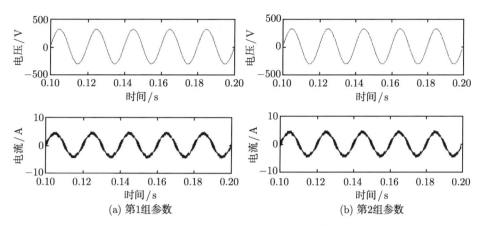

图 6.26 不同 PI 控制参数的某一相电网电压和电感电流波形

可以看出，两组参数能保证电网电压与网侧电流相位差较小。

两组 PI 控制参数的三相整流系统中三相电网电压和电感电流波形如图 6.27 所示。

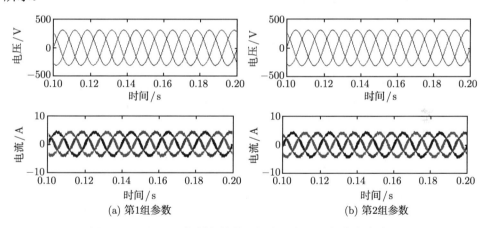

图 6.27 不同 PI 控制参数的三相电网电压和电感电流波形

两组 PI 控制参数的三相整流系统的直流电压波形如图 6.28 所示。经检测可知，两组参数的直流电压纹波均小于 1%，电压纹波较小。

表 6.6 中两组参数的三相整流系统开环传递函数的 Bode 图如图 6.29 所示。

图 6.29(a) 中增益裕量为无穷大，相位裕量为 1.6°，相位交界频率为无穷小，增益交界频率为 396.0rad/s；图 6.29(b) 中增益裕量为无穷大，相位裕量为 1.6°，相位交界频率为无穷小，增益交界频率为 452.2rad/s。分析上两组数据可知，表 6.6 中所给控制参数均能保证基于 PI 控制的三相整流系统稳定。

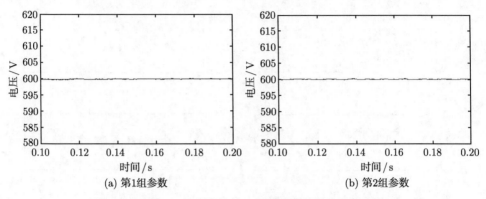

图 6.28　不同 PI 控制参数的三相整流系统的直流电压波形

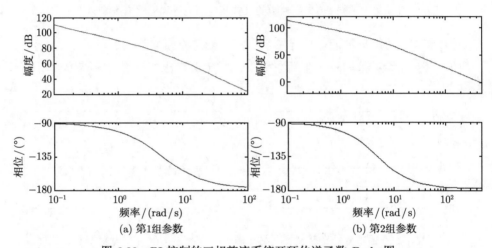

图 6.29　PI 控制的三相整流系统开环传递函数 Bode 图

6.5　三相整流实物实验及数据分析

为验证仿真的正确性,搭建一个实验样机平台 (电路参数与仿真参数一样),如图 6.30 所示。其中控制芯片为 TMS320F2812,功率开关管采用 IPM 器件,示波器型号为 DL850 (Yokogawa)。

为了进一步验证 MMPSO 的性能,本节在三相整流系统动态变化的情况下 (负载先增后减) 进行优化。MMPSO 优化得到的 PI 控制参数:外环 K_p 为 0.01,外环 K_i 为 0.003,内环 K_{p1} 为 1,内环 K_{i1} 为 0.004。

图 6.31 为负载突加和负载突减时 (空载和满载切换),三相整流某一相电网电压 (DA 输出) 和电感电流波形,以及直流侧电压和某一相电感电流波形。

图 6.30 三相整流实验环境与实验样机图

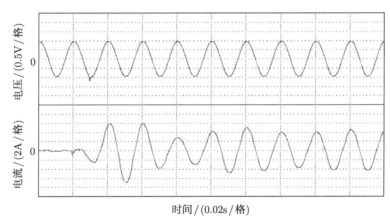

(a) 负载突加波形图(电网电压与电感电流)

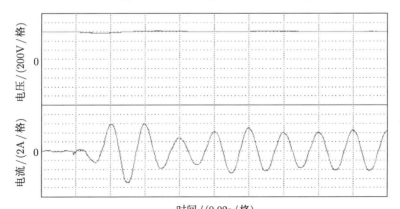

(b) 负载突加波形图(直流电压与电感电流)

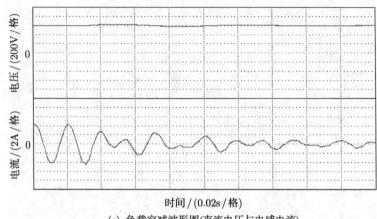

(c) 负载突减波形图(直流电压与电感电流)

图 6.31　负载突变时 PI 控制的整流波形

可以看出, 在负载突变时, 三相电感电流波动不大, 电感电流与电网电压的相位相差不大 (相位差小于 3°), 直流侧电压的波动也不大 (负载切换时, 最大电压波动约为 30V); 对三相整流的稳定电感电流进行快速傅里叶分析, 其各次谐波含量均低于 3%, THD 约为 3.9%, 输出电流基波幅值约为 4A, 直流侧电压稳定时的偏差约为 1.5%。

图 6.32 为空载时, 三相整流系统的直流电压和某一相电感电流波形。

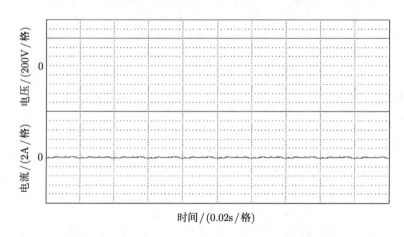

时间 / (0.02s / 格)

图 6.32　空载时 PI 控制的三相整流系统输出波形

空载时, 三相整流系统的直流电压波形较好, 其直流电压稳定时的偏差与带载时相差不大, 同样约为 1.5%。

通过实验可知，MMPSO 优化的控制参数性能较优。整流系统稳定运行时，其输出直流电压波形较为稳定，电感电流与电网电压相位相差不大；在负载变化时直流电压不会产生很大的振荡，且能较为快速地恢复到稳定状态 (恢复时间约为 0.2s)。

本章通过仿真实验对比了 PSO、PSO-CF、EPSOWP 与本书所提 MMPSO 在基于 PI 控制的三相整流系统中的优化效果，结果表明，MMPSO 和 EPSOWP 的优化结果均很稳定，收敛性和优化效果更好；通过实物实验验证，也证明了 MMPSO 的正确性。

参 考 文 献

[1] 张兴, 张崇巍. PWM 整流器及其控制[M]. 北京: 机械工业出版社, 2012.

[2] 林渭勋. 现代电力电子技术[M]. 北京: 机械工业出版社, 2005.

第 7 章　改进粒子群优化算法在 SVPWM 优化及其他控制中的应用

7.1　引　　言

本章主要介绍 BPSO-GA 优化三相 SVPWM 调制以及 MMPSO 优化下垂控制、交流电机控制和重复控制。首先简要介绍上述多种控制方式的基本原理,然后建立 BPSO-GA 和 MMPSO 的离线优化模型,再分别进行仿真验证。

7.2　SVPWM 的时序优化

相比 SPWM 调制,SVPWM 具有很高的自由度,其空间矢量时间可以自由分配,空间矢量组合顺序也可以自由组合[1]。SVPWM 的基本原理在第 5 章已经详细介绍,这里不再叙述。负载为阻感性负载,三相逆变电路结构图如图 7.1 所示。

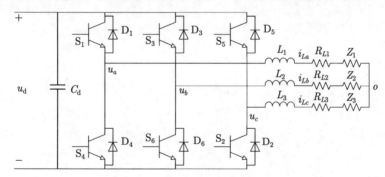

图 7.1　三相逆变电路结构图

7.2.1　优化目标函数的选取

逆变输出电压为 PWM 方波,主要研究该 PWM 波的低次谐波,采用的优化目标函数为加权总谐波畸变率 (weighted THD, WTHD),其公式为

$$\text{WTHD} = \frac{\sqrt{\sum_{n=2}^{\infty} \left(\frac{U_{zon}}{n} \right)^2}}{U_{zo1}} \times 100\% \tag{7.1}$$

式中，U_{zon} 和 U_{zo1} 分别为 PWM 波的各次谐波和基波。与 THD 不同的是，该公式中根号内的各次谐波电压幅值多除以了 n，这样谐波阶次越高，谐波幅值影响越小，到达一定阶次后谐波幅值基本可以忽略。

7.2.2 优化模型及优化参数

本节优化采用的优化方法为 BPSO-GA，这里只做了最简单的优化，即只优化 T_0 和 T_7 零电压矢量作用时间，通过分配零电压矢量作用时间，以期进一步优化 SPVWM 的性能。优化时需要先将十进制整数转换成二进制，通过 BPSO-GA 进行优化后再转换成十进制。基于 BPSO 的三相 SVPWM 时序优化的离线优化模型如图 7.2 所示。

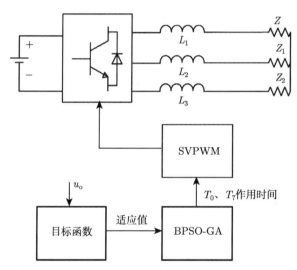

图 7.2 三相 SVPWM 时序优化的离线优化模型

u_o 为逆变交流侧输出线电压，通过 BPSO-GA 给 SVPWM 调制提供零电压矢量作用时间，调制比为 0.8。

因为 SVPWM 的对称性，所以只需要知道三分之一个周期的零电压矢量作用时间就足以知道整个周期的零电压矢量作用时间，又因为 T_0 和 T_7 相等，所以只要得到其中一个作用时间便可。本次优化设计中 SVPWM 的开关周期 T_s=278μs，共有六个扇区，每个扇区有 12 次开关动作，这里选取 6 维 T_0 值，整个圆周期的 T_0 值通过 6 个开关 T_0 值进行对称输出，只需要优化 1/12 圆周期的值，就可以计算出整个周期的 T_0 和 T_7 值。T_0 值的优化范围如表 7.1 所示。

BPSO-GA 的优化参数中 BPSO 部分的参数与第 2 章标准 BPSO 的优化参数相同。

表 7.1　6 维 T_0 的优化取值范围

	T_{01}	T_{02}	T_{03}	T_{04}	T_{05}	T_{06}
上限值	81	72	66	61	57	56
下限值	1	1	1	1	1	1

7.2.3　优化结果及其仿真波形对比

针对三相 SVPWM 调制算法，BPSO-GA 优化得到的两组零电压矢量参数如表 7.2 所示。

表 7.2　6 维 T_0 的优化取值范围

序号	T_{01}	T_{02}	T_{03}	T_{04}	T_{05}	T_{06}
第 1 组	60	34	36	13	31	16
第 2 组	60	34	36	27	22	10

表 7.2 中零电压矢量参数的三相 SVPWM 调制中某一相逆变交流侧输出线电压波形如图 7.3 所示。

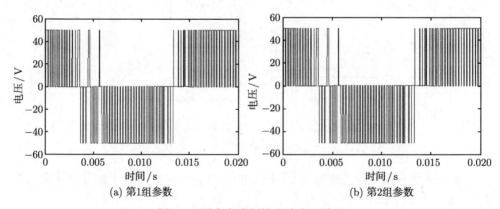

(a) 第1组参数　　　　　　　(b) 第2组参数

图 7.3　逆变交流侧输出线电压波形

第 1 组优化参数的 WTHD 检测值为 0.0254，第 2 组优化参数的 WTHD 检测值为 0.0252。未经优化的 SVPWM 调制 (直接采用正弦信号为调制波信号的一般 SVPWM 方法) 中某一相逆变交流侧输出线电压波形如图 7.4 所示。未经优化的 WTHD 检测值为 0.1436，可以看出，经过 MMPSO 优化后的 SVPWM 调制效果更优。

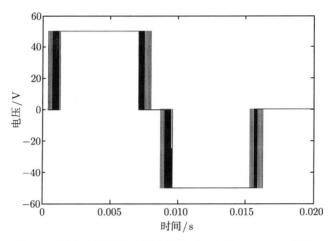

图 7.4 逆变交流侧输出线电压波形 (未经 MMPSO 优化)

7.3 并联下垂控制的优化

下垂控制是通过计算有功和无功功率来调节电压和频率,从而来调节每个逆变器自身的有功和无功功率以达到系统间各模块的功率平衡[2~5]。

本节主要介绍下垂控制的原理,建立相应的离线优化模型,并利用 MMPSO 对下垂控制参数进行优化实验。

7.3.1 并联逆变器简化模型的建立

图 7.5 为两台逆变器并联的简化模型,其中 $V_n \angle \sigma_n$、jX_{Ln}、$1/(jX_{Cn})$、I_{Ln}、$I_{Cn}(n=1,2)$ 分别为逆变器输出电势、滤波电感感抗、滤波电容容抗、电感电流和电容电流。$V_{on} \angle \sigma_{on}$、$r_n + jX_n$、$I_n(n=1,2)$、$V$、$I_o$、$Z_o$ 分别为逆变器输出电压、线路阻抗 (呈阻感性)、输出电流、母线电压、负载电流和负载阻抗。

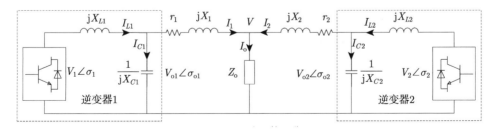

图 7.5 并联逆变器简化模型

一般情况下,假设两个逆变器完全一样,以逆变器 1 为例,当线路阻抗存在不可忽略的阻性时计算其复功率为

$$S = P + jQ = \frac{(V_{o1} \angle \sigma_{o1} - V)V}{r_1 + jX_1} \tag{7.2}$$

式中，P 和 Q 分别代表未经滤波的有功功率和无功功率，可以得到

$$P = \frac{r_1 V V_{o1} \cos \sigma_{o1} + X_1 V V_{o1} \sin \sigma_{o1} - r_1 V^2}{r_1^2 + X_1^2} \tag{7.3}$$

$$Q = \frac{X_1 V^2 + r_1 V V_{o1} \sin \sigma_{o1} - X_1 V V_{o1} \cos \sigma_{o1}}{r_1^2 + X_1^2} \tag{7.4}$$

将式 (7.3) 和式 (7.4) 两边进行微分可得

$$\Delta P \approx \frac{(X_1 \cos \sigma_{o1} - r_1 \sin \sigma_{o1}) V V_{o1} \Delta \sigma_{o1}}{r_1^2 + X_1^2} + \frac{(X_1 \sin \sigma_{o1} + r_1 \cos \sigma_{o1}) V \Delta V_{o1}}{r_1^2 + X_1^2} \tag{7.5}$$

$$\Delta Q \approx \frac{(r_1 \cos \sigma_{o1} + X_1 \sin \sigma_{o1}) V V_{o1} \Delta \sigma_{o1}}{r_1^2 + X_1^2} + \frac{(r_1 \sin \sigma_{o1} - X_1 \cos \sigma_{o1}) V \Delta V_{o1}}{r_1^2 + X_1^2} \tag{7.6}$$

因线路压降和相位偏移小，分析电路时可以近似认为

$$\sin \sigma_{o1} \approx \sigma_{o1}, \quad \cos \sigma_{o1} \approx 1 \tag{7.7}$$

将式 (7.7) 代入式 (7.5) 和式 (7.6) 中并写成矩阵形式，可得到并联系统中被控量与变量之间的关系：

$$\begin{bmatrix} \Delta P \\ \Delta Q \end{bmatrix} \approx \frac{1}{r_1^2 + X_1^2} \begin{bmatrix} (X_1 - r_1 \sigma_{o1}) V V_{o1} & (X_1 \sigma_{o1} + r_1) V \\ (r_1 + X_1 \sigma_{o1}) V V_{o1} & (r_1 \sigma_{o1} - X_1) V \end{bmatrix} \begin{bmatrix} \Delta \sigma_{o1} \\ \Delta V_{o1} \end{bmatrix} \tag{7.8}$$

由式 (7.8) 可以看出，输出的有功功率和无功功率均与相位差和电压幅值差有关，即有功和无功之间存在耦合。

线路阻抗为感性时，可以简化下垂控制模型。考虑串联一个感抗远大于线路阻抗的电感 $X_{sLn}(n = 1, 2)$，从而忽略输出电路的原有线路阻抗 (即 $|r_n + jX_n| \ll X_{sLn}$)，可以得到新的简化模型，如图 7.6 所示。其中 V'、I'_o、Z'_o 分别为新的母线电压、负载阻抗电流和负载阻抗。

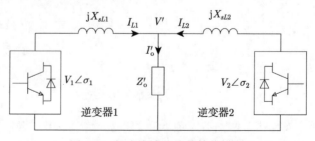

图 7.6　忽略线路阻抗的简化模型

假设两个逆变器结构完全相同, 同样以逆变器 1 为例, 可以计算出复功率为

$$S = P + jQ = \frac{(V_1 \angle \sigma_1 - V')V'}{jX_{sL1}} \tag{7.9}$$

可以得到

$$P = \frac{V_1 V' \sin \sigma_1}{X_{sL1}} \tag{7.10}$$

$$Q = \frac{(V')^2 - V_1 V' \cos \sigma_1}{X_{sL1}} \tag{7.11}$$

对式 (7.10) 和式 (7.11) 进行微分, 可得

$$\Delta P = a\Delta \sigma_1 + b\Delta V_1 \tag{7.12}$$

$$\Delta Q = c\Delta \sigma_1 + d\Delta V_1 \tag{7.13}$$

其中

$$a = \frac{V_1 V'}{X_{sL1}} \cos \sigma_1, \quad b = \frac{V'}{X_{sL1}} \sin \sigma_1$$

$$c = \frac{V_1 V'}{X_{sL1}} \sin \sigma_1, \quad d = -\frac{V'}{X_{sL1}} \cos \sigma_1 \tag{7.14}$$

因滤波电感压降很小, 则 V_1 与 V' 间的相位差较小, 分析电路时近似认为

$$\sin \sigma_1 \approx \sigma_1, \quad \cos \sigma_1 \approx 1 \tag{7.15}$$

将式 (7.15) 代入式 (7.12) 和式 (7.13) 并写成矩阵形式, 可得

$$\begin{bmatrix} \Delta P \\ \Delta Q \end{bmatrix} = \frac{1}{X_{sL1}} \begin{bmatrix} V_1 V' & V' \sigma_1 \\ V_1 V' \sigma_1 & -V' \end{bmatrix} \begin{bmatrix} \Delta \sigma_1 \\ \Delta V_1 \end{bmatrix} \tag{7.16}$$

其中

$$V_1 \gg \sigma_1 \tag{7.17}$$

式 (7.16) 中 $V' \sigma_1$ 和 $V_1 V' \sigma_1$ 均为较小量, 分别设为 ε 和 ε', 式 (7.16) 简化为

$$\begin{bmatrix} \Delta P \\ \Delta Q \end{bmatrix} \approx \frac{1}{X_{sL1}} \begin{bmatrix} V_1 V' & \varepsilon \\ \varepsilon' & V' \end{bmatrix} \begin{bmatrix} \Delta \sigma_1 \\ \Delta V_1 \end{bmatrix} \tag{7.18}$$

由式 (7.17) 可知, 有功功率和无功功率仍然受相位差及电压差的影响。对比式 (7.18) 和式 (7.8) 可得

$$\begin{cases} \dfrac{(X_1 \sigma_{o1} + r_1)V}{r_1^2 + X_1^2} \gg \dfrac{\varepsilon}{X_{sL1}} \\[4mm] \dfrac{(r_1 + X_1 \sigma_{o1})VV_{o1}}{r_1^2 + X_1^2} \gg \dfrac{\varepsilon'}{X_{sL1}} \end{cases} \tag{7.19}$$

从式 (7.18) 和式 (7.19) 可以看出，逆变器输出阻抗为感性时大大简化了功率与相位差及电压差之间的关系，功率耦合程度也有所降低，因此下垂控制的优化、系统分析及实验均建立在计算逆变输出功率的基础上。

7.3.2 下垂控制及其小信号分析

1. 传统下垂控制

传统下垂控制方程为

$$\omega = \omega_r + d_p(P'_r - P') \tag{7.20}$$

$$V = V_r + d_q(Q'_r - Q') \tag{7.21}$$

式中，ω_r、ω、P'_r、P' 和 d_p 分别为给定频率、有功功率下垂调节的输出频率、给定有功功率、滤波后的实际有功功率和有功功率下垂系数；V_r、V、Q'_r、Q' 和 d_q 分别为给定电压、无功功率下垂调节的输出电压、给定无功功率、滤波后的实际无功功率和无功功率下垂系数。滤波方式为一阶低通滤波，可以得到滤波前后功率的关系式为

$$P' = \frac{\omega_o}{s + \omega_o}P \tag{7.22}$$

$$Q' = \frac{\omega_o}{s + \omega_o}Q \tag{7.23}$$

式中，ω_o 为低通滤波的截止频率。

传统下垂控制中有功功率并没有考虑无功功率中电压差的影响，同样无功功率也没有考虑有功功率中相位差的影响。逆变器并联时，无功功率与有功功率均会进行调节，此时无功功率的调节通过耦合通道影响了有功功率的调节，反过来有功功率的调节同样也影响了无功功率的调节，如此反复则会造成功率振荡。下垂系数决定了无功功率与有功功率间的影响程度，下垂系数越大，功率调节时的波动越大，下垂系数越小，耦合作用减弱，但系统并联时的响应速度越慢，同样也会影响功率的调节。虽然线路阻抗呈感性时耦合的程度减弱，但因并联时的动态性和稳定性相互矛盾，下垂系数的选取需要同时考虑这两个相互矛盾的指标，如果参数选取过大则会降低并联时的稳定性，如果参数选取过小则会使得逆变器达到功率均分的时间过长。

2. 下垂控制小信号分析

将式 (7.22) 和式 (7.23) 代入式 (7.12) 和式 (7.13) 中 (去掉下标) 可以得到

$$\Delta P' = \frac{\omega_o}{s + \omega_o}(a\Delta\sigma + b\Delta V) \tag{7.24}$$

$$\Delta Q' = \frac{\omega_o}{s + \omega_o}(c\Delta\sigma + d\Delta V) \tag{7.25}$$

建立式 (7.20) 和式 (7.21) 的小信号模型为

$$d_{\rm p}\Delta P' = -\Delta\omega(s) \tag{7.26}$$

$$d_{\rm q}\Delta Q' = -\Delta V(s) \tag{7.27}$$

其中

$$\begin{aligned} \Delta P' &= P'_{\rm r} - P' \\ \Delta\omega(s) &= \omega_{\rm r} - \omega \\ \Delta Q' &= Q'_{\rm r} - Q' \\ \Delta V(s) &= V_{\rm r} - V \end{aligned} \tag{7.28}$$

对式 (7.26) 积分 (转化成拉氏函数)，可以得到

$$\frac{d_{\rm p}}{s}\Delta P' = -\Delta\sigma(s) \tag{7.29}$$

将式 (7.27) 和式 (7.29) 代入式 (7.24) 和式 (7.25) 中可以得到

$$\left(\frac{s^2 + s\omega_{\rm o}}{d_{\rm p}} + a\omega_{\rm o}\right)\Delta\sigma + \omega_{\rm o}b\Delta V = 0 \tag{7.30}$$

$$\omega_{\rm o}c\Delta\sigma + \left(\frac{s + \omega_{\rm o}}{d_{\rm q}} + \omega_{\rm o}d\right)\Delta V = 0 \tag{7.31}$$

联立式 (7.30) 和式 (7.31) 可以得到

$$(s^3 + \alpha s^2 + \beta s + \chi)\Delta\sigma = 0 \tag{7.32}$$

其中

$$\begin{aligned} \alpha &= 2\omega_{\rm o} + d_{\rm p}w_{\rm o}d \\ \beta &= \omega_{\rm o}^2 + d_{\rm p}\omega_{\rm o}^2 d + d_{\rm q}\omega_{\rm o}a \\ \chi &= d_{\rm q}\omega_{\rm o}^2 a + d_{\rm p}d_{\rm q}\omega_{\rm o}^2 ad - d_{\rm p}d_{\rm q}\omega_{\rm o}^2 bc \end{aligned} \tag{7.33}$$

如果 $\Delta\sigma$ 为零，考虑式 (7.30) 和式 (7.31) 可知 ΔV 也需要同时为零，在实际控制中这种情况很难发生，所以假设 $\Delta\sigma$ 不为零，对式 (7.32) 两边除以 $\Delta\sigma$ 可以得到

$$s^3 + \alpha s^2 + \beta s + \chi = 0 \tag{7.34}$$

下垂控制的小信号模型如图 7.7 所示。图中，V^* 为无功功率调节后的输出电压幅值，θ^* 为有功功率调节后的输出相位值。通过下垂控制的调节可以实时改变指令信号的幅值大小和相位大小 (得到的指令信号为三相指令电压信号)，本设计采用的功率计算公式为

$$\begin{aligned} P &= \frac{3}{2}(i_d u_d + i_q u_q) \\ Q &= \frac{3}{2}(i_d u_q - i_q u_d) \end{aligned} \tag{7.35}$$

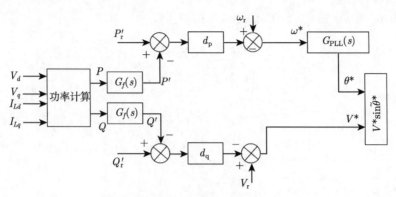

图 7.7　传统下垂控制小信号模型

通过式 (7.35) 可知，经过反馈电压和电流信号 dq 坐标变换后计算出来的功率为实时功率信息，图 7.7 中的下标 d 和 q 则分别代表坐标轴 d 轴和 q 轴；$G_f(s)$ 和 $G_{\text{PLL}}(s)$ 分别代表低通滤波器和锁相环部分。通过下垂控制，两个逆变器均能通过各自输出功率得到相应的电压和相位调节量，调节量可以使逆变器输出相对应的电压信号，同时反过来又调节了逆变器各自的输出功率，这一过程使逆变器实现功率调节。

7.3.3　优化目标函数的建立

针对离网并联系统，为了能够在并联时同时让两个逆变器的负载输出电压谐波畸变率较小，且两个逆变器的有功功率和无功功率均能快速而稳定地达到均分效果，需要建立一个能反映上述情况的优化目标函数，为此可以将式 (4.75) 和式 (5.67) 加上不同的权系数，并进行组合，则该组合公式为

$$F = c_1 \int_0^{T_\text{a}} t|e_1(t)|\mathrm{d}t + d_1 \int_0^{T_\text{a}} t|e_2(t)|\mathrm{d}t + e\frac{\sqrt{\sum_{n=2}^{\infty} U_{zon}^2}}{U_{zo1}} \times 100\% + f\frac{\sqrt{\sum_{n=2}^{\infty} U_{1zon}^2}}{U_{1zo1}} \times 100\%$$

(7.36)

其中

$$c_1 + d_1 + e + f = 1 \tag{7.37}$$

式 (7.36) 中，$e_1(t)$ 为两个逆变器的有功功率误差信号；$e_2(t)$ 为两个逆变器的无功功率误差信号；U_{zo1} 和 U_{zon}、U_{1zo1} 和 U_{1zon} 分别为两个逆变器的输出电压基波和谐波幅值。

7.3.4　并联系统优化模型建立及参数选取

基于 MMPSO 的三相逆变并联系统离线优化模型如图 7.8 所示。两个逆变器的控制方式、控制结构和系统组成结构均相同。其中控制均采用 PI 控制；控制结

构均为三环控制，分别为功率控制环、输出电压控制环和电感电流控制环；逆变器的滤波均采用截止频率相同的 LC 低通滤波器，直流源均为相同幅值的恒定直流源。

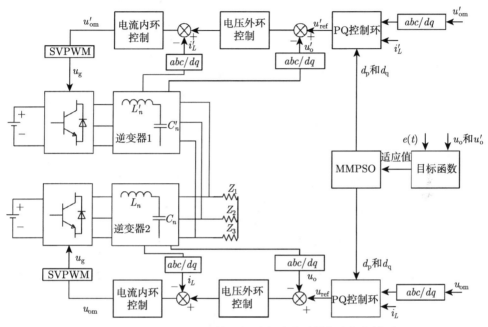

图 7.8 基于 MMPSO 的三相逆变并联系统离线优化模型

图 7.8 中两个逆变系统所有结构和控制程序均相同，滤波电感 L_n 和 L'_n 均为 5mH；滤波电容 C_n 和 C'_n 均为 24μF；带阻性负载时 Z_n 为 101Ω；直流母线电压为 600V；死区时间设置为 3μs；调制方式均为 SVPWM 调制。

基于功率下垂控制的三相电压型逆变系统中 d_p 的优化区间为 $[0,1]$，d_q 的优化区间为 $[0,1]$。

针对离网并联系统的 MMPSO，$V_{\max} = 1 \times 10^{-5}$，$V_{\min} = -1 \times 10^{-5}$；$c_1 = 0.2$，$d_1 = 0.2$，$e = 0.3$，$f = 0.3$；其他优化参数同样与第 4 章优化参数相同。

7.3.5 并联下垂控制仿真实验及数据对比分析

针对三相逆变并联控制的下垂控制，经过 MMPSO 的优化可以得到多组下垂控制参数，随机抽取两组优化后的下垂控制参数，如表 7.3 所示。

表 7.3 中两组下垂控制参数控制的三相并联系统中两个逆变器的有功功率变化曲线如图 7.9 所示。

表 7.3　两组下垂控制参数

序号	d_p	d_q
第 1 组	4.2876×10^{-6}	0.0017
第 2 组	1.4349×10^{-5}	0.0022

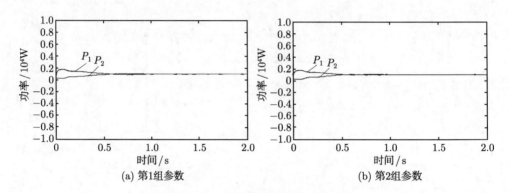

(a) 第1组参数　　　　　　　　　(b) 第2组参数

图 7.9　两个逆变器有功功率变化曲线

P_1 为逆变器 1 输出有功功率, P_2 为逆变器 2 输出有功功率, 并联时刻为 0.1s

表 7.3 中两组下垂控制参数控制的三相并联系统中两个逆变器的无功功率变化曲线如图 7.10 所示。

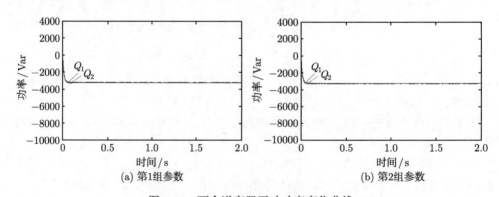

(a) 第1组参数　　　　　　　　　(b) 第2组参数

图 7.10　两个逆变器无功功率变化曲线

Q_1 为逆变器 1 输出无功功率, Q_2 为逆变器 2 输出无功功率

负载突变时 (先突加 50%, 再突减 50%), 两个逆变器的有功功率变化曲线如图 7.11 所示。

两个不同下垂系数在负载突变时, 两个逆变器的无功功率变化曲线与图 7.11 类似, 也无多大的波动。

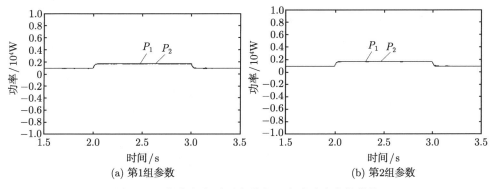

(a) 第1组参数   (b) 第2组参数

图 7.11 负载突变时两个逆变器有功功率变化曲线

逆变器刚并联时，因两个逆变器电压幅值及相位的不同，驱使两个逆变器的有功功率和无功功率以不同变化趋势做出相应的调整。传统下垂控制不存在解耦项，所以无功功率调整时会影响有功功率的调整，有功功率的调整又会影响无功功率的调整，因此产生了较小的功率振荡；功率均分后，两个逆变器电压幅值、相位及功率均达到相对稳定状态，此时功率间的耦合作用将大大减小，所以系统能稳定运行；当负载突变时，两个逆变器的电压、相位及功率的变化趋势相同，因此能保证功率快速、平稳变化。

7.4 三相交流异步电机控制的优化

能够实现电能与机械能相互转换的电工设备称为电机，通过电磁感应原理使得电机能够实现电能与机械能的相互转换。一般来说，能够将电能转换为机械能的设备称为电动机，能够将机械能转换为电能的设备称为发电机。交流电机中又有同步电机和异步电机之分，两者最大的区别就是转子速度是否与定子的旋转磁场速度一致，如果一致则为同步电机，如果不一致则为异步电机[6~10]。

本节主要介绍异步电机的基本原理及其控制方法，建立相应的离线优化模型，并且利用 MMPSO 对该模型进行优化。

7.4.1 三相交流异步电机及其控制的原理介绍

1. 三相交流异步电机基本原理

三相异步电机的绕组分析时，一般都将转子的参数等效在定子侧，且无论绕组是绕线型还是鼠笼型均等效为绕线转子，其物理模型如图 7.12 所示[6~10]。

图中三相绕组 (A、B、C、a、b、c) 对称分布，转子参数已经等效到了定子侧上，且匝数均相等。

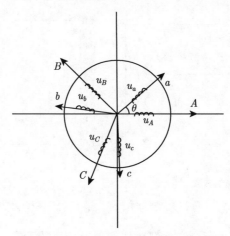

图 7.12　三相异步电机物理模型

可以得到, 三相转子换算到定子侧的电压侧方程为

$$
\begin{aligned}
u_a &= i_a R_{\mathrm r} + \frac{\mathrm d \psi_a}{\mathrm d t} \\
u_b &= i_b R_{\mathrm r} + \frac{\mathrm d \psi_b}{\mathrm d t} \\
u_c &= i_c R_{\mathrm r} + \frac{\mathrm d \psi_c}{\mathrm d t}
\end{aligned}
\tag{7.38}
$$

三相定子电压侧方程为

$$
\begin{aligned}
u_A &= i_A R_{\mathrm s} + \frac{\mathrm d \psi_A}{\mathrm d t} \\
u_B &= i_B R_{\mathrm s} + \frac{\mathrm d \psi_B}{\mathrm d t} \\
u_C &= i_C R_{\mathrm s} + \frac{\mathrm d \psi_C}{\mathrm d t}
\end{aligned}
\tag{7.39}
$$

式中, $u_N(N = A, B, C)$ 和 $u_n(n = a, b, c)$ 分别为定子侧相电压和转子侧相电压; $i_N(N = A, B, C)$ 和 $i_n(n = a, b, c)$ 分别为定子侧电流和转子侧电流; $\psi_N(N = A, B, C)$ 和 $\psi_n(n = a, b, c)$ 分别为定子磁通量和转子磁通量; $R_{\mathrm s}$ 和 $R_{\mathrm r}$ 分别代表定子电阻和转子电阻。

磁通量的计算方程为

$$
\begin{bmatrix}
\psi_A \\ \psi_B \\ \psi_C \\ \psi_a \\ \psi_b \\ \psi_c
\end{bmatrix}
=
\begin{bmatrix}
L_{AA} & L_{AB} & L_{AC} & L_{Aa} & L_{Ab} & L_{Ac} \\
L_{BA} & L_{BB} & L_{BC} & L_{Ba} & L_{Bb} & L_{Bc} \\
L_{CA} & L_{CB} & L_{CC} & L_{Ca} & L_{Cb} & L_{Cc} \\
L_{aA} & L_{aB} & L_{aC} & L_{aa} & L_{ab} & L_{ac} \\
L_{bA} & L_{bB} & L_{bC} & L_{ba} & L_{bb} & L_{bc} \\
L_{cA} & L_{cB} & L_{cC} & L_{ca} & L_{cb} & L_{cc}
\end{bmatrix}
\begin{bmatrix}
i_A \\ i_B \\ i_C \\ i_a \\ i_b \\ i_c
\end{bmatrix}
\tag{7.40}
$$

式中，L_{ii} 为自感；$L_{ij}(i \neq j)$ 为互感。

电磁转矩方程为

$$T_e = -n_p L_{\max}[(i_A i_a + i_B i_b + i_C i_c)\sin\theta + (i_A i_a + i_B i_b + i_C i_c)\sin(\theta + 240°)$$
$$+ (i_A i_a + i_B i_b + i_C i_c)\sin(\theta + 120°)] \tag{7.41}$$

式中，$L_{\max}$ 为最大互感；n_p 为异步电机极对数。

运动方程为

$$T_e - T_L = \frac{J}{n_p}\frac{d\omega}{dt} \tag{7.42}$$

式中，T_L 为负载转矩；J 为转动惯量。

2. 三相交流异步电机矢量控制

本节主要介绍有速度反馈的矢量控制。所谓矢量控制，就是通过数学方法得到转矩和磁场分量的幅值和相位，然后对其进行控制 (控制定子电流矢量)[7,11~17]。

矢量控制中有一个重要的环节就是坐标变换，通过坐标变换可以将交流电机模型等效为直流电机模型，以便采用拟直流电机的控制策略。异步电机坐标变换结构框图如图 7.13 所示。

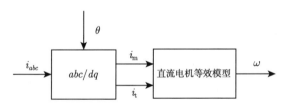

图 7.13　三相异步电机坐标变换结构框图

图中，i_{abc}、θ、i_m、i_t 和 ω 分别为三相定子电流、M 轴与 α 轴夹角、拟直流电机励磁电流、拟电枢电流和转子速度[10~17]。

其他有关矢量控制的具体内容在文献 [10]~[17] 中已经给出，这里不做详细介绍。

7.4.2　优化目标函数的建立

针对三相异步电机矢量控制系统，为了同时让电机输出电压和电流谐波畸变率均较小，且使反馈电压能快速跟踪指令电压，并且误差值较小，将式 (4.75) 和式 (5.67) 加上不同的权系数，并进行组合，该组合公式为

$$F = c_1' \int_0^{T_a} t|e(t)|dt + d_1' \frac{\sqrt{\sum_{n=2}^{\infty} U_{zon}^2}}{U_{zo1}} \times 100\% \tag{7.43}$$

其中

$$c_1' + d_1' = 1 \tag{7.44}$$

7.4.3　异步电机系统优化模型建立及参数选取

基于 MMPSO 的三相异步电机离线优化模型如图 7.14 所示。控制方式采用有速度反馈的矢量控制，优化参数为 PI 控制参数。

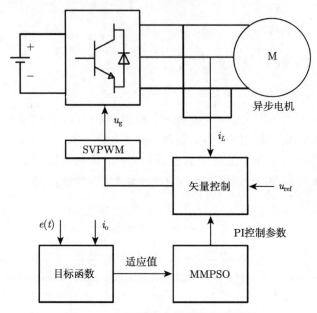

图 7.14　三相异步电机离线优化模型

图中，$e(t)$ 为速度控制环的误差；i_o 为三相异步电机中的某一相电流。权系数取值为

$$\begin{aligned} c_1' &= 0.1 \\ d_1' &= 0.9 \end{aligned} \tag{7.45}$$

控制参数 K_p 的优化区间为 $[0.1, 100]$，K_i 的优化区间为 $[10, 800]$，K_{p1} 的优化区间为 $[1, 1000]$，K_{i1} 的优化区间为 $[1, 500]$。

MMPSO 优化参数中 $V_{\max} = 15$，$V_{\min} = -15$，其他优化参数与第 4 章相同。

7.4.4　异步电机控制仿真实验

多次优化中随机抽取一组参数，可以得到三相异步电机系统中三相电流波形如图 7.15 所示。

这里只做了简单的优化，MMPSO 优化的控制参数能够满足系统稳定运行。

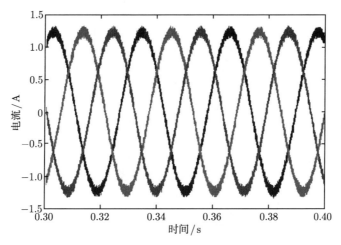

图 7.15 三相异步电机电流波形

7.5 重复控制系统的优化

针对非线性负载 (本节主要讨论整流性负载)，因 PI 控制和单 QPR 控制无法抑制低次谐波，所以控制效果较差 (逆变输出电压含有较大谐波)。带整流性负载时，逆变输出电流为冲击电流，导致电压含有大量低次谐波，如采用比例多谐振控制，则需设置多个谐振控制器逐个消除低次谐波，谐振器设置太多则系统稳定性受到影响，设置太少则抑制谐波效果较差。重复控制基于内模原理，能够有效抑制非线性负载带来的周期性扰动，算法比比例多谐振控制方法简单。本节利用 MMPSO 对采用重复控制的逆变器带整流性负载系统进行优化。

7.5.1 重复控制的原理

Francis 和 Wonham[18] 于 1975 年提出了内模原理：要保证一个系统结构的稳定就需要有调节量的反馈、合适的重复模式、反馈回路、参考信号和干扰信号。重复控制则是在此原理的基础上由 Inoue 等于 80 年代提出，其思想是将前一个周期的误差信号叠加到下一个周期同一时刻的误差信号中，通过误差信号的不断叠加可以使控制器产生校正扰动的控制信号，如此便可以消除周期性扰动信号。Haneyoshi 等 [19] 于 1988 年首次将重复控制运用在逆变电源中。重复控制不但可以大幅减小整流性负载所带来的扰动，还能抑制死区产生的畸变。

1. 理想重复控制系统结构

理想重复控制系统结构如图 7.16 所示。

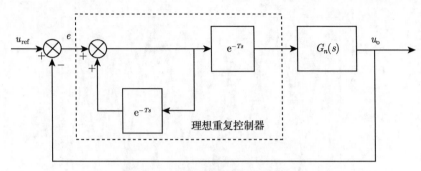

图 7.16   理想重复控制系统结构图

图中，u_{ref}、u_{o} 和 e 分别为电压指令信号、逆变电压输出信号和误差信号；$G_n(s)$ 为单相逆变模型；理想重复控制器模型为

$$G_{\mathrm{c}}(s) = \frac{\mathrm{e}^{-Ts}}{1 - \mathrm{e}^{-Ts}} \tag{7.46}$$

式中，T 为指令信号的周期时间。

输入和输出间的传递函数为

$$\frac{u_{\mathrm{o}}(s)}{u_{\mathrm{ref}}(s)} = \frac{\dfrac{\mathrm{e}^{-Ts}}{1 - \mathrm{e}^{-Ts}} G_n(s)}{1 + \dfrac{\mathrm{e}^{-Ts}}{1 - \mathrm{e}^{-Ts}} G_n(s)} \tag{7.47}$$

进一步可以推出

$$\frac{u_{\mathrm{o}}(s)}{u_{\mathrm{ref}}(s)} = \frac{\mathrm{e}^{-Ts} G_n(s)}{1 - \mathrm{e}^{-Ts} + \mathrm{e}^{-Ts} G_n(s)} \tag{7.48}$$

将式 (7.48) 转换为频域传递函数，可以得到

$$\frac{u_{\mathrm{o}}(\mathrm{j}\omega)}{u_{\mathrm{ref}}(\mathrm{j}\omega)} = \frac{\mathrm{e}^{-\mathrm{j}\omega t} G_n(\mathrm{j}\omega)}{1 - \mathrm{e}^{-\mathrm{j}\omega t} + \mathrm{e}^{-\mathrm{j}\omega t} G_n(\mathrm{j}\omega)} \tag{7.49}$$

式中，t 为指令信号周期。

进一步可以推出

$$\frac{u_{\mathrm{o}}(\mathrm{j}\omega)}{u_{\mathrm{ref}}(\mathrm{j}\omega)} = \frac{G_n(\mathrm{j}\omega)}{\mathrm{e}^{-\mathrm{j}(-\omega t)} - 1 + G_n(\mathrm{j}\omega)} \tag{7.50}$$

欧拉方程为

$$\mathrm{e}^{-\mathrm{j}\omega t} = \cos(\omega t) - \mathrm{j}\sin(\omega t) \tag{7.51}$$

将式 (7.51) 代入式 (7.49) 中可以得到

$$\frac{u_{\mathrm{o}}(\mathrm{j}\omega)}{u_{\mathrm{ref}}(\mathrm{j}\omega)} = \frac{G_n(\mathrm{j}\omega)}{\cos(\omega t) + \mathrm{j}\sin(\omega t) - 1 + G_n(\mathrm{j}\omega)} \tag{7.52}$$

当 $\omega = 2\pi k/t(k = 1, 2, 3, 4, \cdots)$ 时，可以得到

$$\frac{u_{\mathrm{o}}(\mathrm{j}\omega)}{u_{\mathrm{ref}}(\mathrm{j}\omega)} = \frac{G_n(\mathrm{j}\omega)}{G_n(\mathrm{j}\omega)} = 1 \tag{7.53}$$

由式 (7.53) 可知，加入理想重复控制后，可以使系统增益为 1，因此在逆变系统稳定的前提下，理想的重复控制可以确保逆变输出电压无静差跟踪指令电压信号[20]。

为了方便分析，将重复控制离散化，得到重复控制离散方程为

$$G_{\mathrm{c}}(Z) = \frac{z^{-N}}{1 - z^{-N}} \tag{7.54}$$

式中，N 为指令信号的一个周期内的采用次数。

理想重复控制系统离散化结构如图 7.17 所示。

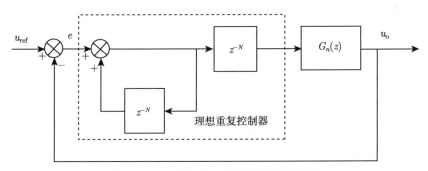

图 7.17 理想重复控制离散系统结构图

2. 改进重复控制系统结构

虽然理想重复控制因增益为 1，理论上可以使误差为 0，但因其极点分布在虚轴上，所以处于临界状态，这样的系统并不稳定，所以需要对重复控制进行相应的改进，改变极点位置使系统处于稳定状态[20~23]。

改进重复控制离散系统结构如图 7.18 所示。

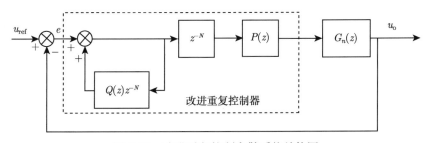

图 7.18 改进重复控制离散系统结构图

对比图 7.17，改进重复控制在前向通道和正反馈回路中分别增加了补偿器和滤波器。其中，$P(z)$ 为针对逆变的补偿器，$Q(z)$ 为针对正反馈回路增益的滤波器。

将图 7.18 中离散函数转变为拉氏函数，可以得到改进重复控制的输入与输出间的传递函数为

$$\frac{u_o(s)}{u_{ref}(s)} = \frac{\dfrac{e^{-Ts}}{1 - Q(s)e^{-Ts}}P(s)G_n(s)}{1 + \dfrac{e^{-Ts}}{1 - Q(s)e^{-Ts}}P(s)G_n(s)} \tag{7.55}$$

进一步可以推出

$$\frac{u_o(s)}{u_{ref}(s)} = \frac{e^{-Ts}P(s)G_n(s)}{1 - Q(s)e^{-Ts} + e^{-Ts}P(s)G_n(s)} \tag{7.56}$$

将式 (7.56) 转换为频域传递函数，可以得到

$$\frac{u_o(j\omega)}{u_{ref}(j\omega)} = \frac{e^{-j\omega t}P(j\omega)G_n(j\omega)}{1 - Q(j\omega)e^{-j\omega t} + e^{-j\omega t}P(j\omega)G_n(j\omega)} \tag{7.57}$$

将式 (7.51) 代入式 (7.57) 可以得到

$$\frac{u_o(j\omega)}{u_{ref}(j\omega)} = \frac{P(j\omega)G_n(j\omega)}{\cos(\omega t) + j\sin(\omega t) - Q(j\omega) + P(j\omega)G_n(j\omega)} \tag{7.58}$$

当 $\omega = 2\pi k/t (k = 1, 2, 3, 4, \cdots)$ 时，可以得到

$$\frac{u_o(j\omega)}{u_{ref}(j\omega)} = \frac{P(j\omega)G_n(j\omega)}{1 - Q(j\omega) + P(j\omega)G_n(j\omega)} \tag{7.59}$$

此时系统增益由 $Q(j\omega)$ 决定，当 $Q(j\omega)=1$ 时，增益为 1，其控制效果与理想重复控制相同；当 $-1 < Q(j\omega) < 1$ 时，增益小于 1；当 $Q(j\omega) > 1$ 时，增益大于 1；当 $Q(j\omega) < -1$ 时，增益同样小于 1。

接下来分析改进重复控制中各个部分的作用。

1) 滤波器 $Q(z)$

滤波器 $Q(z)$ 可以为低通滤波器或者用一个常数代替。当 $Q(z)$ 为低通滤波器时，可以衰减正反馈回路的高次谐波；采用常数则可以在整个频段衰减。一般取 $Q(z)$ 为略小于 1 的常数，因为由式 (7.59) 可知，如果 $Q(z)$ 过小或者过大，则会直接影响系统增益，同时也会使得系统不稳定 [20~23]。正反馈回路增加一个略小于 1 的常数后，虽然能提高系统稳定性，但误差信号在每次叠加的过程中产生一个无法补偿的误差量，这样间接增加了系统的稳态误差。

2) 补偿器 $P(z)$

补偿器 $P(z)$ 不但可以进行相位补偿，还可以进行幅值补偿，其方程形式为

$$P(z) = k_{\mathrm{r}} z^n S(z) \tag{7.60}$$

(1) k_{r} 为小于等于 1 的一个常数，它可以增强幅值补偿的强度，增加系统稳定性，但是该值不能太小，否则也会增加系统稳态误差，使得系统的收敛变慢。

(2) z^n 为相位补偿环节，该环节主要是补偿逆变器和幅值补偿环节存在的相位滞后问题。

(3) $S(z)$ 为幅值补偿环节，该环节主要消除逆变器的谐振点和控制信号存在的高次谐波，同时还要保证不降低中低频段增益。该环节由陷波器 (也称为带通滤波器) 和二阶低通滤波器组成，其中陷波器的传递函数为 [24]

$$S'(z) = \frac{z^m + a + z^{-m}}{2 + a} \tag{7.61}$$

式中，a 和 m 均为常数，陷波器可以对特定频率进行衰减，其主要作用就是衰减逆变系统存在的谐振 (本节采用的是 LC 滤波，所以陷波器消除的是 LC 滤波存在的谐振)。

由于陷波器无法衰减高次谐波，所以还需要配合二阶低通滤波器来滤除高次谐波，二阶低通滤波器传递函数为

$$S''(s) = \frac{h_{\mathrm{o}} w_{\mathrm{o}}^2}{s^2 + \zeta w_{\mathrm{o}} s + w_{\mathrm{o}}^2} \tag{7.62}$$

式中，h_{o}、w_{o} 和 ζ 分别为通带增益、滤波器截止频率和阻尼系数。通过式 (4.52) 可以得到二阶低通滤波器的离散形式为

$$S''(z) = \frac{\dfrac{T^2 h_{\mathrm{o}} w_{\mathrm{o}}^2}{4} z^2 + \dfrac{T^2 h_{\mathrm{o}} w_{\mathrm{o}}^2}{2} z + \dfrac{T^2 h_{\mathrm{o}} w_{\mathrm{o}}^2}{4}}{\left(1 + \dfrac{T \zeta w_{\mathrm{o}}}{2} + \dfrac{T^2 w_{\mathrm{o}}^2}{4}\right) z^2 + \left(\dfrac{T^2 w_{\mathrm{o}}^2}{2} - 2\right) z + 1 + \dfrac{T^2 w_{\mathrm{o}}^2}{4} - \dfrac{T \zeta w_{\mathrm{o}}}{2}} \tag{7.63}$$

由式 (7.61) 和式 (7.63) 可以得到 $S(z)$ 为

$$S(z) = S'(z) S''(z) \tag{7.64}$$

7.5.2 优化目标函数的建立

针对基于重复控制的单相逆变系统，为了能够同时让逆变输出电压谐波畸变率较小，且使交流反馈电压能快速跟踪指令电压，并且误差值较小，将式 (4.75) 和式 (4.76) 加上不同的权系数进行组合，该组合公式为

$$F = e' \int_0^{T_a} |e(t)|\mathrm{d}t + f' \frac{\sqrt{\sum_{n=2}^{\infty} U_{zon}^2}}{U_{zo1}} \times 100\% \tag{7.65}$$

其中

$$e' + f' = 1 \tag{7.66}$$

7.5.3　基于重复控制的单相逆变系统优化模型建立及参数选取

基于重复控制的单相逆变系统离线优化模型如图 7.19 所示。

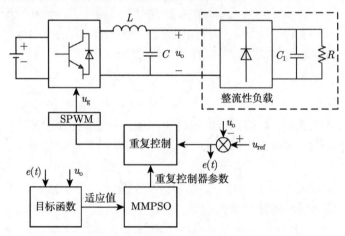

图 7.19　基于重复控制的单相逆变系统离线优化模型

图中负载为整流性负载, 参数 L、C、C_1 和 R 分别为交流滤波电感、交流滤波电容、直流滤波电容和负载, 其参数值分别为 2mH、50μF、2200μF 和 100Ω; 直流电压为 400V, 死区时间为 3μs。

所需优化的重复控制器参数分别有 Q、$k_r h_o$(两个参数均在前向通道上, 所以一起优化)、n、ζ、w_o 和 a, 这些优化参数的优化区间分别为 $[1\times10^{-6}, 1]$、$[1\times10^{-6}, 5]$、$[6, 50]$、$[1\times10^{-6}, 2]$、$[250, 10000]$ 和 $[1, 5]$(根据 LC 滤波参数可以计算出逆变谐振频率点大概的位置, 因此可以求出式 (7.61) 中 $m = 8$)。

MMPSO 优化参数中与前面所提参数所对应的 $V_{\max}$ 分别为 0.1、0.1、0.1、0.01、100 和 0.1; 对应的 $V_{\min}$ 分别为 -0.1、-0.1、-0.1、-0.01、-100 和 -0.1; 对应的 m_k 分别为 1、0.1、5、0.5、10 和 2; 式 (7.66) 中两个权系数值分别为

$$\begin{aligned} e' &= 0.05 \\ f' &= 0.95 \end{aligned} \tag{7.67}$$

其他优化参数均与第 4 章相同。

7.5.4　重复控制仿真实验及数据对比分析

针对基于重复控制的单相逆变系统，经过 MMPSO 的优化可以得到多组重复控制参数，随机抽取两组优化后的重复控制参数，如表 7.4 所示。

表 7.4　两组重复控制参数

序号	Q	$k_r h_o$	n	ζ	w_o	a
第 1 组	0.99	1.024	8	0.702	4.235×10^3	2.039
第 2 组	0.98	0.757	8	1.529	4.711×10^3	2.365

表 7.4 中两组重复控制参数的单相逆变系统中逆变器的输出电压和电流波形如图 7.20 所示。

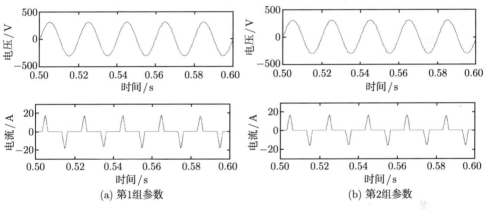

图 7.20　重复控制的逆变输出电压和电流波形

两组重复控制参数的逆变输出电压 THD 分别约为 2% 和 2.21%。

分别用基于双闭环 PI 控制和双闭环 QPR 控制的单相逆变系统与之进行对比，MMPSO 优化的 PI 控制和 QPR 控制参数如表 7.5 和表 7.6 所示。

表 7.5　PI 控制参数

序号	K_p	K_i	K_{p1}	K_{i1}
第 1 组	0.1	0.02	10	0.001

表 7.6　QPR 控制参数

序号	K_p	K_r	ω_c	K_{p1}
第 1 组	0.1	20	1.5	10

表 7.5 和表 7.6 中两组控制参数的单相逆变系统中逆变器的输出电压和电流波形分别如图 7.21(a) 和 (b) 所示。

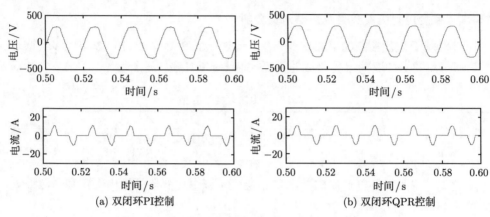

(a) 双闭环PI控制　　　　　　　　　　　　(b) 双闭环QPR控制

图 7.21　两组控制参数的逆变输出电压和电流波形

　　双闭环 PI 控制的逆变输出电压 THD 约为 7%，双闭环 QPR 控制的逆变输出电压 THD 约为 6.3%，两种控制下波形均出现严重的削顶。

　　可以看出，当逆变器带整流性负载时，基于重复控制的单相逆变输出电压接近正弦，而基于双闭环 PI 控制和 QPR 控制的单相逆变输出电压畸变较为严重。当逆变器带整流性负载时，重复控制的控制效果要优于其余两种控制的控制效果，通过仿真可以看出 MMPSO 能够胜任多参数优化。

参 考 文 献

[1]　张兴, 张崇巍. PWM 整流器及其控制[M]. 北京: 机械工业出版社, 2012.

[2]　Mariani V, Vasca F, Vasquez J C, et al. Model order reductions for stability analysis of islanded microgrids with droop control[J]. IEEE Transactions on Industrial Electronics, 2015, 62(7): 4344-4354.

[3]　Kahrobaeian A. Networked-based hybrid distributed power sharing and control for islanded microgrid systems[J]. IEEE Transactions on Power Electronics, 2015, 30(2): 603-617.

[4]　周贤正, 荣飞, 吕志鹏, 等. 低压微电网采用坐标旋转的虚拟功率 V/f 下垂控制策略[J]. 电力系统自动化, 2012, 36(2): 47-51, 63.

[5]　阚志忠, 张纯江, 薛海芬, 等. 微网中三相逆变器无互连线并联新型下垂控制策略[J]. 中国电机工程学报, 2011, 31(33): 68-74.

[6]　邹军. 三相交流异步电机无速度传感器矢量控制研究[D]. 成都: 西南交通大学, 2012.

[7]　武琼. 三相异步电机无速度传感器矢量控制策略的研究[D]. 合肥: 安徽大学, 2015.

[8]　朱军. 五相异步电机变频调速系统控制方法研究[D]. 武汉: 华中科技大学, 2006.

[9]　于江涛. 异步电机的磁链和速度辨识方法研究[D]. 广州: 华南理工大学, 2013.

[10]　章立. DSP 控制的三相异步电机空间矢量调速系统的开发[D]. 武汉: 武汉理工大学, 2010.

[11] 罗豪. 异步电机矢量控制系统设计及其 PI 控制器参数优化研究[D]. 长沙: 湖南大学, 2009.

[12] 吕华辉. 异步电机矢量控制变频调速系统的研究[D]. 武汉: 武汉理工大学, 2010.

[13] 孙伟, 于泳, 王高林, 等. 基于矢量控制的异步电机预测电流控制算法[J]. 中国电机工程学报, 2014, 21: 3448-3455.

[14] 韦克康, 周明磊, 郑琼林, 等. 基于复矢量的异步电机电流环数字控制[J]. 电工技术学报, 2011, 6: 88-94.

[15] 林森. 异步电机无速度传感器矢量控制系统研究[D]. 长沙: 中南大学, 2008.

[16] 汤梦阳. 异步电机矢量控制与参数辨识研究[D]. 重庆: 重庆大学, 2014.

[17] 段东辉. 异步电机矢量控制变频技术的研究与实现[D]. 大连: 大连理工大学, 2014.

[18] Francis B A, Wonham W M. The internal model principle of linear control theory[J]. Applied Mathematics and Optimization, 1975, 2(2): 170-194.

[19] Haneyoshi T, Kawamura A, Hoft R G. Waveform compensation of PWM inverter with cyclic fluctuating loads[J]. IEEE Transactions on Industry Applications, 1988, 24(4): 582-589.

[20] 马迎召. 基于改进重复控制的有源电力滤波器研究[D]. 长沙: 长沙理工大学, 2010.

[21] 贲冰. 基于重复控制的逆变器复合控制技术研究[D]. 秦皇岛: 燕山大学, 2007.

[22] 王莎. 基于重复控制的并联型有源电力滤波器的仿真研究[D]. 天津: 天津大学, 2012.

[23] 陈宏. 基于重复控制理论的逆变电源控制技术研究[D]. 南京: 南京航空航天大学, 2003.

[24] 刘烨. 基于重复 PI 控制的逆变器并联技术研究[D]. 成都: 西华大学, 2013.

第8章 改进粒子群优化算法在实际船舶岸电电源中的应用

8.1 引 言

近年来, 全球船舶运输业务不断增长。相比陆运和空运, 海运有着明显的优势, 首先是运输成本较低, 其次是很少出现交通堵塞的问题 [1~3]。几乎所有的船舶均使用柴油发电机自行发电, 在燃油辅机发电的过程中, 会排放含有硫氧化合物 (SO_x)、氮氧化合物 (NO_x) 和挥发性有机化合物 (VOC) 等污染物。燃油辅机在发电的过程中, 不但对港口空气及水域造成了很大的污染, 同时也产生较大的噪声, 严重影响了附近居民及船员的工作和生活。

为了降低港区污染废气的排放量以及噪声的影响, 当船舶泊靠码头时, 需要停止所有的船舶柴油机电站运转, 将船舶柴油机发电改由岸电电站直接提供, 这种采用陆地电源对靠港船舶供电的方式称为 "岸电技术"。2006 年, 欧盟提出并通过了在欧盟范围内各个海港码头停泊船舶要使用岸电供电的法案 2006/339/EC, 建议成员国提出对使用岸电的优惠政策, 并一起制订岸电电站国际标准, 相互之间应就海港岸电供电交流经验, 大力推广使用岸电 [4~7]。为了加强港口行业的节能减排, 我国交通运输部明确提出在 "十二五" 末, 全国海港码头中一半以上超万吨级泊位需要提供岸电, 推广靠港船舶使用岸电是各大港口节能减排的重点工作之一 [8,9]。近年来, 国内外有很多学者试图采用先进的 "电子式岸电电站装备" 来彻底解决这个问题。控制参数的合理选取是兆瓦级岸电系统装备提供稳定可靠电能的关键。

本章首先介绍岸电电源的基本原理及其拓扑结构, 然后给出岸电电源的优化模型, 采用 MMPSO 对该模型进行优化, 并进行仿真实验和实际工程验证。

8.2 岸电技术国内外现状

国外标准的船舶设备大多需要供电频率在 60Hz, 表 8.1 为主要使用 60Hz 电源的部分国家或地区 [9]。

我国用电标准为 50Hz, 为了能给国外船舶供电, 需要通过岸电技术将 50Hz 的陆地电源转换成 60Hz 电源。

表 8.1　主要使用 60Hz 电源的国家及地区

国家 (地区)	电压/V	频率/Hz
美国	120	60
中国台湾	110	60
韩国	110	60
古巴	120	60
哥伦比亚	110/120	60
墨西哥	120	60
加拿大	120	60

8.2.1　国内现状

国内港口的船舶岸电技术尚处于起步阶段，自 2009 年以来国内已有多个港口建立船用岸电试点性工程。

2009 年青岛港招商局国际集装箱码头有限公司首先完成了 5000t 级内贸支线集装箱码头船舶岸电改造，该系统只针对内河船只，故应用面较窄；2010 年 3 月，上海港外高桥二期集装箱码头运行移动式岸基船用变频变压供电系统，其主要是针对集装箱船舶；2010 年 10 月，连云港港口首次将高压船用岸电系统应用于"中韩之星"邮轮；2011 年 11 月~2012 年 1 月，招商国际蛇口集装箱码头先后安装了低压岸电系统与高压岸电系统[9]；目前福建港、宁波港、天津港等国内一些港口码头也正在进行船舶岸电系统的建设和实验。国内主要应用岸电技术的码头如表 8.2 所示。

表 8.2　国内主要应用岸电技术的码头

港口	电压等级	供电频率	供电容量
连云港码头	高压 6.6kV	50/60Hz	2MVA
上海港外高桥码头	低压 440V	50/60Hz	2MVA
青岛港招商局码头	低压 380V	50Hz	131.6kVA
蛇口集装箱码头	低压 440V, 高压 6.6kV	50/60Hz	5MVA

1) 连云港

连云港码头采用高压船舶/高压岸电的供电方案。输入侧接 10kV/50Hz 电网电源，经岸上变频电源变频，输出侧为 6.6kV/60Hz。将变频后的高压电送至码头前沿的高压接线箱内，同时在船舶上安装配套的固定变压器[10~12]。

2) 上海港

上海港于 2010 年 3 月 22 日在外高桥二期集装箱码头进行了为集装箱班轮提供岸电的尝试 (输入为 10kV/50Hz，输出为 440V/60Hz)。

3) 蛇口集装箱码头

蛇口集装箱码头有限公司 (SCT) 在港 $5^{\#} \sim 9^{\#}$ 泊位建设码头船用供电系统 [13]，其系统平面图如图 8.1 所示。

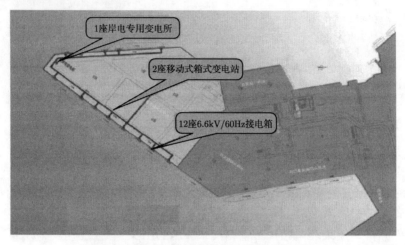

图 8.1　蛇口集装箱码头船用供电系统平面

蛇口港船用供电系统设计分为三部分：岸上供电系统、电缆连接设备和船舶受电系统。蛇口码头主要停靠船舶的供电频率为 60Hz，配电电压有 6.6kV 和 440V 两种。码头岸电电源考虑两种电压等级，以满足不同船舶的需求。

8.2.2　国外现状

国外船舶配电电压包括低压配电和高压配电两种，低压配电为 440/400V，高压配电为 6.6/6kV。目前国外已有岸电项目以直供电为主。

2000 年，瑞典哥德堡港第一个在渡船码头设计安装了高压岸电系统。此项技术使得船舶靠港期间污染物排放减少了 94%~97%。随后欧盟的主要港口，如荷兰鹿特丹港、比利时安特卫普港等集装箱码头以及泽布勒赫港、哥德堡港等客滚或渡船码头也陆续应用了岸电技术。接入岸电后环境质量有明显改善 [14~17]。

2001 年，美国朱诺港首次将岸电技术应用在豪华邮轮码头；2004 年，美国洛杉矶港将其应用在集装箱码头 100 号集装箱泊位上，并计划在 2014 年将给所有集装箱码头安装岸电设施；2009 年，美国长滩港首次将其应用在油码头。据不完全统计，截至 2013 年，全世界使用岸电技术的港口有 30 多家，详见表 8.3，而岸电的应用也从最初的滚装和集装箱及邮轮码头，扩展到了油码头与天然气码头等。

1) 美国洛杉矶港

美国洛杉矶港采用低压船舶/低压岸电/60Hz 直接供电方案，电网电压经变电站降压至 6.6kV，并接到码头岸电接电箱。

表 8.3 国外主要应用岸电技术的码头

码头类型	港口所在地
集装箱码头	洛杉矶港、长滩港、旧金山港、鲁伯特王子港、鹿特丹港、安特卫普港等
邮轮码头	朱诺港、温哥华港、西雅图港、圣弗朗西斯科港、洛杉矶港、 圣地亚哥港、新泽西港、哥德堡港、威尼斯港等
客滚或渡船码头	泽布勒赫港、哥德堡港、科特卡港、吕贝克港、凯米港、奥鲁港等
油码头	长滩港等
散件杂货	洛杉矶港等
天然气码头	LNG 天然气码头等

2) 美国长滩港

美国长滩港集装箱码头采用高压船舶/高压岸电/60Hz 直接供电方案,电网电压经变电站降至 6~20kV,由码头岸电接电箱接岸电上船,上船后可直接切换至船舶配电系统并向船舶供电。

3) 瑞典哥德堡港

瑞典哥德堡港采用低压船舶/高压岸电/50Hz 直接供电方案。电网电压经变电站降至 6~20kV,由码头岸电接电箱岸电上船,因传输电压高,传输电缆使用 1 根高压电缆即可。

8.3 船舶低压岸电技术理论

根据电路拓扑结构的不同,控制算法也不相同;船舶岸电电路拓扑包括高压岸电拓扑和低压岸电拓扑两大类。本节主要介绍低压岸电拓扑。

8.3.1 低压岸电拓扑结构

低压岸电拓扑结构有三种类型,即不控整流器后接母线电压变化的 PWM 电压源型逆变器、不控整流器后接母线电压稳定的 PWM 电压源型逆变器、全控 PWM 整流器后接 PWM 电压源型逆变器。下面分别进行介绍。

1. 不控整流器后接母线电压变化的 PWM 电压源型逆变器

这种拓扑结构是:前端采用二极管直接整流,将电网交流电转变成直流电,直流母线电压会随着电网电压的波动而变化;后端 PWM 逆变器通过改变调制比来实现输出电压幅值、频率的稳定变化[18],其拓扑结构如图 8.2 所示。当网侧电压降低时,为了稳定输出电压,必须提高逆变器的调制深度,这将导致逆变器运行效率和开关利用降低、峰值电流高和传导损失增大。由第 5 章可知,通过采用空间矢量 SVPWM 调制可以提高直流母线电压利用率,但该调制方式改善系统性能有限,不能解决实质问题。这种拓扑的最大缺点是整流器网侧电流谐波畸变率很高,严重污染电网，即使采用 12 脉波和 24 脉波等方式进行不控整流，在输入侧加装交流电抗器或者在直流母线侧加装直流电抗器也都只能较小地提高网侧功率因数，并不能从根本上解决网侧电流的畸变。

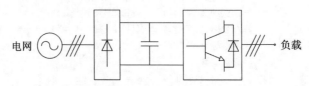

图 8.2　不控整流器后接母线电压变化的 PWM 电压源型逆变器拓扑图

2. 不控整流器后接母线电压稳定的 PWM 电压源型逆变器

为了解决直流母线电压波动时，使得 PWM 逆变器运行特性变差的问题，可以加入直流 Boost 升压环节，得到如图 8.3 所示的直流母线侧电压稳定的 PWM 电压源型逆变器拓扑结构[19]。通过 Boost 升压环节可以对直流侧电感电流和输出电压进行调节，将逆变器直流母线电压提高并稳定在合适的范围内，并且能使得网侧电流接近正弦波 (降低了网侧电流的畸变率)，同时也能减弱了电网电压下降所带来的影响，使逆变器调制深度变大，提高了逆变器的运行效率，减少了损耗，但这种拓扑结构在中、大功率变流系统中采用较少。

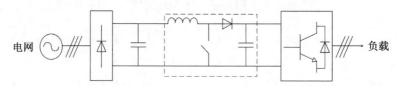

图 8.3　不控整流器后接母线电压稳定的 PWM 电压源型逆变器拓扑图

3. 全控 PWM 整流器后接 PWM 电压源型逆变器

前述两种拓扑中因为不可控整流桥无法控制交流侧电流，使得整流桥输入的交流侧电流波形畸变严重。为了减小电流的畸变率，需采用另一种方案——PWM 整流器[20]，其拓扑结构如图 8.4 所示，采用 PWM 整流器将网电整流成恒定的直流电，兼具高功率因数整流和稳压升压的作用。因为整流和逆变拓扑一样，可采

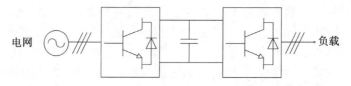

图 8.4　全控 PWM 整流器后接 PWM 电压源型逆变器拓扑图

用类似的控制方法进行控制, 简化了控制复杂性。有利于系统模块化、集成化设计。虽然 PWM 整流器因采用 IGBT 器件而使整机成本提高, 但目前随着电力电子技术特别是开关技术器件制造技术的发展, PWM 整流器成本不断降低, 应用将会越来越广泛。

8.3.2 低压岸电拓扑结构建模及滤波参数的选取

1. 低压岸电拓扑结构建模

采用图 8.4 中结构可以实现变流器四象限运行, 直流母线电压可调, 同时能减少网侧电流谐波对电网的污染。结合第 5 章和第 6 章可以得到该拓扑结构模型如图 8.5 所示。

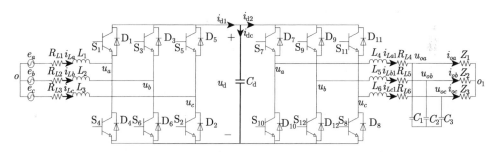

图 8.5　低压岸电拓扑结构模型

图中, i_{d1} 和 i_{d2} 分别为整流侧直流电流和逆变侧直流电流, 其他参数含义同第 5 章和第 6 章。变流系统的工作原理为: 先通过 PWM 整流实时控制直流电压, 再通过 PWM 逆变控制交流侧电压, 便可以得到期望的输出电压波形。其中电网电压需要通过降压变压器得到 PWM 整流所需的低压电。

由图 8.5 可以得到 PWM 整流和 PWM 逆变的数学方程分别如下。

1) PWM 整流

$$
\begin{cases}
e_r - u_r = L_n \dfrac{\mathrm{d}i_{Lr}}{\mathrm{d}t} + R_{Ln}i_{Lr}, \quad n = 1, 2, 3 \\
\displaystyle\sum_{r=a,b,c} i_{Lr} = 0 \\
i_{d1} = \displaystyle\sum_{r=a,b,c} i_{Lr}s_r \\
i_{d1} - i_{d2} = C_d \dfrac{\mathrm{d}u_d}{\mathrm{d}t}
\end{cases}
\tag{8.1}
$$

式中, $s_r\,(r = a, b, c)$ 代表二值开关函数 (上桥臂导通、下桥臂断开时, $s_r = 1$; 相反情况时, $s_r = 0$)。

2) PWM 逆变

$$
\begin{cases}
u_{r1} - u_{or} = L_n \dfrac{\mathrm{d}i_{Lr1}}{\mathrm{d}t} + R_{Lr} i_{Lr1}, \quad n = 4, 5, 6 \\[3mm]
i_{Lr1} - i_{or} = C_n \dfrac{\mathrm{d}u_{\mathrm{or}}}{\mathrm{d}t} \\[3mm]
\displaystyle\sum_{r=a,b,c} u_{or} = 0 \\[3mm]
\displaystyle\sum_{r=a,b,c} i_{or} = 0
\end{cases}
\tag{8.2}
$$

2. 滤波参数的选取

1) PWM 整流系统交流侧滤波电感

在 PWM 整流器系统中，交流侧滤波器设计主要是网侧电感值的设计。整流器滤波电感的主要作用包括：①滤除和抑制交流侧电流中的高次谐波，降低电流波形的谐波畸变率；②使整流器具有 Boost 变换性能及直流侧受控电流源特性，同时能减缓电流的冲击；③通过滤波电感可以实现对网侧电流的控制，从而实现高功率因数整流；④使网侧整流器获得一定的阻尼特性，从而有利于控制系统的设计 [21~25]。

PWM 整流系统稳定运行时，忽略交流侧等效电阻，只讨论基波正弦电量，可以得到电感的限制条件为 [21~25]

$$
\frac{\left(\dfrac{2}{3}u_{\mathrm{d}} + e_{\mathrm{m}}\right)T}{\Delta i_{\max}} \leqslant L \leqslant \frac{2u_{\mathrm{d}}}{3i_{\max}\omega}
\tag{8.3}
$$

式中，T 为采样周期；$i_{\max}$ 和 $\Delta i_{\max}$ 分别为最大电流允许值和最大允许电流纹波；ω 为当前系统运行频率；e_{m} 为电网电压峰值。根据式 (8.3) 就可以计算滤波电感值。

2) PWM 逆变系统交流侧滤波器

LC 滤波器为低通滤波器，可以滤除 PWM 逆变输出的 PWM 波中含有的高次谐波；LC 参数的选取决定了滤波器的截止频率大小；合理的滤波器参数的选取可以得到较好的正弦波 [26]。

(1) 滤波电感。

电感参数的选取范围为

$$
L \geqslant \frac{u_{\mathrm{d}}}{4f_{\mathrm{s}}\Delta i_{\max}}
\tag{8.4}
$$

式中，f_{s} 为开关频率。其中最大电流纹波的大小为

$$
\Delta i_{\max} = \gamma \frac{P_{\max}}{\sqrt{3}u_{\mathrm{o}}\eta}
\tag{8.5}
$$

其中，γ 一般取额定工作时电流峰值的 15%~20%；u_o 为逆变输出电压幅值；η 为逆变系统的工作效率；$P_{\max}$ 为滤波器承受的最大输出功率。

(2) 滤波电容。

滤波电容取值大小为

$$C = \frac{1}{(2\pi f_\text{c})^2 L} \tag{8.6}$$

式中，f_c 为截止频率。

8.3.3　低压岸电变流系统控制技术

目前来说，PI 控制仍然是比较稳定，而且很常用的一种控制方式，所以三相整流和逆变均采用 PI 控制，其基于 PI 控制的变流系统线性结构框图均在第 5 章和第 6 章给出，这里不再做详细介绍。

8.4　船舶低压岸电变流系统参数优化建模及其仿真

岸电电源离线优化简化模型如图 8.6 所示。

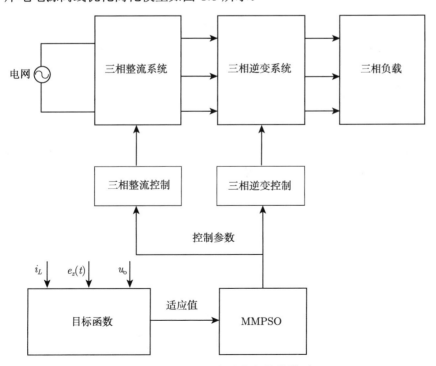

图 8.6　岸电电源离线优化简化模型

图中目标函数的输入信号由三相整流系统、三相逆变系统和两者的控制系统输出信号组成。其中，i_L 为三相整流系统中的网侧电流信号；$e_z(t)$ 为三相整流控制中外环电压、内环电压误差及三相逆变控制中外环电压误差之和；u_o 为三相逆变系统中输出电压。

8.4.1　优化目标函数的选取

优化的目的是保证整个电源网侧、直流侧和逆变输出侧均达标，参考第 5 章可以得到优化目标函数为

$$F = c' \int_0^{T_a} t|e_1(t)|\mathrm{d}t + d' \int_0^{T_a} |e_2(t)|\mathrm{d}t + e' \frac{\sqrt{\sum_{n=2}^{\infty} U_{zon}^2}}{U_{zo1}} \times 100\%$$

$$+ f' \frac{\sqrt{\sum_{n=2}^{\infty} I_{zon}^2}}{I_{zo1}} \times 100\% \tag{8.7}$$

其中

$$c' + d' + e' + f' = 1 \tag{8.8}$$

式中，$e_1(t)$ 为逆变外环控制误差信号；$e_2(t)$ 为整流外环控制误差信号；U_{zo1} 和 U_{zon}、I_{zo1} 和 I_{zon} 分别为逆变输出电压基波和谐波幅值、整流网侧电流基波和谐波幅值。

8.4.2　仿真实验及数据分析

图 8.5 中，整流输入侧滤波电感 $L_n\,(n = 1,2,3)$ 均为 1.06mH，逆变输出侧滤波电感 $L_n\,(n = 4,5,6)$ 均为 5mH；滤波电容 C_n 均为 24μF；带阻性负载时 Z_n 为 101Ω；死区时间设置为 3μs；调制方式均为 SVPWM 调制。

基于 PI 控制的三相整流系统中，外环直流电压控制 K_p 的优化区间为 [0.01, 1500]，K_i 的优化区间为 [10, 10000]；内环电流控制 K_{p1} 的优化区间为 [1, 1000]，K_{i1} 的优化区间为 [10, 60000]。

基于 PI 控制的电压三相逆变系统中 K_p' 的优化区间为 [0.09, 1500]，K_i' 的优化区间为 [10, 10000]；K_{p1}' 的优化区间为 [1,1000]，K_{i1}' 的优化区间为 [10, 20000]。

MMPSO 优化参数与前面几章相同，权系数 c、d、e 和 f 取值分别为

$$\begin{aligned} c = d &= 0.1 \\ e = f &= 0.4 \end{aligned} \tag{8.9}$$

岸电系统经 MMPSO 多次优化后，从多组优化参数中选取两组 PI 控制参数，其中，三相整流 PI 控制参数如表 8.4 所示；三相逆变 PI 控制参数如表 8.5 所示。

表 8.4　两组三相整流 PI 控制参数

序号	K_p	K_i	K_{p1}	K_{i1}
第 1 组	0.7	0.0138	1	0.0017
第 2 组	0.5	0.0068	1.5	0.0034

表 8.5　两组三相逆变 PI 控制参数

序号	K_p'	K_i'	K_{p1}'	K_{i1}'
第 1 组	0.1	0.0068	0.1	0.0034
第 2 组	0.08	0.0048	0.2	0.0021

1. 三相整流仿真部分

表 8.4 中两组 PI 控制参数的三相整流系统中某一相电网电压和电感电流波形如图 8.7 所示。

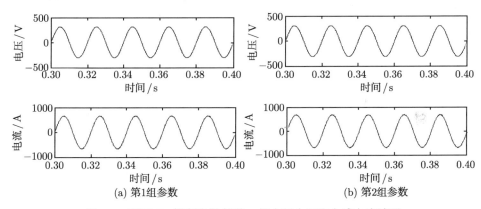

(a) 第1组参数　　　　　　　　(b) 第2组参数

图 8.7　不同 PI 控制参数的某一相电网电压和电感电流波形

表 8.5 中两组 PI 控制参数的三相整流系统中三相电网电压和电感电流波形如图 8.8 所示。

两组 PI 控制参数的三相整流系统的直流电压波形如图 8.9 所示。

可见，两组参数均能保证电网电压与网侧电流相位差较小，直流电压的纹波同样较小，均小于 1%。

2. 三相逆变仿真部分

表 8.4 中两组 PI 控制参数的三相逆变系统中某一相负载电压和负载电流波形如图 8.10 所示。

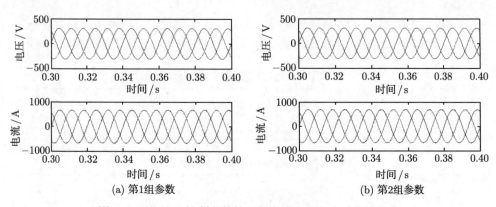

(a) 第1组参数　　　　　　　　　　　　(b) 第2组参数

图 8.8　不同 PI 控制参数的三相电网电压和电感电流波形

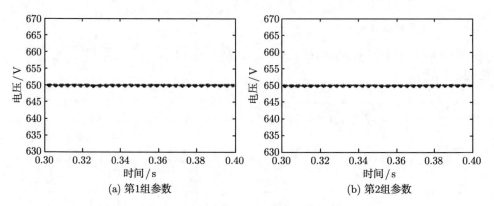

(a) 第1组参数　　　　　　　　　　　　(b) 第2组参数

图 8.9　不同 PI 控制参数的三相整流系统的直流电压波形

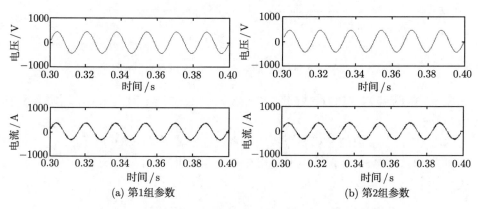

(a) 第1组参数　　　　　　　　　　　　(b) 第2组参数

图 8.10　不同 PI 控制参数的负载电压和负载电流波形

　　两组 PI 控制参数的三相逆变系统中三相相电压和电感电流波形如图 8.11 所示。

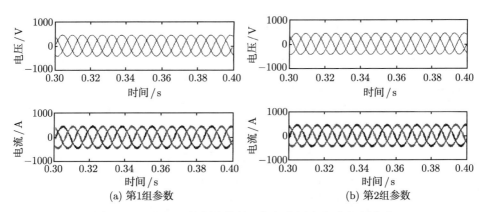

图 8.11 不同 PI 控制参数的三相相电压和电感电流波形

可见，两组参数均能保证逆变输出电压 THD 小于 1%。

表 8.5 中两组 PI 控制参数的三相逆变系统开环传递函数 Bode 图如图 8.12 所示。

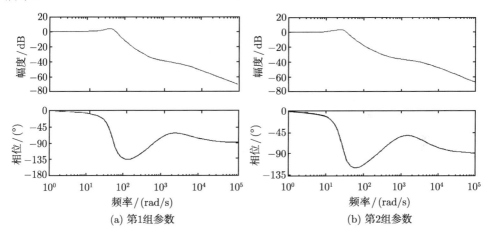

图 8.12 PI 控制的三相逆变系统开环传递函数 Bode 图

图 8.12(a) 中增益裕量为无穷大，相位裕量为 69.1°，相位交界频率为无穷小，增益交界频率为 58.0rad/s；图 8.12(b) 中增益裕量为无穷大，相位裕量为 83.1°，相位交界频率为无穷小，增益交界频率为 36.3rad/s。可见，两组参数均能保证基于 PI 控制的三相逆变系统稳定。

8.5 船舶岸电电源实际工程验证

船舶岸电系统装备属于大型的机电一体化设备。本章主要针对大功率岸电电源进行控制参数优化, 岸电设备由青岛创统科技发展有限公司提供。电网 10kV/50Hz 电通过降压变压器降为 380V/50Hz, 再经 PWM 整流器整流为 650V 直流, 最后经逆变器进行频率变换, 并通过滤波器和变压器隔离后输出 440V/60Hz 交流电。大功率岸电实验平台如图 8.13 所示。

图 8.13　大功率岸电实验平台

负载为带感性的水溶性负载, 当岸电电源空载运行时, 岸电电源输出电压和电流波形如图 8.14 所示。

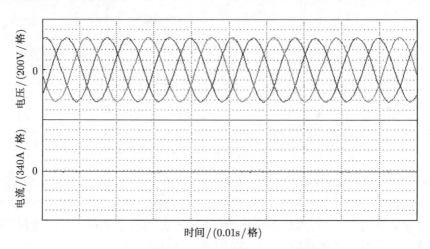

图 8.14　空载时岸电电源输出电压和电流波形

带载时, 岸电电源输出电压和电流波形如图 8.15 所示。

负载突加时 (空载瞬间加载满载), 岸电电源输出电压和电流波形如图 8.16 所示。

负载突减时 (满载瞬间卸载),岸电电源输出电压和电流波形如图 8.17 所示。

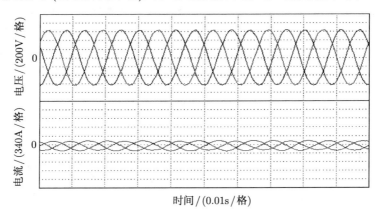

图 8.15 带载时岸电电源输出电压和电流波形

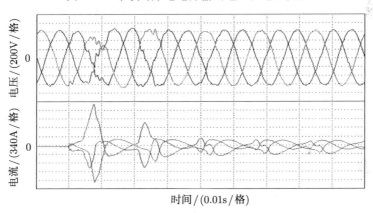

图 8.16 负载突加时岸电电源输出电压和电流波形

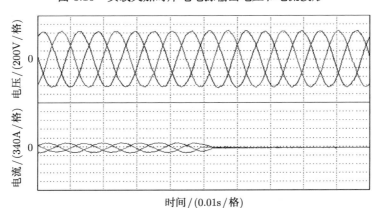

图 8.17 负载突减时岸电电源输出电压和电流波形

　　无论空载还是带载运行，岸电电源输出电压 THD 均约为 2.38%；稳定运行时电压偏差小于 2%；负载突加时，因负载的性质会存在很大的电流冲击，但冲击只短暂影响了输出电压 (导致电压跌落)；负载突减时，对输出电压没有多大影响。可见，MMPSO 优化的岸电电源控制参数能保证输出电压达标。

8.6　应急电源实际工程验证

　　应急电源是指正常供电电源中断时，可以向用户的重要负载进行短时供电的独立应急电源装置 (emergency power supply，EPS)。随着静止逆变电源的逐步应用，目前国内电源行业中被简称为 EPS 的主要是专指采用电力电子技术的静止型逆变应急电源系统。

　　应急电源的输出相电压为 220V/50Hz，负载为阻性负载和整流性负载，EPS 实验平台如图 8.18 所示，该设备由青岛创统科技发展有限公司提供。

图 8.18　EPS 实验平台

阻性负载突加时，EPS 输出的某一相电压和电流波形如图 8.19 所示。

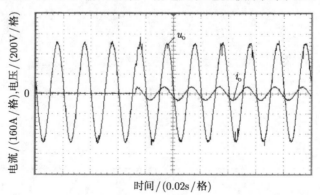

图 8.19　阻性负载突加时 EPS 的某一相电压和电流波形

　　EPS 稳定运行时某一相电压 THD 约为 0.6%，电压偏差小于 2%，负载突变时输出电压并没有出现太大振荡。当负载是整流性负载时，EPS 输出的某一相电压和电流波形如图 8.20 所示。

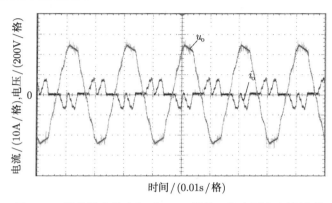

图 8.20　整流性负载突加时 EPS 的某一相电压和电流波形

　　EPS 稳定运行时某一相电压 THD 约为 4.5%。PI 控制针对整流性负载无法消除低次谐波，所以波形容易畸变，这与优化算法无关，采用重复控制可以解决。

参 考 文 献

[1]　李建科, 王金全, 金伟一, 等. 船舶岸电系统研究综述[J]. 船电技术, 2010, 30(10): 12-15.

[2]　陈刚. 绿色港口建设探讨[J]. 港口科技, 2009, (12): 32-35.

[3]　王焕文. 舰船电力系统及自动装置[M]. 北京: 科学出版社, 2004.

[4]　彭传圣. 欧盟建议的靠泊船舶使用岸电方案[J]. 水运科学研究, 2007, (6): 44-46.

[5]　李庆祥. 国外港口减少废气排放的措施[J]. 港口科技, 2008, (11): 35-41.

[6]　Shigematsu J, Sudou S. A present conditions and future trends for Shikawajima-Harima[J]. Engineering Review, 2006, 46(4): 156-160.

[7]　Peterson K L, Chavdarian P, Islam M, et al. Tackling ship pollution from the shore[J]. IEEE Industry Applications Magazine, 2009, 15(1): 56-60.

[8]　常瑞增. 60Hz 电子静止式岸电电源在船厂和港口的应用[J]. 港工技术, 2004, (3): 8-10.

[9]　张一禾. 我国现阶段船舶利用岸电问题探讨[J]. 中国水运, 2010, (9): 22-23.

[10]　吴振飞, 叶小松, 刑鸣. 浅谈船舶岸电关键技术[J]. 供配电, 2013, (6): 22-26.

[11]　田鑫, 杨柳, 才志远, 等. 船用岸电技术国内外发展综述[J]. 智能电网, 2014, (11): 9-14.

[12]　Brune C S, Spee R, Wallace A K. Experimental evaluation of a variable-speed, doubly-fed wind-power generation system[J]. IEEE Transactions on Industry Applications, 1994, 30(3): 648-655.

[13]　Bzura J J. Photovoltaic research and demonstration activities at New England Electric[J]. IEEE Transactions on Energy Conversion, 1995, 10(1): 169-174.

[14]　Khersonsky Y, Islam M, Peterson K. Challenges of connecting shipboard marine systems to medium voltage shoreside electrical power[J]. IEEE Transactions on Industry Applications, 2007, 43(3): 133-140.

[15]　Jiven K. Shore-side electricity for ships in ports. Case studies with estimates of internal and external costs, 402 41[R]. Gothenburg: MariTerm AB, 2004.

[16]　Paul D, Chavdarian P R. System capacitance and its effects on cold ironing power system grounding[R]. Oakland: Earth Tech Inc., 2006.

[17]　Anon. Cold-ironing packages for shore electrical supply in port[J]. Naval Architect, 2006: 66-67.

[18]　Tai T L, Chen J S. UPS inverter design using discrete-time sliding-mode control scheme[J]. IEEE Transactions on Industrial Electronics, 2002, 49(1): 67-75.

[19]　Jezernik K, Zadravec D. Sliding mode controller for a single phase inverter[C]. IEEE Applied Power Electronics Conference & Exposition, Los Angeles, 2000: 185-190.

[20]　Pinheiro H, Martins A S, Pinheiro J R. A sliding mode controller in single phase voltage source inverters[C]. Conference of the IEEE Industrial Electronics Society, Bologna, 2001: 394-398.

[21]　Li Y W, Wu B, Xu D, et al. Space vector sequence investigation and synchronization methods for PWM modulation of a high power current source[C]. IEEE Power Electronics Specialists Conference, Orlando, 2007: 2841-2847.

[22]　Chen J M, Liu F, Mei S W. Nonlinear disturbance attenuation control for four-leg active power filter based on voltage source inverter[J]. Journal of Control Theory and Applications, 2006, 4(3): 261-266.

[23]　Wang J, Yin H G, Zhang J L, et al. Study on power decoupling control of three phase voltage source PWM rectifiers[C]. The 5th IEEE Power Electronics and Motion Control Conference, Shanghai, 2006: 1-5.

[24]　Zhao D, Ayyanar R. Space vector PWM with DC link voltage control and using sequences with active state division[C]. IEEE International Symposium on Industrial Electronics, Montreal, 2006: 1223-1228.

[25]　Li Y B, Li H M, Peng Y L. A unity power factor three-phase Buck type SVPWM rectifier based on direct phase control scheme[C]. The 5th IEEE International Power Electronics and Motion Control Conference, Shanghai, 2006: 11-15.

[26]　何晓航. 60Hz 电子静止式岸电电源的研究[D]. 上海: 上海交通大学, 2010.